零基础C++从入门到精通

零壹快学 编著

SPM 南方传媒
广东人民出版社
·广州·

图书在版编目（CIP）数据

零基础C++从入门到精通 / 零壹快学编著. —广州：广东人民出版社，2020.4（2024.7重印）

ISBN 978-7-218-13965-4

Ⅰ.①零… Ⅱ.①零… Ⅲ.①C语言—程序设计 Ⅳ.①TP312.8

中国版本图书馆CIP数据核字（2019）第237449号

Ling Jichu C++ Cong Rumen Dao Jingtong

零 基 础 C ＋ ＋ 从 入 门 到 精 通

零壹快学 编著

出 版 人：肖风华

责任编辑：陈泽洪
责任技编：吴彦斌
封面设计：画画鸭工作室
内文设计：奔流文化

出版发行：广东人民出版社
地　　址：广州市越秀区大沙头四马路10号（邮政编码：510199）
电　　话：（020）85716809（总编室）
传　　真：（020）83289585
网　　址：http://www.gdpph.com
印　　刷：东莞市翔盈印务有限公司
开　　本：889毫米×1194毫米 1/16
印　　张：30.25　　字　　数：550千
版　　次：2020年4月第1版
印　　次：2024年7月第6次印刷
定　　价：89.00元

如发现印装质量问题，影响阅读，请与出版社（020-87712513）联系调换。

售书热线：020-87717307

前言

历经七十多年的发展，无论是对于国内数以十万计的学习者而言，还是在有着多年培训经验的编者们看来，学习编程语言，仍存在不小的难度，甚至有不少学习者因编程语言的复杂多变、难度太大而选择了中途放弃。实际上，只要掌握了其变化规律，即使再晦涩难懂的计算机专业词汇也无法阻挡学习者们的脚步。对于初学者来说，若有一本能看得懂，甚至可以用于自学的编程入门书是十分难得的。为初学者提供这样一本书，正是我们编写本套丛书的初衷。

零壹快学以“零基础，一起学”为主旨，针对零基础编程学习者的需求和学习特点，由专业团队量身打造了本套计算机编程入门教程。本套丛书的作者都从事编程教育和培训工作多年，拥有丰富的一线教学经验，对于学习者常遇到的问题十分熟悉，在编写过程中针对这些问题花费了大量的时间和精力来加以阐释，对书中的每个示例反复推敲，加以取舍，按照学习者的接受程度雕琢示例涉及的技术点，力求成就一套真正适合初学者的编程书籍。

本套丛书涵盖了Java、PHP、Python、JavaScript、HTML、CSS、Linux、iOS、Go语言、C++、C#等计算机语言，同时借助大数据和云计算等技术，为广大编程学习者提供计算机各学科的视频课程、在线题库、测评系统、互动社区等学习资源。

◆ **课程全面，聚焦实战**

本套丛书涵盖多门计算机语言，内容全面、示例丰富、图文并茂，通过通俗易懂的语言讲解相关计算机语言的特性，以点带面，突出开发技能的培养，既方便学习者了解基础知识点，也能帮助他们快速掌握开发技能，为编程开发设计积累实战经验。

◆ **专业团队，紧贴前沿**

本套丛书作者由一线互联网公司高级工程师、知名高校教师和研究所技术人员等组成，线上线下同步进行专业讲解及点评分析，为学习者扫除学习障碍。与此同时，团队在内容研发方向上紧跟当前技术领域热点，及时更新，直击痛点和难点。

◆ **全网覆盖，应用面广**

本套丛书已全网覆盖Web、APP和微信小程序等客户端，为广大学习者提供包括计算机编程、人工智能、大数据、云计算、区块链、计算机等级考试等在内的多门视频课程，配有相关测评系统和技术交流社区，互动即时性强，可实现在线教育随时随地轻松学。

C语言一直是一门接近计算机底层、注重优化与效率的语言。一开始作为C语言的增强版而发明的C++语言，在C语言的基础上不断添加面向对象以及标准库等易用、高效的特性，逐渐成为了各应用领域中兼顾性能与开发效率的主流语言，在游戏、服务器、数据库以及偏底层的系统级开发中都有不可替代的作用。

本书基于C++主流的C99标准编写而成（最后也会讲解一些C++11标准的实用特性），通过详细讲解C++的各种语言特性、面向对象编程设计以及标准库使用等，最终带领读者熟练掌握C++的所有语言特性。对于零基础的读者而言，本书也会涉及一些计算机基础知识以及C语言知识，因此可以作为通用计算机编程的快速入门教材。

• 本书内容

◆ **基本概况**：第1～2章，主要介绍了C++语言的概况以及C++集成开发环境Visual Studio的安装和使用。

◆ **基础语法**：第3～7章，主要介绍C++语言的基础知识，包括数据类型、操作符、类型转换、控制语句、vector与string、数组、指针、引用以及函数的使用。

◆ **面向对象开发**：第8～9章，主要介绍C++面向对象编程的相关概念，包括类的概念与定义、类的构造与析构函数、继承与多态、访问控制、复制控制、操作符重载等。

◆ **高级应用**：第10～12章，主要介绍C++的输入输出流、模板、标准模板库，包括标准输入输出流、文件流、字符串流、类模板、函数模板、vector、list、map、set、排序算法、查找算法等的使用。

◆ **其他特性**：第13～15章，主要介绍C++的其他语法特性，包括异常处理、命名空间以及枚举等。同时介绍了C++11的新特性，如类型推导、区间迭代、初始化列表等。最后还介绍了一些关于调试和重构的实用开发技巧。

• 本书特点

◆ **由浅入深，循序渐进**。本书先介绍C++语言基础，再介绍面向对象编程和标准模板库的应用，讲解过程详尽，通俗易懂。

◆ **示例丰富，贴近场景**。本书提供了丰富的代码示例，每个知识点均有对应示例代码进行演示，便于读者清晰理解。这些示例大部分来自于工作场景，有利于读者理解其中的使用逻辑，快速掌握。

◆ **视频教学，动手操作**。本书每一章都配有教学视频，直观展示了代码的运行效果，并配有通俗易懂的解释。

◆ **知识拓展，难度提升**。本书的大部分章节结尾设有“知识拓展”，在讲解基础知识的同时提供了一些有一定难度的知识点，方便有能力的读者深入思考，强化学习，加深对C++开发的理解。

◆ **线上问答，及时解惑**。本书为确保广大读者的学习能够顺利进行，提供了在线答疑服务，希望通过这种方式及时解决读者在学习C++开发的过程中所遇到的困难和疑惑。

• 本书配套资源（可扫下方二维码获取）

◆ **大量的代码示例**。通过运行这些代码，读者可以进一步巩固所学的知识。

◆ **零壹快学官方视频教程**。力求让读者学以致用，知行并进，加强实战能力。

◆ **在线答疑**。为读者解惑，帮助读者解决学习中的困难，快速掌握要点难点。

• 本书适用对象

◆ 编程的初学者、爱好者与自学者

◆ 高等院校和培训学校的师生

◆ 职场新人

◆ 准备进入互联网行业的再就业人群

◆ “菜鸟”程序员

◆ 初、中级程序开发人员

零壹快学微信公众号

《零基础C++从入门到精通》由零壹快学童心路编写。本书从初学者角度出发，详细讲述了C++应用开发所需的基础知识和开发实战中的必备技能。全书内容通俗易懂，示例丰富，步骤清晰，图文并茂，可以使读者轻松掌握C++应用开发的精髓，活学活用，是C++开发实战中必备的参考书。

编 者

2020年3月

目 录

CONTENTS

第 1 章

走进C++

1.1 C++编程语言概述

在现今的社会，软件的应用已经渗透到生活的方方面面之中。我们经常使用的在线服务如打车、交友、聊天、办公、学习和游戏等，都是通过各种各样的编程语言开发完成的。

如今每一种被广泛使用的编程语言，都在某一些场景下有着不可替代的长处和突出的优势。比如，C语言在性能方面非常好，R语言适合用于统计分析大量的数据，而HTML和JavaScript语言在浏览器场景中有不可比拟的优势。在众多编程语言中，C++是一种非常灵活强大的编程语言，被广泛应用于所有需要极限优化效率的程序中。学习C++是一件非常有挑战性的事，但同时也是一件很有成就感的事。通过本书，我们将带你了解C++语言的细节，并加深对计算机系统的理解。

现在，本章将带你走进C++编程语言，体会不一样的编程世界。

1.1.1 C++的历史

C++的前身是“C with classes”，由“C++之父”比雅尼·斯特劳斯特鲁普（Bjarne Stroustrup）研发创造。1979年，比雅尼·斯特劳斯特鲁普在准备博士论文的时候使用了Simula语言，其支持面向对象开发。他觉得这种思想非常适合大型应用软件的开发，但是Simula本身的效率太低。之后，斯特劳斯特鲁普就开始研发“C with classes”了。这个命名说明了它是在C语言的基础上研发的，包含了C语言的特性。C语言的执行速度快、效率高，而且可移植性也非常好，因此在C语言的基础上加上类和继承等面向对象的特性之后，将发明出一种新的、效率高且能开发大型软件的强大语言。

“C with classes”的第一个编译器叫作Cfront，它的工作原理是把“C with classes”的代码转换成纯C语言的代码。Cfront的代码大多是用“C with classes”编写的，因为难以集成C++的异常处理机制，所以Cfront在1993年就退出了历史舞台，但Cfront对之后的C++编译器和UNIX都产生了深远的影响。

提示

计算机运行程序时使用的指令是编码过的抽象的二进制序列，而程序员在开发过程中需要一种方便人们理解的高级编程语言，而C++就是这样一种高级语言。将高级编程语言翻译成计算机指令的工具就叫作编译器。不同的编译器支持不同的开发平台，也会对高级编程语言进行不同的优化而生成不同的机器指令。

1983年，“C with classes”改名为“C++”，许多新特性被加入其中，如虚函数、函数重载、const等。1985年，《C++程序设计语言》（*The C++ Programming Language*）第1版出版，由于没有正式的C++标准，这本书成了当时的重要参考。在此期间，C++又增添了许多功能。1998年，C++编程语言的第一个国际标准——C++ 98标准正式发布，并且将标准模板库STL收录其中。2011年，C++ 11标准问世，该版本添加了许多新功能，简化了许多语法，使C++语言的功能更加强大了。

1.1.2 C++的发展历程

本节将简述C++编程语言这几十年的发展历程，感兴趣的读者可以通过拓展资料来了解，本书不详细展开。

1979年，比雅尼·斯特劳斯特鲁普首次实现C with Classes，在C语言的基础上添加了类（构造函数与析构函数、成员函数、公有私有访问控制、友元）、派生类、内联函数、默认实参等功能。

1982年，C with Classes参考手册发布。

1984年，C84实现，发布参考手册。

1985年，Cfront 1.0发布，增加虚函数、重载、引用、const关键字、new和delete操作符、作用域操作符等特性。

同年，《C++程序设计语言》第1版出版。

1986年，“whatis?”提案把设计目标写入文档，包含了多重继承、异常处理和模板。

1987年，GCC 1.15.3支持C++(g++)。

1989年，Cfront 2.0发布，增加多重继承、保护访问控制、抽象类等特性。

1990年，ANSI C++委员会成立。

同年，《C++注解参考手册》（*The Annotated C++ Reference Manual*）出版。

同年，添加命名空间、模板、异常处理等功能。

1991年，Cfront 3.0发布。

同年，ISO C++委员会成立。

同年，《C++程序设计语言》第2版出版。

1992年，STL在C++中实现。

1997年，《C++程序设计语言》第3版出版。

1998年，C++ 98标准发布，增加转换运算符、mutable关键字、RTTI、bool类型等特性。

1999年，委员会成员成立Boost，旨在开发新的高质量库以作为标准库的候选库。

2003年，C++ 03标准发布，添加了新特性——值初始化。

2007年，扩展库TR1发布，将来自Boost以及C99的一些内容添加到C++标准库中。

2010年，扩展C++标准库，添加了一些特殊数学函数。

2011年，C++ 11标准发布，添加了大量新特性，包括auto和decltype、右值引用、列表初始化、long long类型、lambda表达式、区间遍历等。

同年，十进制浮点数TR发布。

2012年，标准C++基金会成立。

2013年，《C++程序设计语言》第4版出版。

2014年，C++ 14标准发布，添加了变量模板、泛型lambda、二进制字面量等特性。

2017年，C++ 17标准发布，添加了折叠表达式、inline变量、条件语句的初始化器等特性。

1.1.3 C++的特性与使用场景

C++与现在主流的面向对象编程语言有比较大的区别，有一部分原因是C++继承了C语言的绝大部分功能，所以它也能像C语言那样直接使用指针操纵内存，直接与底层交互，也可以知道数据的大小并进行优化；而更新的语言如Java、C#等都建立在类似虚拟机的中间层之上，因此程序员可以进行的优化十分有限。除此之外，C++也支持类、虚函数、继承等能实现面向对象编程的功能，而且还包含模板等支持泛型编程的功能。

对于使用场景来说，随着Web应用以及移动端应用的兴起，尽管已经有越来越多基于其他语言的框架由于易用性等特点取代了基于C++的框架，但是 C++作为一种可以接触底层的高效语言，在许多性能敏感的场景中还是无法替代的。这其中包括了游戏编程、音频视频图像处理，以及所有靠近操作系统层的底层系统应用和基础设施。但由于C++实在太灵活了，存在许多导致程序出错的陷阱，致使开发调试成本上升，因此一般的应用程序和工具脚本就没有使用C++的必要了。

1.1.4 C++与C语言

C++是在C语言的基础上发展而来的，因此C++几乎支持C语言的所有功能。也可以说，C语言就是C++的一个子集。C++不但不需要花费许多时间去重新定义一些如函数及变量之类的基本程序语言功能，而且大量C程序也无须修改就可以被C++的编译器编译，可以说C++是向前兼容了C语言。

但是，C++与C语言的编程思想并不一样。C语言没有类和面向对象的概念，我们所能做的就只有过程式编程，将指令和数据组织成一块一块的子过程，也就是函数；而C++在C语言的基础上增加了类、模板等功能，编程的思想和范式也不一样了。在使用C++进行程序设计的时候，我们不考虑如何把算法和功能组织成函数，而是考虑如何将程序中的物件抽象为类，并且定义类之间的关系和互动。此外，C++可以通过模板实现泛型编程，也就是说，在编程的时候我们不需要考虑函数参数或者容器元素的类型。

1.2 第一个C++程序

作为C++的入门教程，本书以实例为主，理论为辅。前面已经讲了较多C++的概况及理论，想必读者也会觉得有些枯燥，那么接下来我们就马上动手写一个例子来实际感受一下编程的乐趣吧！

1.2.1 Hello, World!

为了尽快让读者直观了解C++编程语言，下面我们将使用在线IDE开发环境来编译运行一个简单的小程序，打印一个句子“Hello, World!”。C++编程环境的安装与配置我们将在第2章进行讲解。

在这里我们用http://codepad.org/这个在线编译器来做说明。当我们打开网站后，我们可以在文本框左侧选择语言“C++”，并粘贴代码，如图1.2.1所示。

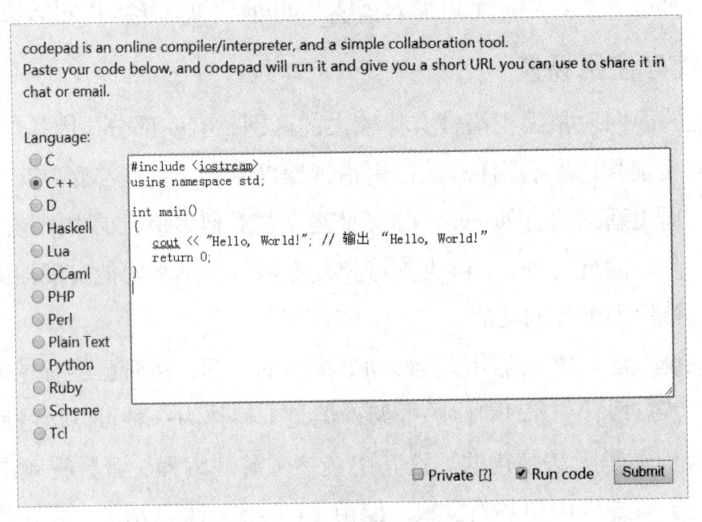

图1.2.1 在线编译器codepad

此时我们只需点击“Submit”按钮提交并运行编译程序，就可以在新的页面看到程序的运行结果，如图1.2.2所示。

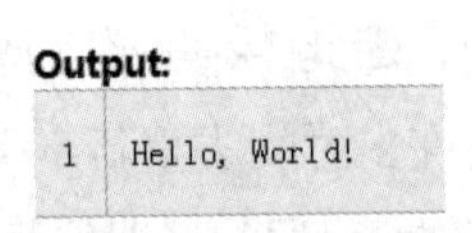

图1.2.2 Hello World程序的运行结果

1.2.2 包含头文件

有了一个直观的印象之后，接下来我们就对这个小程序逐行进行简单的讲解。

动手写1.2.1

```
01  // Hello World程序
02  // Author: 零壹快学
03  #include <iostream>
04  using namespace std;
05
06  int main()
07  {
08    cout <<"Hello, World!"; // 输出 “Hello, World!”
09    return 0;
10  }
```

我们可以看到，程序第一行是一个以“#include”开头的语句，我们要将“Hello, World! ”打印到屏幕上，但这涉及程序与计算机输出端的交互，而且它也不是C++基本自带的内容，所以我们需要用这个语句来包含并引用其他工具库，这样我们才能够使用那些库中定义的内容。这里我们包含的是定义输入输出的iostream头文件。关于头文件，我们会在后面的章节中讲解。

因为不同库中可能会有重名的内容，所以为了区分它们，我们需要使用前缀std::cout或者stt::cout（笔者杜撰）来区分我们要使用的打印方法。在这里我们就简单地使用第二行的“using namespace std;”来省略所有std::前缀。要注意的是，C++中大多数语句都要以分号结尾，初学者很容易忽略这一点而导致程序编译错误。关于这一点笔者在之后的章节中也会讲解并重申。

1.2.3　main函数

为了使程序能够在操作系统中执行，每个C++程序必须包含一个名为main的函数（后续章节将详细介绍什么是函数），这个main函数就像是一个入口，操作系统会从其中的第一个语句开始执行程序。一个C++程序只能有一个main函数，但是可以定义多个其他函数。

我们用花括号“{}”把属于当前函数的语句括起来，一般情况下函数的最后一个语句会是return语句，这个语句将会返回一个数字0给操作系统，并结束当前程序的运行。按照惯例，0往往代表着程序成功执行完毕。

1.2.4　打印字符串

字符串，顾名思义就是一串字符。对于“Hello, World!”来说，“H”“e”“,”和“!”都是字符，而“Hello, World!”就是字符组成的序列，也就是字符串。

动手写1.2.1中最主要的一个语句是“cout <<"Hello, World!";”，这个语句会将“Hello, World!”这个句子打印到标准输出cout——一般情况下是操作系统命令行的窗口中。后面的章节也会讲到其他的输出端，例如文件等，这些输出的操作都可以直观地用“<<”操作符来表示，箭头的

方向也表明了数据的流向。“<<”操作符还支持连用，因此我们可以把两个单词拆开打印，效果是相同的，如“cout <<"Hello,"<<"World!";”。如果要在两个句子之前换行，可以在最后加上“<<endl”，这个关键字会在本书的示例程序中频繁出现。

1.3 小结

在本章中，我们介绍了C++编程语言的发展历程，看到了现今C++的这些功能是如何在C语言的基础上一步步添加上去的。我们也通过与其他面向对象编程语言以及C语言的对比介绍了C++的特性与使用场景，并动手编写了第一个C++程序，介绍了C++中一些最重要的功能。

1.4 知识拓展

1.4.1 C++开发社区

在学习编程或者实际开发的时候，我们总会遇到各种各样的问题。现如今互联网社区非常发达，我们在编程的时候完全可以在一些C++开发社区中找到常见问题的答案，或是在社区中提出自己感到疑惑的问题。对于这些问题，我们可以直接在StackOverflow或CSDN的问答区中直接搜索答案。一些一般性的、关于编程技巧以及与计算机科学基础知识相关的问题，在知乎上也能找到答案。

现在开源软件也相当流行，在开源社区中我们可以学习业界专家的代码，也可以自己投入到开源软件的开发中去。现在最著名的开源开发社区平台就是GitHub。我们可以在GitHub上传自己的代码，跟踪代码每次的变化，寻找想要研究的开源项目，并且尝试评论或者直接参与修改开源代码。

1.4.2 学习建议与资源

C++是一门内容非常广泛但不易精通的编程语言，本书作为入门教程，主要通过基本概念的讲解和大量的示例程序，让读者可以快速入门并上手编写C++程序。读者具备了一定的编程基础之后，就可以深入阅读一些进阶的C++技术书籍了。

此外，在日常的编程中，当对标准库函数的使用产生疑惑的时候，笔者都会参考http://www.cplusplus.com和https://en.cppreference.com/w/这两个网站的文档。本书的开发是基于Visual Studio的开发环境（在下一章介绍），因此微软的官方文档（网址：https://docs.microsoft.com/en-us/cpp/visual-cpp-in-visual-studio）自然也就成了必备的参考资料，其中关于各种编译链接错误的描述是非常详细且有用的。

第2章 搭建C++开发环境

工欲善其事，必先利其器。上一章我们介绍了如何在在线编译器中编译运行Hello World程序，但这对于一般的开发来说是远远不够的。对于初学者来说（有的开发者会偏好基于Vim的开发环境），为了能更有效率地进行开发，我们需要一个集成程序编辑器、调试器、自动构建工具以及其他各种高级工具的平台，也就是集成开发环境（Integrated Development Environment，简称IDE）。在本章中，我们会选择安装、配置比较流行的Visual Studio 2017作为本书程序的开发环境。

2.1 下载并安装Visual Studio 2017

由于笔者的操作系统是Windows 7，使用其他Windows系统的读者在安装过程中可能会遇到各种与下述介绍不同的情况，具体情况需要参考网上的其他资料进行解决。对于使用Linux、mac OS以及其他操作系统的读者，可以参考本章“知识拓展”中介绍的其他IDE。另外，由于软件版本更新迅速，读者只需要下载最新版的安装程序，根据提示进行安装即可，不再赘述。

2.1.1 下载Visual Studio 2017

首先，在微软官网下载Visual Studio 2017：https://visualstudio.microsoft.com/zh-hans/downloads/。

进入网页后，点选Visual Studio Community 2017一栏下面的“免费下载”按钮。Visual Studio系列是微软公司开发的商用IDE，在开发商用产品级软件的时候需要购买付费版本。Visual Studio Community 2017是针对编程学习者推出的免费版本，对于编程的初学者来说，使用这个版本来满足日常开发需求，肯定是绰绰有余的。

下载完成后，打开安装程序时我们可能会看到如图2.1.1所示的错误窗口，这个时候我们需要到给出的链接（https://go.microsoft.com/fwlink/?linkid=840938）里下载.Net Framework 4.6。如果没有弹出错误窗口并顺利进入安装界面，可以跳过这一小节的剩余内容。

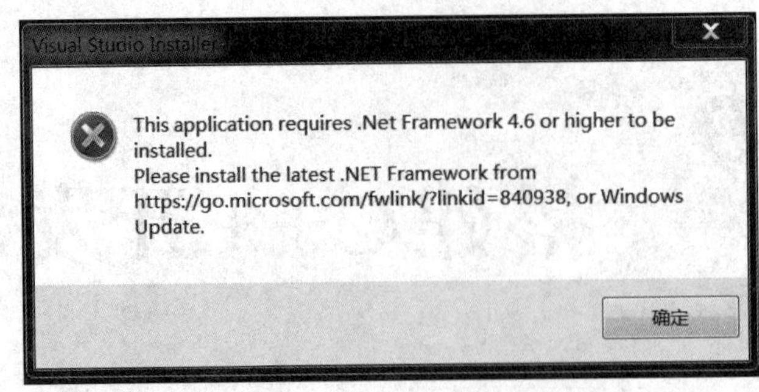

图2.1.1　缺少.Net Framework的错误窗口

输入上述网址打开网页后，我们可以看到如图2.1.2所示的界面，点击靠下位置的“Microsoft.com”链接，跳转到.NET Framework的下载页面。

图2.1.2　缺少.Net Framework的FAQ页面

在如图2.1.3所示的下载页面中点击“Download”按钮。

Microsoft .NET Framework 4.6 (Offline Installer) for Windows Vista SP2, Windows 7 Server 2008 SP2 Windows Server 2008 R2 SP1, Windows Server 2012 and Windows

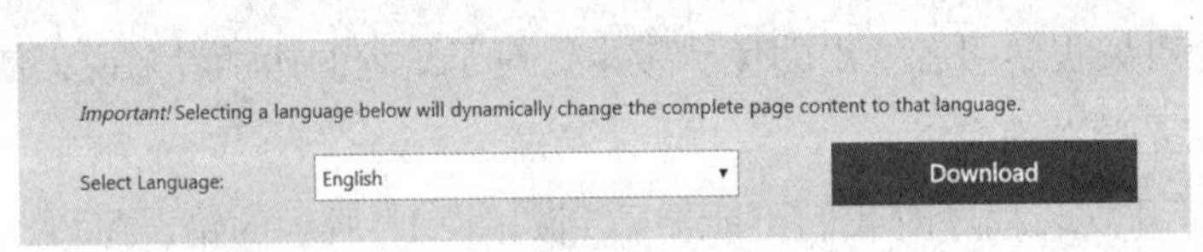

The Microsoft .NET Framework 4.6 is a highly compatible, in-place update to the Microsoft .NET Framework 4, Microsoft .NET Framework 4.5, Microsoft .NET Framework 4.5.1 and Microsoft .NET Framework 4.5.2. The offline package can be used in situations where the web installer cannot be used due to lack of internet connectivity.

图2.1.3　Net Framework下载页面

下载完成后打开安装程序进入如图2.1.4所示的安装界面，勾选选框后点击“安装”。

图2.1.4　Net Framework安装界面

安装完成后就可以再次打开Visual Studio 2017安装程序了。

2.1.2　安装与配置Visual Studio 2017

打开Visual Studio安装程序后会看到如图2.1.5所示的界面，点击“继续”开始安装。

接下来我们可以根据不同应用种类的开发需求来选择需要安装的套件。Visual Studio是一款功能强大的IDE，支持不同语言和框架下的开发。这里我们勾选最基本的C++桌面开发即可，如图2.1.6所示。

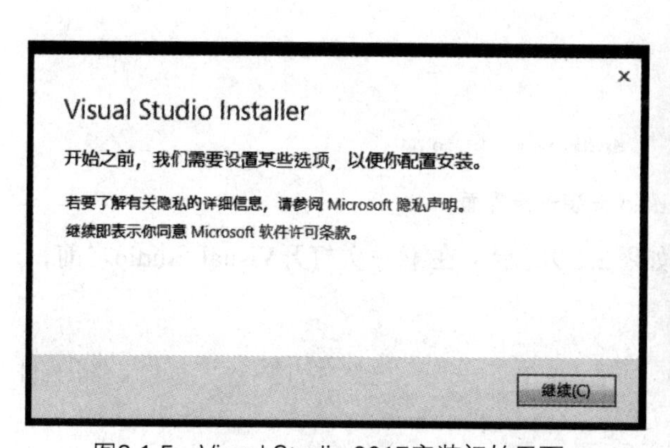

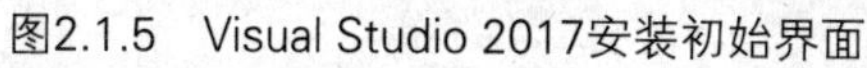
图2.1.5　Visual Studio 2017安装初始界面

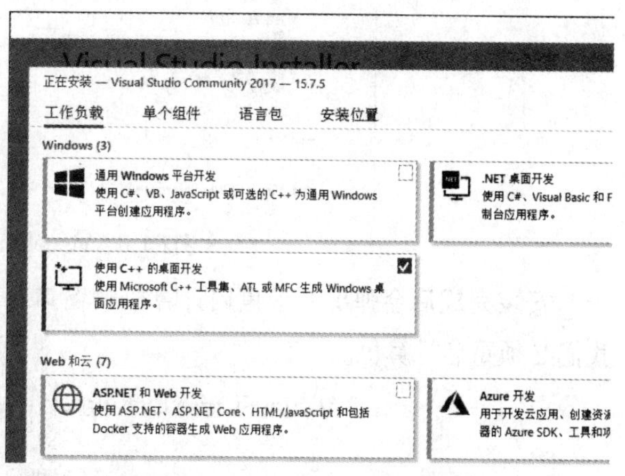

图2.1.6　根据适用情景选择开发套件

勾选完安装套件后，在窗口的右边可以看到如图2.1.7所示的组件列表，我们可以根据需要勾选或取消勾选相应的组件。此处我们不作修改，直接点击右下角的“安装”开始安装。

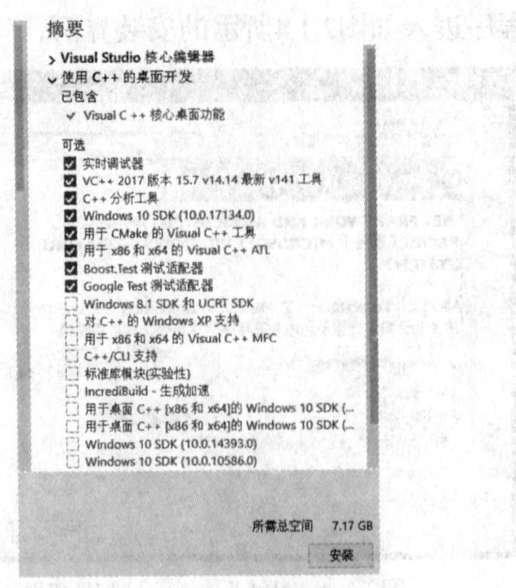

图2.1.7　自定义安装组件

进入如图2.1.8所示的安装进行界面后，等待数十分钟安装就会完成。

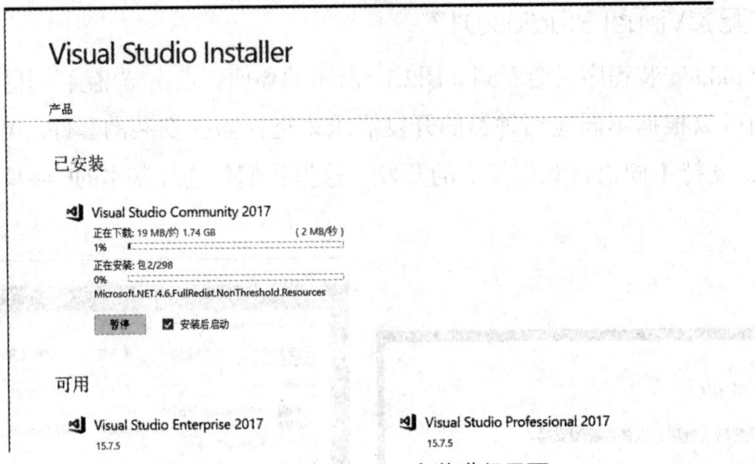

图2.1.8　Visual Studio 安装进行界面

安装完成后会弹出要求重启计算机的窗口，如图2.1.9所示。在第一次打开Visual Studio之前，我们必须重启计算机。

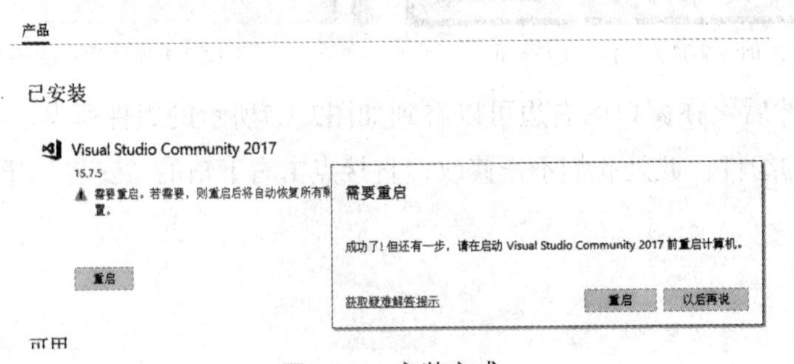

图2.1.9　安装完成

重启计算机后，点击启动开始菜单中已安装好的Visual Studio 2017，在第一次运行的时候会弹出如图2.1.10所示的欢迎及登录界面，在这里我们不需要登录，点击下方的“以后再说”。

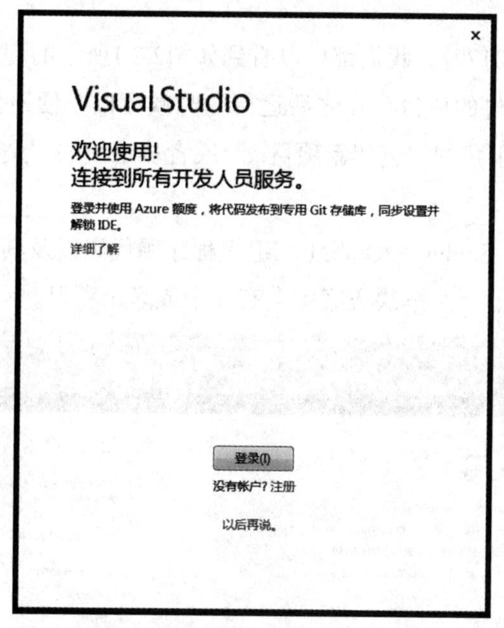

图2.1.10　初次启动Visual Studio

接下来，我们会看到如图2.1.11所示的开发界面风格及配色设置窗口。在这里我们选择“常规”的开发设置，用过旧版本的Visual C++的读者也可以选择Visual C++风格。最后，根据喜好选择颜色主题后，再点击右下角的“启动Visual Studio”就可以正式进入开发环境了。

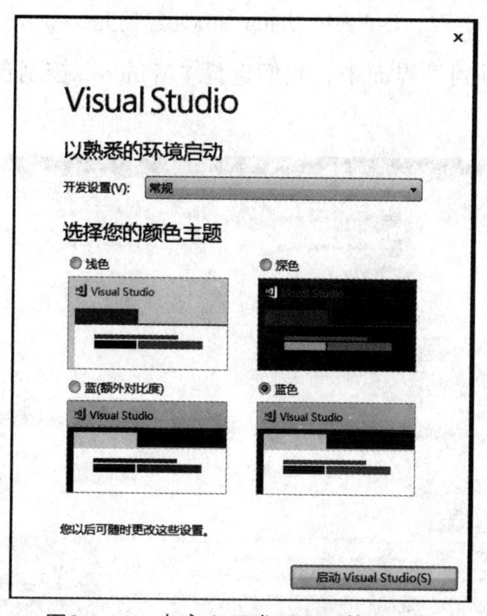

图2.1.11　自定义开发界面风格及配色

2.2 编译运行第一个程序

每次运行Visual Studio 2017时，我们都可以看到如图2.2.1所示的起始页。起始页左下方的“最近”标题下会显示最近编辑过的项目，在之后运行的时候可以方便地打开上一次编辑的项目。若是第一次运行，直接点击右下角的“创建新项目...”或者从菜单的“文件”一栏选择“新建项目”来创建一个新的项目。

项目（Project）是Visual Studio、大部分IDE组织程序源代码以及其他资源的单位，而在项目之上还有解决方案（Solution），一个解决方案中会有一个或多个项目。

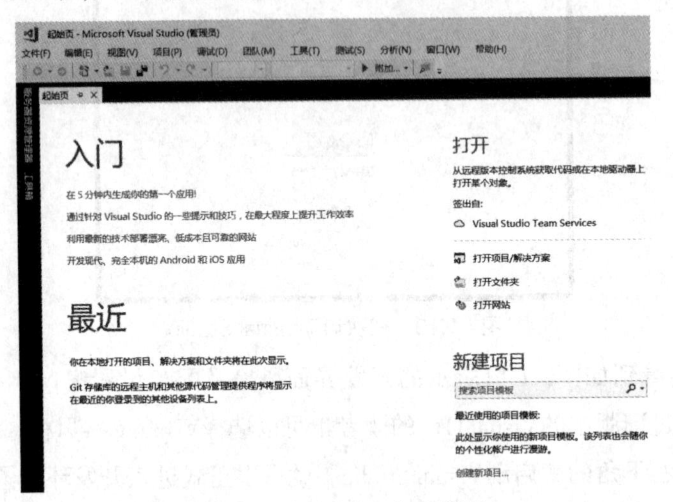

图2.2.1 Visual Studio起始页

如图2.2.2所示的“新建项目”界面中，我们选择“Windows控制台应用程序”，在下方还可以指定项目的名称和路径位置。

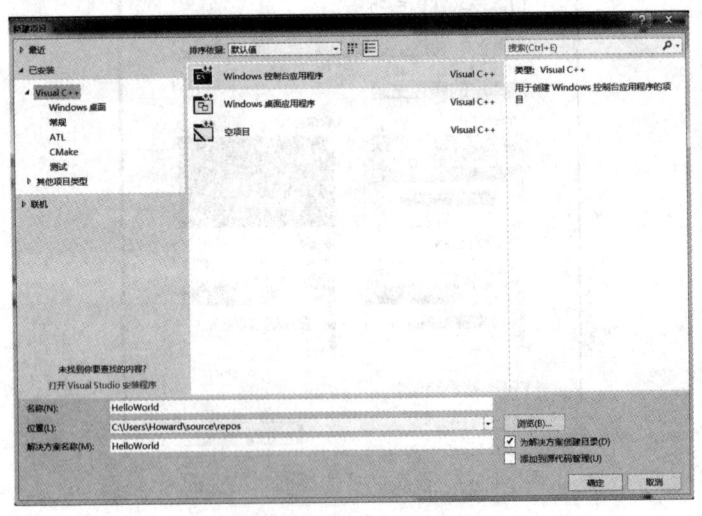

图2.2.2 新建项目界面

新建项目后，我们就可以看到如图2.2.3所示的Visual Studio 2017开发界面了，右边的两个窗口分别是“解决方案资源管理器”和“属性”。“解决方案资源管理器”窗口显示了当前项目目录下的树形文件组织结构，而“属性”窗口显示当前点选文件和资源的属性。我们可以看到Windows控制台应用程序会默认创建出几个文件，其中与项目同名的HelloWorld.cpp就是我们要编辑的文件。

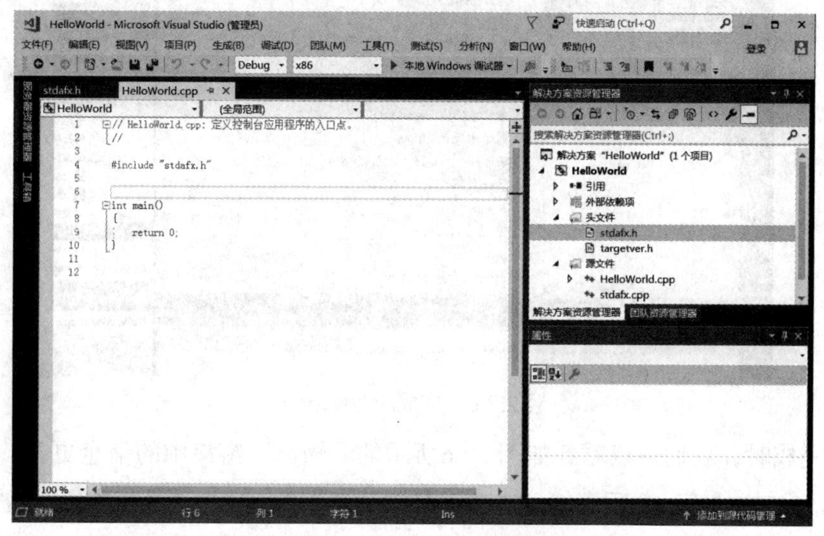

图2.2.3　Visual Studio 2017开发界面

HelloWorld.cpp的开头自动包含了“stdafx.h”，这是Visual Studio命令行程序默认自带的头文件，其中会包含一些基础的库。读者在实践中也可以把其他系统层面或经常要用的头文件放在其中，方便统一管理。

我们先把第1章里的Hello World程序重写在文件中。有了源程序代码后，我们需要将其编译链接成“.exe”可执行文件才可以运行。具体操作为：右键单击“解决方案资源管理器”中的“HelloWorld.cpp”，在弹出菜单中选择“编译”生成可执行文件。如图2.2.4所示。

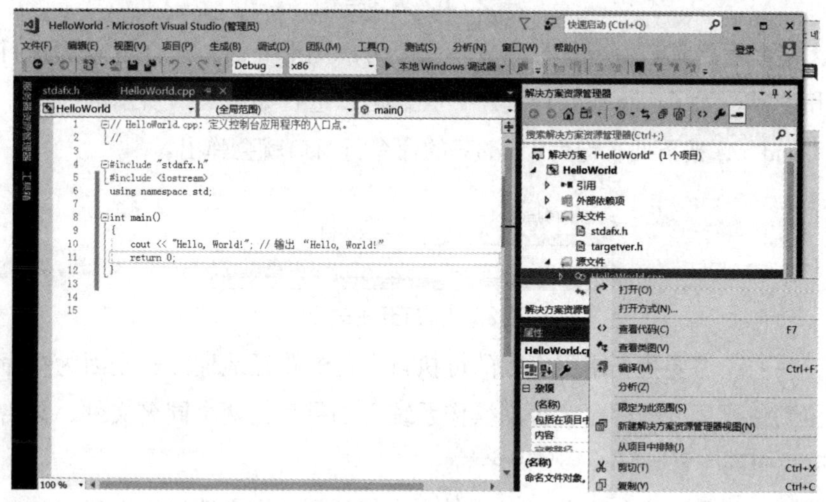

图2.2.4　编译程序

我们也可以使用如图2.2.5所示的操作，选择菜单栏中“生成”按钮下的“生成HelloWorld”来编译程序；而下拉列表中的“生成解决方案”则会自动编译解决方案中所有改动过的项目。

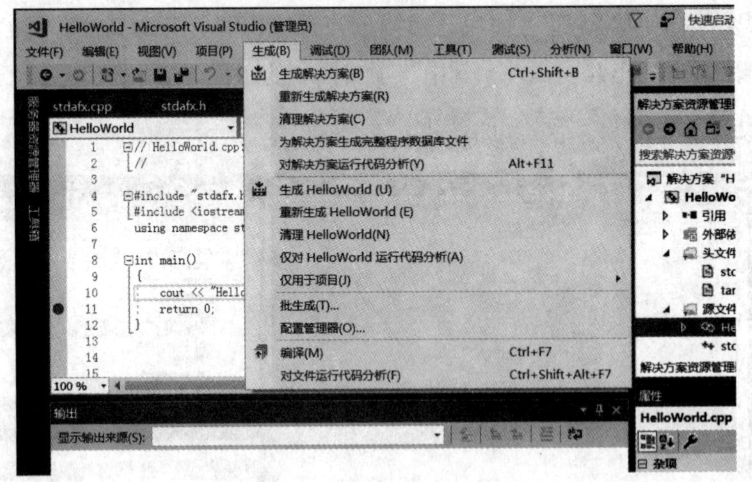

图2.2.5 生成HelloWorld

编译过程完成时，我们可以看到如图2.2.6所示的“输出”窗口中的信息更新。就这样，我们在Visual Studio 2017中的第一个程序编译成功了！接下来，我们在操作系统中运行这个程序。

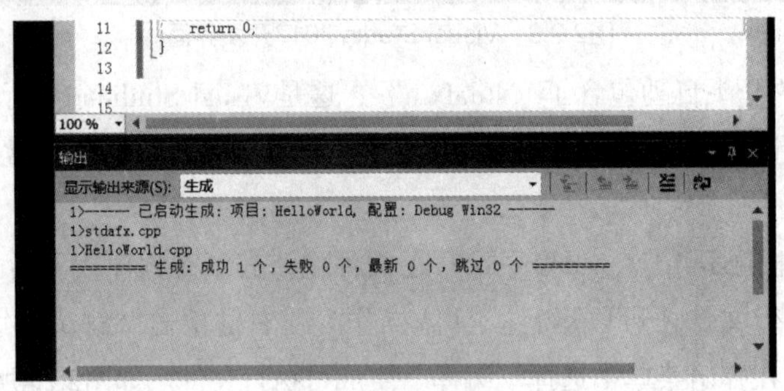

图2.2.6 编译结果

本书中的大多数程序都是命令行程序，不需要考虑图形界面，这样可以让我们专注于程序语言的各项功能和逻辑。为了运行命令行程序，我们可以进行如图2.2.7所示的操作，在开始菜单的搜索栏中输入“cmd”，按下回车键后Windows的命令行窗口就会弹出。

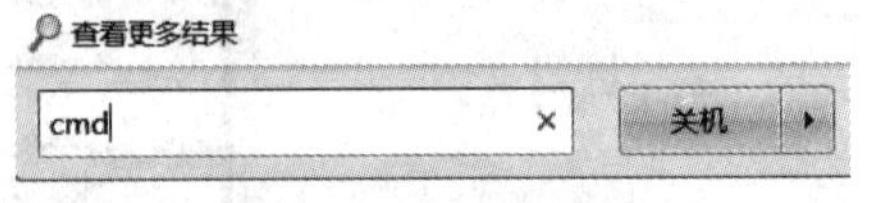

图2.2.7 打开命令行

与此同时，我们还需要找到刚刚生成的可执行文件的路径地址。这是因为在命令行下，我们必须精确地定位到想要运行的程序，否则操作系统中如果存在两个同名文件，只给出文件名，操作系统是不知道我们到底要运行哪一个程序的。

如图2.2.8所示，在项目目录下的Debug文件夹中找到可执行文件“HelloWorld.exe”。

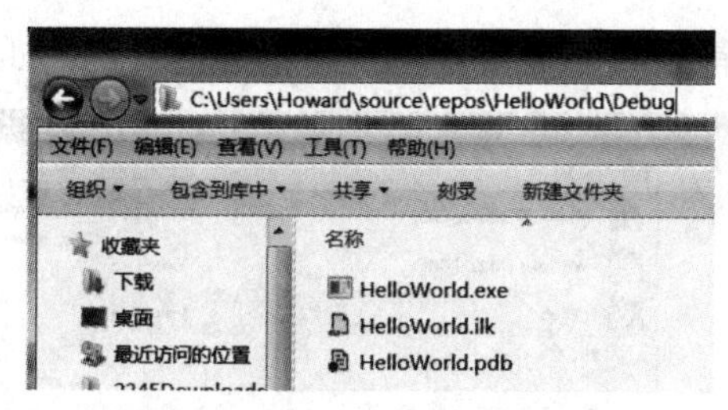

图2.2.8 可执行文件默认目录

有了文件的完整路径和命令行，我们就可以运行Hello World了。在这里我们使用cd命令跳转到可执行文件所在的目录，然后输入HelloWorld.exe运行程序“Hello World！”，如图2.2.9所示。这样，我们想要运行的程序就可以在操作系统中实际运行了。如果需要在其他路径中频繁进行其他操作，我们也可以选择直接输入.exe可执行文件所在的完整路径，例如输入C:\sourcecode\binary\HelloWorld.exe这样的路径来运行程序。此外，我们还可以将路径添加到系统路径中，以避免输入冗长的路径，感兴趣的读者可以参考本章最后的“知识拓展”。

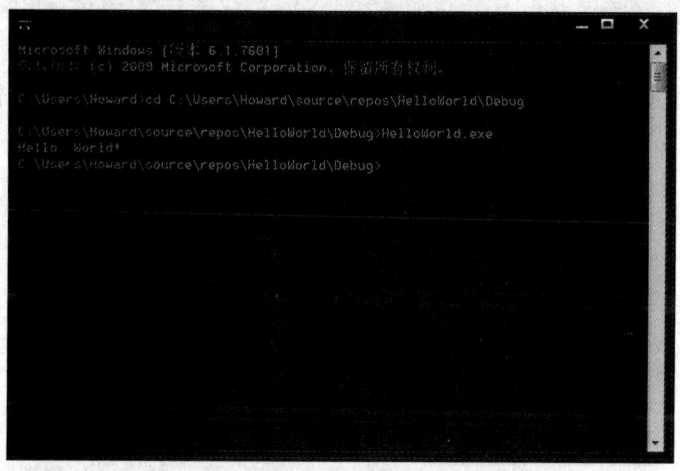

图2.2.9 用命令行运行Hello World程序

本书之中的所有示例会放在一个单独的目录中，文件名对应每个示例前的编号，如图2.2.10所示。

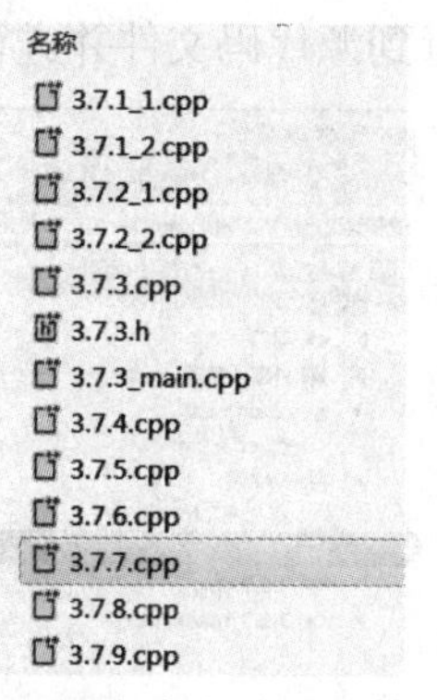

图2.2.10 本书的源码结构

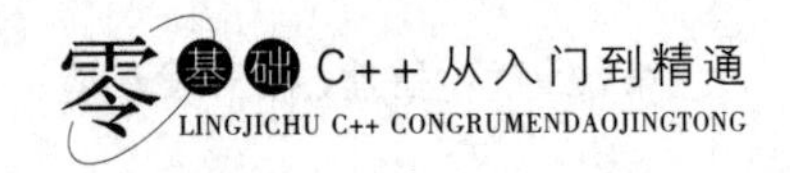

在尝试编译这些源代码之前，我们需要建立一个新的空项目，如图2.2.11所示。

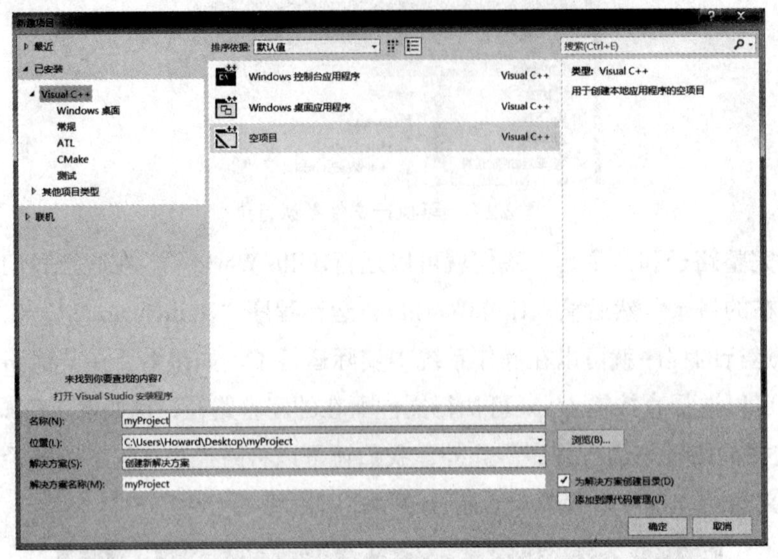

图2.2.11　新建空项目

新建完空项目之后，我们右键点击项目名添加现有项，再将目录中的源代码文件添加到项目中，如图2.2.12所示。

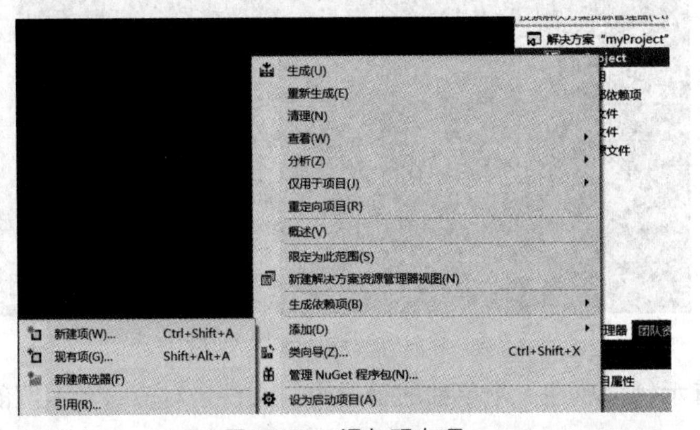

图2.2.12　添加现有项

添加完之后我们就可以在项目中看到源代码文件并进行编译了，如图2.2.13所示。

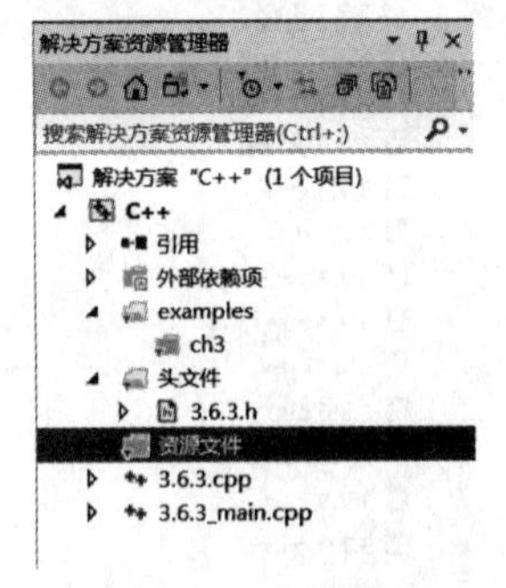

图2.2.13　添加完毕

注意：一个示例可能有需要将多个文件一起包含到项目中。如图2.2.13中，我们就将示例的3个文件都添加到项目中去了。

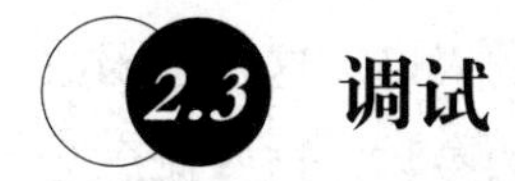

2.3 调试

在上一节中我们成功地运行了Hello World程序，并且没有遇到任何错误，但在实际编程中，“bug”或者说错误都是普遍存在的。如果我们在写一个想要输出1到10的程序，结果却输出了0到9，这时候我们该怎么办呢？一般我们会再看一遍程序，找找哪里写错了，但是很多情况下我们并不能发现自己的代码中的逻辑错误。这个时候，我们就需要调试（Debug）了。

调试，就是我们在已知程序每一步骤期望结果的条件下，通过观察实际结果从而发现程序错误的过程。用菜谱来打比方，我们看着菜谱去做一道蒸蛋，期望做出黄色的蒸蛋，结果照着菜谱做出来的却是白色的蒸蛋。这时候我们仔细查看了一遍菜谱，没觉得哪里奇怪，于是就只能重新来一遍，看看中间哪个步骤出了错。结果，我们在准备蛋液的时候发现蛋液是白的，这跟预想的不符。这时我们着重看了菜谱的前几行，发现上面写着“将鸡蛋打到碗内后，把蛋黄挑出来”，就这样，我们用调试的办法找出了问题。

接下来，我们会通过修改Hello World程序来简单地讲解调试。在此之前，我们先来了解一下Visual Studio中的断点功能和调试界面。如图2.3.1所示，在代码编辑窗口的左侧有一块空白的条形区域，单击对应的行的空白处就会创建一个断点。断点的作用就是让程序在运行到这个位置时暂停，而在暂停的时候我们可以反复地观察各个变量以及其他程序状态的值。

在图2.3.1的右上角我们可以看到红线标出的“本地Windows调试器”按钮，按下按钮之后我们就会进入到Visual Studio的调试模式。

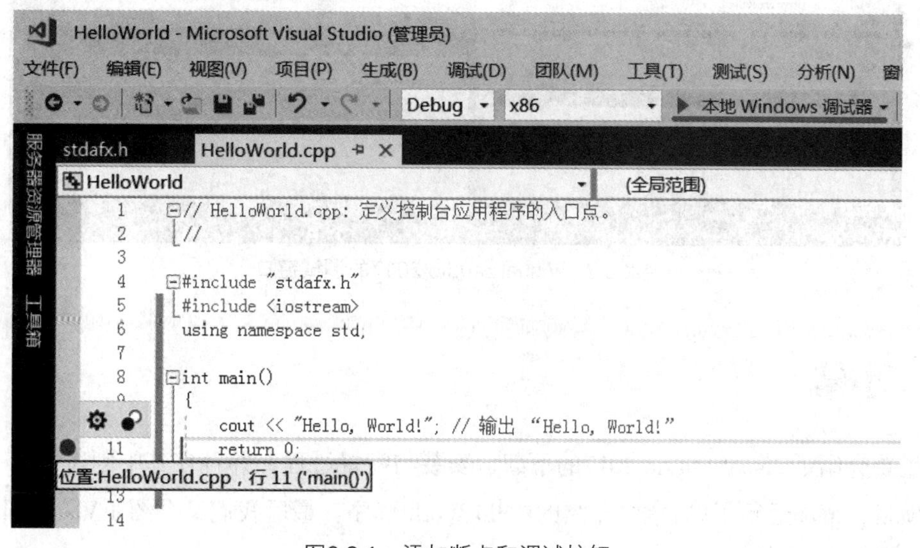

图2.3.1　添加断点和调试按钮

为了更好地演示调试，如图2.3.1所示，我们可以在main()函数的一开始添加两行代码，然后单击“本地Windows调试器”或者按下F5。

进入到调试模式后会出现如图2.3.2中所示的几个新的窗口。例如，右下角的“调用堆栈”窗口显示的是当前暂停到的函数和行数，以及调用当前函数的函数，直到程序的入口。这在多函数的复杂程序中非常有用，因为有时出错的不是当前函数，而是外层函数传进的参数，这些概念会在后面的章节中进行讲解。

图2.3.2中左下角的几个可以互相切换的窗口会显示不同变量的值，一般情况下观察“自动窗口”中的值就足够了，但是在复杂程序中我们也需要自己输入需要观察的值甚至是复杂的等式。Hello World程序一开始定义了一个名为a的整数，值为2，然后又将a加上1并让b等于这个运算结果。在这里我们可以看到a的值是2，而b的值是3（=2+1）。

如果要暂停到其他语句，我们可以设置新的断点，或者点击图2.3.2中右上角的弯曲箭头形状的单步调试键（快捷键为F10），一步步地运行；如果要结束调试，按下红色方形的停止键（快捷键为Shift+F5）即可。

以上就是对调试的简单介绍，在后面的章节中笔者还会介绍更高级的调试技巧。

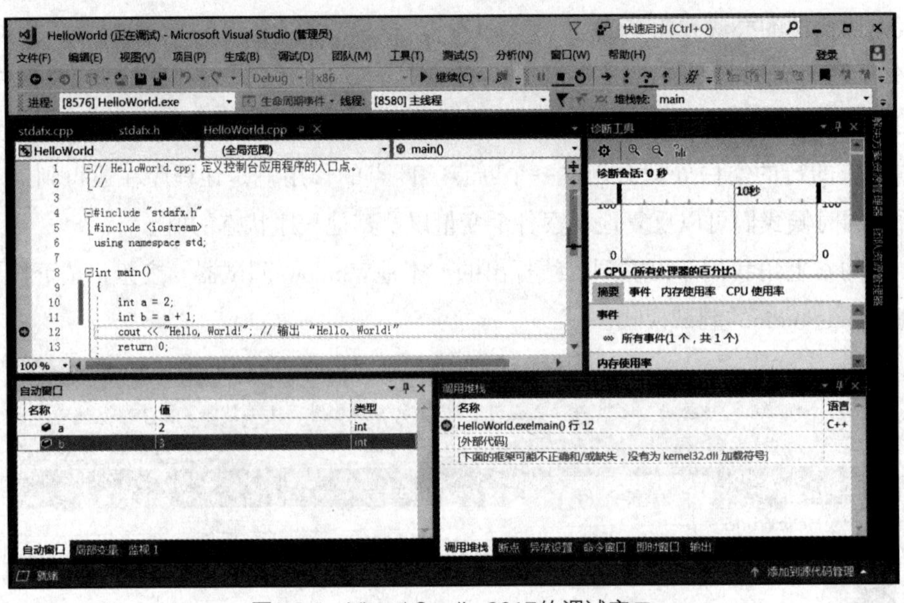

图2.3.2　Visual Studio 2017的调试窗口

2.4 小结

本章主要介绍了Visual Studio 2017的下载、安装与配置过程，并且在其中创建了第一个控制台应用程序项目，编译运行了第1章中介绍的Hello World程序。最后我们又介绍了Visual Studio的调试界面和简要说明了调试过程。

2.5 知识拓展

2.5.1　设置系统路径

设置系统路径之后，我们就可以在Windows命令行运行程序的时候省略路径。首先，打开“计算机”，单击上方菜单中的“系统属性”，如图2.5.1所示。

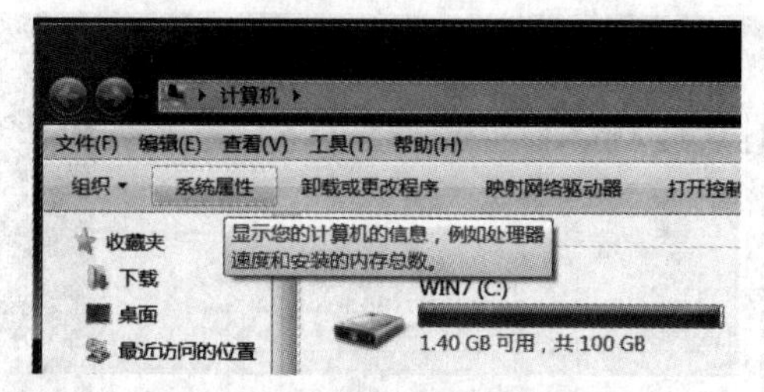

图2.5.1　系统属性的位置

如图2.5.2所示，单击窗口左侧的“高级系统设置”。

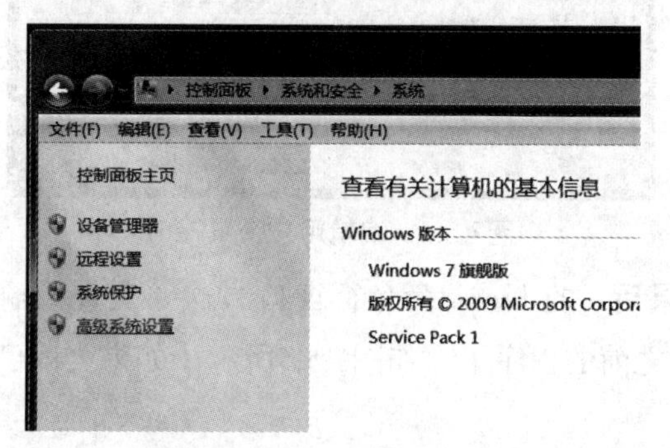

图2.5.2　系统界面

如图2.5.3所示，单击右下角的“环境变量”。

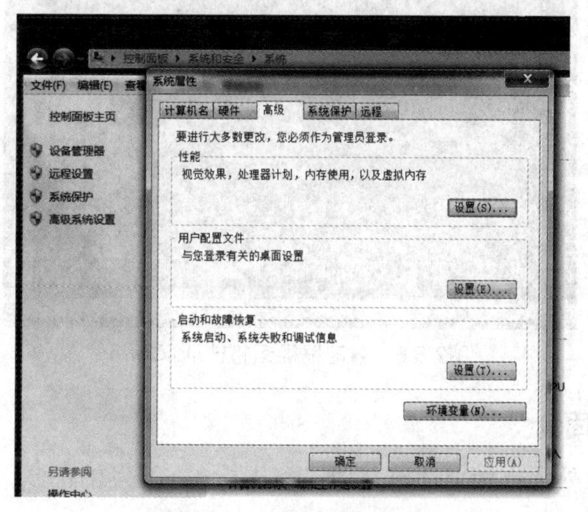

图2.5.3　环境变量的位置

在“环境变量”窗口中，我们可以看到“用户变量”和“系统变量”两个窗口。这两个窗口的区别是，用户变量只对当前登录操作系统的用户有效，而系统变量则对当前机器上的所有用户都有效。这里我们在“用户变量”窗口中找到Path变量，选中，点击下方的“编辑”，然后将本章之前“HelloWorld.exe”所在的路径添加到变量值的开头（注意：这里的路径末尾需要添加“\”，并用分号“;”分隔下一个路径），如图2.5.4所示（笔者电脑中需要添加的路径是：“C:\Users\Howard\source\repos\HelloWorld\Debug\”）。

图2.5.4 编辑用户变量Path

点击“确定”保存结果后，打开cmd命令行窗口，这一次直接输入“HelloWorld.exe”或者“HelloWorld”就可以运行之前的程序了，如图2.5.5所示（如果之前已经打开cmd，还需要再次运行cmd）。

图2.5.5 省略路径运行HelloWorld

2.5.2 其他C++ IDE简介

除了Visual Studio以外，市面上还有其他一些支持C++开发的IDE，如Eclipse、CodeBlocks、Xcode等。在这里我们就逐一简单地介绍一下。

Eclipse：开源的跨平台IDE，主要用来进行Java语言开发。由于其对插件的支持比较好，我们也可以通过各种插件进行C++、Python等其他语言的开发。用Eclipse开发C++程序，首先需要安装CDT，也就是Eclipse上用来进行C++开发的插件，它可以在新建项目时直接创建C++的项目，并且能够使用C++的编译器和调试器。在Windows上开发C++程序还需要安装Cygwin来模拟Linux环境（在Linux上就无须安装），我们需要使用Linux环境下的GCC、Automake和GDB等工具来编译调试C++程序。

CodeBlocks：免费的跨平台的开源IDE，支持多种程序语言，主要针对C/C++程序开发。CodeBlocks支持Windows、Linux及mac OS X数种平台，也支持多种编译器，包含GCC、Intel C/C++编译器、Microsoft Visual C++等。CodeBlocks也有完整的基本调试功能。

Xcode：苹果公司向开发人员提供的用于开发mac OS和iOS等苹果操作系统平台上的应用程序的IDE。Xcode支持C语言、C++、Objective-C、Objective-C++、Java、Python、Swift等编程语言。

微信扫码解锁
· 视频讲解
· 拓展学堂

第3章 C++基础语法

C++作为一种程序语言，要能够构造向计算机发出明确指令的计算机程序。描述程序的程序语言需要严谨地定义好指令的语法、数据类型和格式等信息。计算机程序之于计算机，就像菜谱之于人一样。在阅读菜谱的时候，我们可以自然而然地根据每一个步骤的动作和涉及的物品来烹饪可口的菜肴。“在锅中倒入番茄块和蛋液”如果转化成计算机语言就可以表示为“c=a+b”。倒入和加法都是指令，而番茄块和蛋液、a和b都是数据。再以第1章的Hello World程序为例，输出操作“<<”就是指令，而“Hello, World!”就是数据。总而言之，计算机程序最重要的组成要素就是数据（Data）和指令（Instruction），而计算机程序语言就是要严谨地定义这两者的各个方面。

接下来，就让我们了解一下C++最基本的一些语法。

3.1 基本内置类型

要定义数据，首先我们需要定义数据的类型。在现实生活中，我们可以很容易地发现不同类型的信息，如文字、数字、时间、颜色等，但是在计算机中的数据却只能以二进制的方式保存，因此对于C++这种高级语言来说，有一套完备的数据类型体系是非常让开发人员省心的。

C++作为一种面向对象的编程语言，开发者可以自由地定义自己的类型，但是C++本身也定义了一组表示布尔值、整数、浮点数和字符的基本内置类型。不同于其他语言中所有类型都是用户自定义的类型，C++的基本类型就只是纯粹的数据，而不提供任何操作。这也有兼容C语言的考虑。

在计算机中，数据被存放在内存磁盘等存储单位中，且每一种类型的数据占据的空间都不尽相同。存储空间以位或字节作为基本单位，没有相关概念的读者可以先阅读一下本章“知识拓展”中的“二进制复习”小节。C++基本类型占据的存储空间是一个比较复杂的问题，我们并不能在看到数据类型的时候就确定该类型占用的空间大小。尽管C++标准规定了每种数据类型的最小空间，然而由于C++并没有统一的底层数据格式，因此每种编译器都可以在C++标准的限制下定义不同的数据类型大小。所以，我们在实践中并不能简单地假设数据类型的大小，而是需要在不确定的情况下使用sizeof()函数获得某种数据类型在编译器中具体的大小。

表3.1.1总结了C++标准规定的基本内置类型的最小存储空间。

表3.1.1　基本内置类型

类型	说明	最小存储空间
char	字符型	8位
wchar_t	宽字符型	16位
short	短整型	16位
int	整型	16位
long int	长整型	32位
float	单精度浮点型	6位有效数字
double	双精度浮点型	10位有效数字
long double	扩展精度浮点型	10位有效数字
bool	布尔型	无规定

除了下文要介绍的这些基本内置类型，C++还定义了void类型。这并不是一个具有具体数值的类型，它一般只用在函数定义中，表示函数没有返回值，或者表示通用的指针类型。在后面我们也会逐一介绍。

3.1.1　整型

上文介绍的short、int和long int类型都是用来表示整数的整型。整数类型也分为有符号（signed）和无符号（unsigned）两种，可以通过声明signed int和unsigned int来区分。整型默认都是有符号的，int实际就代表着signed int。此外，unsigned关键字可以独立地作为unsigned int的缩写使用，语句“unsigned ui;”等价于“unsigned int ui;”。

有符号数可以表示正数和负数，数字的第一位表示符号，1为负，0为正，具体实现可以参考相关资料中关于补码的介绍。无符号数只能表示非负数，由于不需要第一位来区分正负，无符号数可以表示的正数范围会比有符号数多一倍，16位的有符号短整型short可以表示的最大正整数为32767，而16位的无符号短整型unsigned short可以表示的最大正整数为65535（二进制多一位可以表示的数就多一倍）。

动手写3.1.1

```
01  #include <iostream>
02  using namespace std;
03
04  // 整型的存储空间
05  // Author: 零壹快学
06  int main() {
07          cout <<"short的存储空间为"<< sizeof(short) <<"字节。"<< endl;
08          cout <<"unsigned short的存储空间为"<< sizeof(unsigned short)
            <<"字节。"<< endl;
09          cout <<"int的存储空间为"<< sizeof(int) <<"字节。"<< endl;
10          cout <<"unsigned int的存储空间为"<< sizeof(unsigned int) <<"字
            节。"<< endl;
11          cout <<"long int的存储空间为"<< sizeof(long int) <<"字节。"<< endl;
12          cout <<"unsigned long int的存储空间为"<< sizeof(unsigned long
            int) <<"字节。"<< endl;
13          return 0;
14  }
```

动手写3.1.1展示了在当前编译器下各个整型的存储空间。程序中的sizeof就是之前说的获取当前系统中某个数据类型的大小的方法。需要注意的是，这里sizeof返回的是类型的字节数，而不是位数。运行结果如图3.1.1所示：

```
short的存储空间为2字节。
unsigned short的存储空间为2字节。
int的存储空间为4字节。
unsigned int的存储空间为4字节。
long int的存储空间为4字节。
unsigned long int的存储空间为4字节。
```

图3.1.1　整型的存储空间

动手写3.1.2

```
01  #include <iostream>
02  using namespace std;
03
04  // 整型的范围
05  // Author: 零壹快学
06  int main() {
07          short shortMin = -32768;
```

```
08        short shortMax = 32767;
09        unsigned short ushortMin = 0;
10        unsigned short ushortMax = 65535;
11        int intMin = -2147483647 - 1; // 由于编译器的问题，不能直接用-2147483648
12        int intMax = 2147483647;
13        unsigned int uintMin = 0;
14        unsigned int uintMax = 4294967295;
15        long int longMin = -2147483647 - 1;
16        long int longMax = 2147483647;
17        unsigned long int ulongMin = 0;
18        unsigned long int ulongMax = 4294967295;
19        cout <<"short的范围为"<< shortMin <<"到"<< shortMax << endl;
20        cout <<"unsigned short的范围为"<< ushortMin <<"到"<< ushortMax
          << endl;
21        cout <<"int的范围为"<< intMin <<"到"<< intMax << endl;
22        cout <<"unsigned int的范围为"<< uintMin <<"到"<< uintMax << endl;
23        cout <<"long int的范围为"<< longMin <<"到"<< longMax << endl;
24        cout <<"unsigned long int的范围为"<< ulongMin <<"到"<< ulongMax
          << endl;
25        return 0;
26    }
```

动手写3.1.2展示了在当前编译器下各个整型的大小范围，这完全是由存储空间决定的。我们可以看到无符号数表示的数字范围大小其实跟有符号数一样，只是因为不能表示负数，所以能表示的正数范围扩大了一倍。此外，由于编译器算法的问题，int和long int的最小值不能直接赋值为-2147483648。运行结果如图3.1.2所示：

```
short的范围为-32768到32767
unsigned short的范围为0到65535
int的范围为-2147483648到2147483647
unsigned int的范围为0到4294967295
long int的范围为-2147483648到2147483647
unsigned long int的范围为0到4294967295
```

图3.1.2　整型的范围

在动手写3.1.2中，我们都是将范围内的数字赋值给整型对象。接下来让我们看一看，如果把范围外的数字赋值给整型会发生什么。

动手写3.1.3

```
01 #include <iostream>
02 using namespace std;
03
04 // 整型溢出
05 // Author: 零壹快学
06 int main() {
07         short shortMin = -32769;
08         short shortMax = 32768;
09         unsigned short ushortMin = -1;
10         unsigned short ushortMax = 65536;
11         int intMin = -2147483647 - 2;
12         int intMax = 2147483648;
13         unsigned int uintMin = -1;
14         unsigned int uintMax = 4294967296;
15         long int longMin = -2147483647 - 2;
16         long int longMax = 2147483648;
17         unsigned long int ulongMin = -1;
18         unsigned long int ulongMax = 4294967296;
19         cout <<"short下溢值：" << shortMin <<"，上溢值：" << shortMax << endl;
20         cout <<"unsigned short下溢值：" << ushortMin <<"，上溢值：" <<
           ushortMax << endl;
21         cout <<"int下溢值：" << intMin <<"，上溢值：" << intMax << endl;
22         cout <<"unsigned int下溢值：" << uintMin <<"，上溢值：" << uintMax
           << endl;
23         cout <<"long int下溢值：" << longMin <<"，上溢值：" << longMax << endl;
24         cout <<"unsigned long int下溢值：" << ulongMin <<"，上溢值：" <<
           ulongMax << endl;
25         return 0;
26 }
```

运行结果如图3.1.3所示：

```
short下溢值：32767，上溢值：-32768
unsigned short下溢值：65535，上溢值：0
int下溢值：2147483647，上溢值：-2147483648
unsigned int下溢值：4294967295，上溢值：0
long int下溢值：2147483647，上溢值：-2147483648
unsigned long int下溢值：4294967295，上溢值：0
```

图3.1.3　整型溢出

初学者可能会觉得这样的输出结果非常奇怪。这是由于超出范围的数值在赋值时发生了溢出，其中低于最小值的叫作下溢（Underflow），高于最大值的叫作上溢（Overflow）。向下溢出的值会回到最大值，而向上溢出的值会回到最小值。

由于超出范围的数值会造成上溢或下溢，我们需要根据对数值大小的估计而选择范围合适的数据类型，以避免数值溢出。

3.1.2 字符型

字符型有char和wchar_t两种类型。char的大小至少是1个字节，范围一般是-128 ~ 127，足够用来表示键盘上可以看到的字符。wchar_t是宽字符类型，至少是2个字节，由于中文等其他语言有许多字符，因此需要一个比char范围更大的类型来表示。

我们先来看看Visual Studio 2017中这两个类型的存储空间和范围。

动手写3.1.4

```
01  #include <iostream>
02  using namespace std;
03
04  // 字符型的存储空间和范围
05  // Author: 零壹快学
06  int main() {
07          cout <<"char的存储空间为"<< sizeof(char) <<"字节。"<< endl;
08          cout <<"wchar_t的存储空间为"<< sizeof(wchar_t) <<"字节。"<< endl;
09
10          char charMin = -128;
11          char charMax = 127;
12          wchar_t wcharMin = 0;
13          wchar_t wcharMax = 65535;
14          // 由于打印字符会直接打印其所代表的字母或符号，为了观察数值范围需要将其
            转换为int类型
15          cout <<"char的范围为"<< (int)charMin <<"到"<< (int)charMax << endl;
16          cout <<"wchar_t的范围为"<< wcharMin <<"到"<< wcharMax << endl;
17          return 0;
18  }
```

运行结果如图3.1.4所示：

```
char的存储空间为1字节。
wchar_t的存储空间为2字节。
char的范围为-128到127
wchar_t的范围为0到65535
```

图3.1.4　字符型的存储空间和范围

字符型本质上就是整型，也可以进行加减乘除的计算和其他各种操作，并且能在前面加上unsigned和signed。但两者也有以下的区别：第一，字符型是否有符号取决于编译器；第二，有效范围内的字符型变量在打印的时候会被解读成字符而不是数字。

以上几点可能会让人有些困惑，我们用例子来说明。

动手写3.1.5

```
01  #include <iostream>
02  using namespace std;
03
04  // 字符型作为数字的运算
05  // Author: 零壹快学
06  int main() {
07          char a = 2;
08          char b = 3;
09
10          // 由于打印字符会直接打印其所代表的字母或符号，为了观察数值范围需要将其
            转换为int类型
11          cout <<"a + b = "<< (int)(a + b) << endl;
12          cout <<"b - a = "<< (int)(b - a) << endl;
13          // ?:操作符在a<b成立的时候返回“true”
14          cout <<"a < b : "<< (a < b ? "true" : "false") << endl;
15          return 0;
16  }
```

动手写3.1.5展示了字符型作为数字的特性，运行结果如图3.1.5所示：

```
a + b = 5
b - a = 1
a < b : true
```

图3.1.5　字符型作为数字的运算

从运行结果中我们可以看到，字符就是范围较小的整数类型，可以做加减乘除的计算，也可以进行数值比较。

动手写3.1.6

```
01 #include <iostream>
02 using namespace std;
03
04 // 字符的默认符号修饰符
05 // Author: 零壹快学
06 int main() {
07       char charMin = -128;
08       char charMax = 127;
09       signed char scharMin = -128;
10       signed char scharMax = 127;
11       unsigned char ucharMin = 0;
12       unsigned char ucharMax = 255;
13       // 由于打印字符会直接打印其所代表的字母或符号，为了观察数值范围需要将其
         转换为int类型
14       cout <<"char的范围为"<< (int)charMin <<"到"<< (int)charMax << endl;
15       cout <<"signed char的范围为"<< (int)scharMin <<"到"<< (int)
         scharMax << endl;
16       cout <<"unsigned char的范围为"<< (int)ucharMin <<"到"<< (int)
         ucharMax << endl;
17       return 0;
18 }
```

动手写3.1.6展示了字符型在Visual Studio 2017中的默认符号修饰符是signed。运行结果如图3.1.6所示：

```
char的范围为-128到127
signed char的范围为-128到127
unsigned char的范围为0到255
```

图3.1.6 字符的默认符号修饰符

动手写3.1.7

```
01 #include <iostream>
02 using namespace std;
03
04 // 打印字符
05 // Author: 零壹快学
06 int main() {
```

```
07          char charA = 'a';
08          char charAInDec = 97;
09          cout <<"\'a\'和97都表示a: "<< charA <<" 和 "<< charAInDec << endl;
10          return 0;
11  }
```

运行结果如图3.1.7所示：

'a'和97都表示a: a 和 a

图3.1.7　打印字符

从运行结果中我们可以看到，把“97”或者“a”赋值给字符，最后打印出来的结果都是一样的，这是因为在基本的基于拉丁字母的编码系统ASCII（American Standard Code for Information Interchange，美国信息交换标准代码）中，“a”对应的值就是“97”。注意：如果字符的数值超出了有效范围，则打印不出来。

动手写3.1.8

```
01  #include <iostream>
02  using namespace std;
03
04  // 打印所有ASCII字符
05  // Author: 零壹快学
06  int main() {
07          // 循环打印所有128个ASCII字符
08          for (int i = 0; i < 128; i++) {
09                  char ch = i;
10                  cout << i <<" : "<< ch <<"";
11                  // 每打印5个字符换一行
12                  if (i % 5 == 0) cout << endl;
13          }
14          return 0;
15  }
```

动手写3.1.8中打印了所有的ASCII字符，其中用到了很多我们没有学习过的语法，现在可以先不去理解。运行结果如图3.1.8所示：

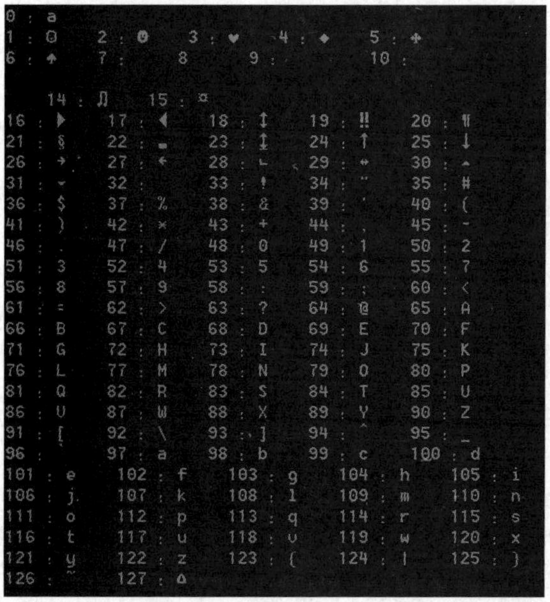

```
0 : a
1 : ☺    2 : ☻    3 : ♥    4 : ♦    5 : ♣
6 : ♠    7 :      8        9 :      10 :

   14 : ♫    15 : ☼
16 : ►    17 : ◄    18 : ↕    19 : ‼    20 : ¶
21 : §    22 : ▬    23 : ↨    24 : ↑    25 : ↓
26 : →    27 : ←    28 : ∟    29 : ↔    30 : ▲
31 : ▼    32 :      33 : !    34 : "    35 : #
36 : $    37 : %    38 : &    39 : '    40 : (
41 : )    42 : *    43 : +    44 : ,    45 : -
46 : .    47 : /    48 : 0    49 : 1    50 : 2
51 : 3    52 : 4    53 : 5    54 : 6    55 : 7
56 : 8    57 : 9    58 : :    59 : ;    60 : <
61 : =    62 : >    63 : ?    64 : @    65 : A
66 : B    67 : C    68 : D    69 : E    70 : F
71 : G    72 : H    73 : I    74 : J    75 : K
76 : L    77 : M    78 : N    79 : O    80 : P
81 : Q    82 : R    83 : S    84 : T    85 : U
86 : V    87 : W    88 : X    89 : Y    90 : Z
91 : [    92 : \    93 : ]    94 : ^    95 : _
96 : `    97 : a    98 : b    99 : c    100 : d
101 : e    102 : f    103 : g    104 : h    105 : i
106 : j    107 : k    108 : l    109 : m    110 : n
111 : o    112 : p    113 : q    114 : r    115 : s
116 : t    117 : u    118 : v    119 : w    120 : x
121 : y    122 : z    123 : {    124 : |    125 : }
126 : ~    127 : ⌂
```

图3.1.8　打印所有ASCII字符

从运行结果中我们可以看到，14以前的字符有些无法显示，而有些则打乱了格式，甚至把11～13所在的那行覆盖了。这是因为0～31和127都是控制字符，可以对页面中的字符起到控制作用，其中，有一些字符也能以笑脸或者星形的形式显示。由于篇幅有限，这里就不对控制字符的功能进行介绍了，有兴趣的读者可以参考网上的资料（如 https://baike.baidu.com/item/ASCII）。

3.1.3　浮点型

浮点型是用来表示小数的数据类型，共有3种：float、double和long double。其中float需要保证有6位有效数字，double和long double都需要保证有10位有效数字。

我们先来看看Visual Studio 2017中这3种类型的存储空间。

动手写3.1.9

```
01  #include <iostream>
02  using namespace std;
03
04  // 浮点型的存储空间
05  // Author: 零壹快学
06  int main() {
07          cout <<"float的存储空间为"<< sizeof(float) <<"字节。"<< endl;
08          cout <<"double的存储空间为"<< sizeof(double) <<"字节。"<< endl;
09          cout <<"long double的存储空间为"<< sizeof(long double) <<"字节。"
            << endl;
10          return 0;
11  }
```

运行结果如图3.1.9所示：

```
float的存储空间为4字节。
double的存储空间为8字节。
long double的存储空间为8字节。
```

图3.1.9　浮点型的存储空间

对于小数来说，除了需要关注整数部分的范围之外，我们还会关注小数部分的精度，也就是小数点后的位数。浮点数一般会存储科学计数法的指数和尾数。如果一个数的指数为2，而尾数为1.23，那么所表示的就是1.23×10^2，也就是123；如果其指数为-2，而尾数为1.23，那么所表示的是1.23×10^{-2}，也就是0.0123。这样看来，小数点就像是跟着指数而浮动一样，而占用空间越大的浮点数类型可以存放的指数和尾数就越大，也就能表示精度更高的小数了。

3.1.4　布尔型

布尔型bool的值只有true（真）和false（假）两种。我们也可以将整数赋值给bool，编译器会自动进行类型转换，0会转换成false，而其他数字都会转换成true。

动手写3.1.10

```
01 #include <iostream>
02 using namespace std;
03
04 // 布尔型的应用
05 // Author: 零壹快学
06 int main() {
07         cout <<"bool的存储空间为"<< sizeof(bool) <<"字节。"<< endl;
08         bool trueFlag = true;
09         bool falseFlag = false;
10         cout <<"把true和false赋值给bool的结果为："<< trueFlag <<"和"<<
           falseFlag << endl;
11         trueFlag = 2;
12         falseFlag = 0;
13         cout <<"把2和0赋值给bool的结果为："<< trueFlag <<"和"<< falseFlag
           << endl;
14         cout <<"之前两个bool值与1相加的结果为："<< trueFlag + 1 + falseFlag
           << endl;
15         return 0;
16 }
```

动手写3.1.10展示了布尔型的存储空间、赋值、计算和打印。布尔型作为数字进行运算的时候值为0和1。运行结果如图3.1.10所示：

```
bool的存储空间为1字节。
把true和false赋值给bool的结果为：1和0
把2和0赋值给bool的结果为：1和0
之前两个bool值与1相加的结果为：2
```

图3.1.10　布尔型的各种应用

我们可以看到，打印的时候还是会打出1和0，而不是true和false。2由于不是0，因此自动转换成了true，也就是1。

虽然布尔型只有0和1两个值，可以用1个位来表示，但是由于其他数据类型都至少有1个字节，因此在Visual Studio中为了方便数据在内存中的对齐，需要额外给布尔型补足7个位。

布尔型一般用于表示一段逻辑或关系表达式的结果，其实际应用会在后面讲述关系操作符和逻辑操作符的小节进行讲解。

3.2 常量与变量

3.2.1　字面值常量

在介绍字面值常量之前，让我们先来看一个小程序：

动手写3.2.1

```
01  #include <iostream>
02  using namespace std;
03
04  // 字面值常量和变量
05  // Author: 零壹快学
06  int main() {
07          int a = 3;
08          cout <<"使用两种方式打印数字："<< 3 <<"和"<< a << endl;
09          return 0;
10  }
```

动手写3.2.1中用两种方式打印数字，其中第一种方式是直接使用具体数字的值，我们称之为字面值常量（Literal Constant）。正如动手写3.2.1所示，使用字面值常量会非常直截了当，省去了类型的定义。但也正因为这样，没有类型的值会造成歧义或者意想不到的结果，这点在之后的类型转换一节中我们也会提到。同样地，在程序中使用这种不加说明的数字也会令人困惑，这种莫名其妙的字面量也叫作幻数（Magic Number）。此外，如果在多个地方使用相同的字面值常量，虽然编译器可能会优化成同一个值，但这样会使程序容易出错，因为在修改程序时，只要漏改一处，就会导致异常的程序行为。

动手写3.2.2

```
01  #include <iostream>
02  using namespace std;
03
04  // 字面值常量
05  // Author: 零壹快学
06  int main() {
07          cout <<"3×3×3×3: "<< 3 * 3 * 2 * 3 << endl;
08          return 0;
09  }
```

动手写3.2.2是要计算4个3的乘积，结果其中有一个3写成了2。这样会导致结果跟预期不一致，而且在大型程序中会很难调试。

为了区分不同类型的字面值常量，我们使用不同的方式来表示：

1. 整型字面值常量；
2. 浮点字面值常量；
3. 布尔字面值常量；
4. 字符字面值常量；
5. 字符串字面值常量；
6. 转义字符。

接下来，我们用示例来简单介绍每一个字面值常量：

动手写3.2.3

```
01  #include <iostream>
02  using namespace std;
03
04  // 整型字面值常量
05  // Author: 零壹快学
06  int main() {
07          int dec = 85; // 十进制整数
08          int oct = 0213; // 八进制整数用0作为前缀
09          int hex = 0x4b; // 十六进制整数用0x作为前缀
10          unsigned int uint = 30u; // 无符号整数
```

```
11          long int lint = 30l; // 长整型
12          unsigned long int ulint = 30ul; // 无符号长整型
13          return 0;
14  }
```

动手写3.2.3展示了各种整型的字面值常量。在数字前面加不同前缀可以表示不同进制的数，而在数字后面加不同后缀则可以区分不同类型的整型。

字面值常量中的字母不区分大小写，例如表示十六进制前缀的0x和0X都是合法的。

动手写3.2.4

```
01  #include <iostream>
02  using namespace std;
03
04  // 浮点型字面值常量
05  // Author: 零壹快学
06  int main() {
07          float piFloat = 3.14f; // float类型用f作后缀
08          cout <<"piFloat: "<< piFloat << endl;
09          double piDouble = 3.14; // 浮点数默认为double类型
10          cout <<"piDouble: "<< piDouble << endl;
11          long double piLDouble = 3.14l; // long double类型用l作后缀
12          cout <<"piLDouble: "<< piLDouble << endl;
13          float piFloatSci = 314159e-5f; // float类型的科学计数法表示
14          cout <<"piFloatSci: "<< piFloatSci << endl;
15          float floatOmit = .25f; // 省略小数点前的0
16          cout <<"floatOmit: "<< floatOmit << endl;
17          return 0;
18  }
```

动手写3.2.4展示了各种浮点型的字面值常量。在数字中我们可以用e来表示科学计数法，用后缀f和l来表示该类型是float还是long double类型。要注意的是，有一些比较特殊的表示浮点数的方法，即省略小数点前或后的数字，这个时候省略的部分默认为0。

运行结果如图3.2.1所示：

```
piFloat: 3.14
piDouble: 3.14
piLDouble: 3.14
piFloatSci: 3.14159
floatOmit: 0.25
```

图3.2.1 浮点型字面值常量

对于整数和浮点数来说，后缀其实就是对字面值常量的限定符。一个高精度的浮点型字面值常量加上f后缀后，会自动转换为float，从而损失精度；而一个负整数加上u后缀后，也会自动转换成对应的unsigned所表示的正整数。在实际编程中，笔者还是推荐读者使用变量，具体请参见3.2.2小节。

布尔字面值常量就是true和false，在之前的章节中已经提到过。

字符字面值常量就像之前介绍的那样用一对单引号（''）来定义。如果在单引号前面加上L（例如L'0'），我们就得到了宽字符类型的字面值常量。

字符串字面值常量和字符字面值常量类似，只是把单引号改成了双引号（""）。此外L前缀的规则也适用，如L"零壹快学"就是一个宽字符组成的字符串。

转义字符（Escape Character）是具有文本格式控制以及其他特殊功能的不可显示字符的表示形式。上文介绍的ASCII码中靠前的很多控制字符就可以用转义字符来表示。简单地说，转义字符就是利用反斜杠（\）对之后的字符进行重新解读。

我们通过一个示例来了解转义字符：

动手写3.2.5

```
01  #include <iostream>
02  using namespace std;
03
04  // 转义字符与一般字符的比较
05  // Author: 零壹快学
06  int main() {
07          cout <<"Hello new line!"<< endl;
08          cout <<"Hello \new line!"<< endl;
09          return 0;
10  }
```

动手写3.2.5中，两个字符串的区别就是第二个字符串中多了一个“\”。运行结果如图3.2.2所示：

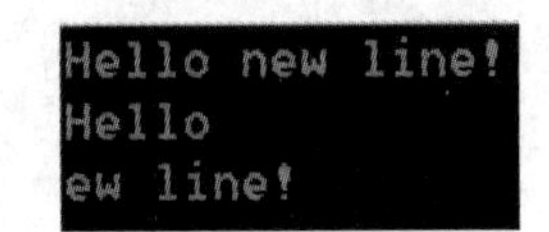

图3.2.2 换行转义字符的效果

从运行结果中我们可以看到，第二个字符串从第二个单词开始另起一行，而且“n”不见了。这是因为编译器在看到“\”的时候就继续往下搜索，看到“n”之后就把“\n”一起解读成表示换行的转义字符。

如果我们要打印“\”这个反斜杠符本身，那应该怎么办呢？答案很简单，就是使用“\\”，第一个反斜杠会跟第二个反斜杠一起构成一个可以打印的反斜杠符的字符。相同的道理也适用于单引号和双引号，因为这两者一般情况下需要作为字符和字符串的边界。接下来我们再看一个用转义字符打印特殊符号的示例：

动手写3.2.6

```
01 #include <iostream>
02 using namespace std;
03
04 // 用转义字符打印特殊符号
05 // Author: 零壹快学
06 int main() {
07       cout <<"\"slash\\\"& \'question\?\'"<< endl;
08       return 0;
09 }
```

运行结果如图3.2.3所示：

```
"slash\" & 'question?'
```

图3.2.3　用转义字符打印特殊字符

由于转义字符在ASCII中也有对应的字符编号，所以我们也可以用反斜杠“\”加上编号来表示转义字符，如“\n”对应的就是“\12”。

3.2.2　变量

在动手写3.2.2中，我们看到了大量使用字面值常量的危害，为了避免重复使用相同的值，我们可以定义一个变量来进行计算。程序设计中的变量就像数学中的变量（如x、y、z）一样，可以将公式中的元素抽象化，用名字来代替一个具体的值。不同的是，程序中的变量会有相应开辟的存储空间和数据类型。

动手写3.2.7

```
01 #include <iostream>
02 using namespace std;
03
04 // 字面值常量与变量的比较
05 // Author: 零壹快学
06 int main() {
07         // 用字面值常量计算平方和
08         cout <<"计算结果是: "<< 3 * 3 + 4 * 4 << endl;
09         // 用变量计算平方和
10         int a = 3;
11         int b = 4;
12         cout <<"计算结果是: "<< a * a + b * b << endl;
13         return 0;
14 }
```

动手写3.2.7分别用了字面值常量和变量来实现平方和的计算，两者的计算结果都是25。

从示例中，我们可以清楚地看到使用变量会更容易让人理解，并且在修改程序的时候不容易出错，公式和代入的数值也实现了分离。此外，变量在使用前需要先定义或者声明（在3.6.1小节中会进行讲解），在使用的语句之后定义的变量是找不到的。

提示

本书会混用变量的声明和定义这两个术语。对于变量来说，声明和定义在一般情况下是可以互换的，但是在涉及链接、静态变量以及函数的声明和定义的时候会有所区别。

在定义变量的时候我们需要指定一个名字，作为标识符（Identifier）。标识符的命名必须满足一定的规则：

1. 首字符必须以字母或下划线开头；
2. 非开头字符除了字母和下划线外，还可以使用数字；
3. 区分大小写；
4. 不能使用C++关键字。

动手写3.2.8

```
01 #include <iostream>
02 using namespace std;
03
04 // 合法变量名
05 // Author: 零壹快学
06 int main() {
07         int _num = 3;
08         int num = 4;
09         int Num = 5;
10         int n_m = 6;
11         int n7m = 7;
12         return 0;
13 }
```

动手写3.2.8列举了一些合法的变量名。

动手写3.2.9

```
01 #include <iostream>
02 using namespace std;
03
04 // 非法变量名
05 // Author: 零壹快学
06 int main() {
07         int 3num = 3;
08         int ?num = 4;
09         return 0;
10 }
```

动手写3.2.9列举了一些非法的变量名，编译该程序会得到如图3.2.4所示的错误信息：

代码	说明	项目	文件	行
E0040	应输入标识符	C++	3.2.9.cpp	7
E0040	应输入标识符	C++	3.2.9.cpp	8
C2059	语法错误："user-defined literal"	C++	3.2.9.cpp	7
C2059	语法错误："?"	C++	3.2.9.cpp	8

图3.2.4 非法变量名造成的编译错误

C++保留了一些具有语法含义的词汇作为关键字，这些关键字不能作为标识符。若将这些关键字用作标识符，不仅会让程序变得难以理解，也会使编译器产生歧义。表3.2.1总结了C++所有的关键字。

表3.2.1　C++关键字

and	and_eq	asm	auto	bitand	bitor
bool	break	case	catch	char	class
compl	const	const_cast	continue	default	delete
do	double	dynamic_cast	else	enum	explicit
export	extern	false	float	for	friend
goto	if	inline	int	long	mutable
namespace	new	not	not_eq	operator	or
or_eq	private	protected	public	register	reinterpret_cast
return	short	signed	sizeof	static	static_cast
struct	switch	template	this	throw	true
try	typedef	typeid	typename	union	unsigned
using	virtual	void	volatile	wchar_t	while
xor	xor_eq				

3.2.3　变量初始化

定义变量时需要的要素是类型、名称和初始值。在介绍初始化之前，我们先看一个示例：

动手写3.2.10

```
01 #include <iostream>
02 using namespace std;
03
04 // 变量初始化
05 // Author: 零壹快学
06 int main() {
07         int a;
08         cout << a << endl;
09         int b = 0;
10         cout << b << endl;
11         return 0;
12 }
```

动手写3.2.10展示了变量有无初始化的两种情况。在Visual Studio 2017中，没有初始化的变量是无法通过编译的；但是在Visual Studio的旧版本中，这样的变量会有一个随机的值，并使程序产生无法预期的结果。

在C++中，初始化是一个颇为重要且微妙的问题。对于用户自定义的对象来说，初始化并不仅仅是像语法中“=”所表示的赋值一样，只是给变量一个初始值。当然，现在对于基本内置类型的操作，我们还不需要关注这些问题，笔者会在后面讲到类的构造函数的章节时再详细讲解。

在定义多个相同类型的变量的时候，我们可以使用如下的语法：

动手写3.2.11

```
01 #include <iostream>
02 using namespace std;
03
04 // 同时初始化多个变量
05 // Author: 零壹快学
06 int main() {
07       int a = 1, b = a + 1, c = a + b, d;
08       cout <<"a = "<< a << endl;
09       cout <<"b = "<< b << endl;
10       cout <<"c = "<< c << endl;
11       return 0;
12 }
```

动手写3.2.11展示了同时初始化多个变量的语法。我们可以看到，先初始化的变量值在后一个初始化中就可以使用了，而且其中有一些变量还可以是没有初始化的，因此它们的值也是未定义的。

3.2.4 const常量

之前我们讲了用变量代替字面值常量，也就是代替幻数的好处，但是变量是可以随时改变的，而我们在编写时也需要一些不变的值，也就是常量。例如在物理公式$E=mc^2$中，c是一个完完全全的常量，我们在程序中是不需要也不可能改变这个数值的，这个时候我们就可以使用const修饰符把变量定义成常量。

动手写3.2.12

```
01 #include <iostream>
02 using namespace std;
03
04 // const常量
05 // Author: 零壹快学
06 int main() {
07       const int a = 1;
08       a = 2;
09       return 0;
10 }
```

动手写3.2.12展示了const常量的用法。乍看之下const常量和变量并没有什么区别，但是如果我们在初始化语句后面加上"a=2;"尝试去改变常量的初始值，编译器就会报错。这也是const限定的变量和普通变量之间最重要的区别。

这里有人可能会提出疑问：如果不用const，但是自己小心注意不去改变变量的值，效果是不是也一样？对此，笔者的答案是不建议这样做。因为人是很容易犯错的，而且代码经常是由多人一起维护，无法保证一个变量的值可以一直不被其他人无意地修改。使用const就相当于是给编译器加了保险，我们也不需要操心变量有没有被重新赋值的问题了。此外，使用了const后，代码的意义也更加清晰了，哪些是变量，哪些是常量，我们都能一目了然。

3.2.5 typedef

typedef关键字的作用是定义变量类型的别名。

动手写3.2.13

```
01 #include <iostream>
02 using namespace std;
03
04 // typedef的应用
05 // Author: 零壹快学
06 int main() {
07         typedef int age;
08         typedef int score;
09         typedef int tel;
10         age myAge = 20;
11         score myScore = 80;
12         tel myTel = 12345678;
13 }
```

动手写3.2.13使用typedef定义了学生的年龄、分数和电话号码，三者的实现都是整型。这看上去似乎毫无必要，但是对于开发人员来说，这样会使变量类型的意义更清晰。由于类型中自带了变量的含义和用途，因此我们还可以缩短变量名的长度。此外，如果以后我们要改用字符串来表示电话号码，那么我们只需要修改typedef就行了，而不需要把程序中所有出现过的int都改成string。

typedef的另一个作用是用简短的名字代替复杂的类型名，这使得复杂的类型定义更容易理解。由于C++的标准库大量使用了模板，这也使得变量类型名有时候会特别长。

动手写3.2.14

```
01 #include <iostream>
02 #include <vector>
03 using namespace std;
04
05 // 用typedef重定义复杂类型名
06 // Author: 零壹快学
07 int main() {
08       typedef vector<vector<int>> vec2D;
09       vec2D vec2d;
10       return 0;
11 }
```

动手写3.2.14将原本非常复杂的二维整型向量vector<vector<int>>的定义用vec2D来表示，大大缩减了程序的长度并提高了可读性（vector是标准库中最常用的几种数据结构之一，这在后续的章节中会进行介绍）。

3.3 操作符

计算机程序可以看作是一串运算式，可以对各种数据类型进行运算。这种运算不仅仅是代数上的加减乘除，也可以是只在计算机中存在的数据类型的改变，还可以是一种抽象的操作。比如说我们定义组装两个机械零件，那么我们也可以重新定义已知的一种操作“+”，使其能够表示组装零件的操作。总之，对于基本的整型、浮点数等的种种运算或操作，我们都可以用操作符（Operator）来表示。操作符一般以一个到两个特殊符号的形式出现。接下来，我们会逐一介绍各类操作符，但是一些涉及指针的和还未讲到的类型的操作符会在后面的章节中才作详细介绍。

在具体讲解操作符之前，我们还是有必要介绍一下表达式（Expression）。表达式对应数学中的概念就是算式，例如“2+3”。表达式都有一个结果值，如“2+3”的结果就是5；把这个结果赋值给变量a写成“a=2+3;”，那就是一个语句（Statement）了。一般语句都以分号“;”结尾。在之前的示例中我们看到过类似“a=3”的语句，在这个语句中，“3”自己就是一个表达式，因为它可以得到结果，也就是3本身。一个表达式不光可以像“3”这样没有操作符，也可以像“2+3/2”这样有多个操作符。其中，“2”“3”“3/2”和“2+3/2”都是表达式。

每个操作符要完成运算所需要的数据，也就是操作数（Operand）。不同的操作符所需要的操作数个数也是不一样的。上面举例的加法操作符“+”需要2个操作数，因此也称为二元操作符（Binary Operator）。除此之外还有一元操作符（Unary Operator）和三元操作符（Ternary

Operator），它们分别需要1个和3个操作数。

操作数的类型会决定操作符的行为。例如，“a+b”在a和b都是整数的情况下进行的是整数加法的运算，而在a和b都是字符串的情况下进行的是字符串的连接，如“零壹”+“快学”的结果就是“零壹快学”。

3.3.1 算术操作符

算术操作符用在数学表达式中，基本都是一些数学中常用的运算符号。表3.3.1列出了所有算术操作符。

表3.3.1 C++算术操作符

操作符	说明
+	加法，如a + b或+a
–	减法，如a – b或–a
*	乘法，如a * b
/	除法，如a / b
%	取余数，如a % b

对于这些操作符有几个需要注意的地方：

1. 算术操作符都可作为二元操作符操作2个操作数，其中“+”和“–”也可以作为数值的正负符号，此时它们是一元操作符。

2. 除法和取余数操作符可以看作一对互补的操作符。对于整数除法“5/2”来说，除法得到整数的商，而小数部分的0.5则直接去掉，或是直接通过“5%2”获得余数1。这里不存在四舍五入的问题，而是直接去掉小数部分。

3. 取余操作不能对浮点数进行，至于“5%–2”这种带负数的取余，C++不同版本的标准对结果的符号有着不同的规定，有的返回正数，而有的返回负数，在实际编程中我们就以当前编译器的结果为准。

动手写3.3.1

```
01  #include <iostream>
02  using namespace std;
03
04  // 算术操作符
05  // Author: 零壹快学
06  int main() {
07          int a = 5;
```

```
08      int b = 2;
09      cout <<"+ a: "<< (+a) << endl;
10      cout <<"- a: "<< (-a) << endl;
11      cout <<"a + b: "<< (a + b) << endl;
12      cout <<"a - b: "<< (a - b) << endl;
13      cout <<"a * b: "<< (a * b) << endl;
14      cout <<"a / b: "<< (a / b) << endl;
15      cout <<"a % b: "<< (a % b) << endl;
16      return 0;
17  }
```

运行结果如图3.3.1所示：

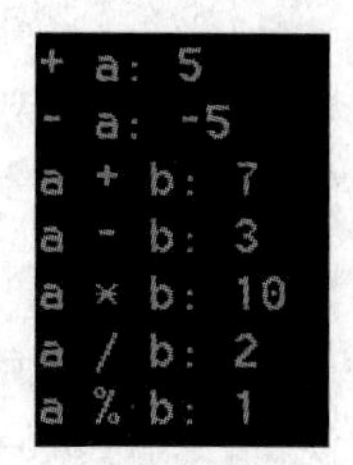

图3.3.1　算术操作符示例运行结果

我们可以看到，“+”作为取正符号时没有任何作用，“-”则会返回数字的相反数。

3.3.2　关系操作符

关系操作符用于比较数值的大小，这个概念在数学也有。不同的类型之间做比较会产生类型转换。对于浮点类型来说，检查相等的“==”可能不太实用，因为它检查的是两个数值完全相等，这在现实中是很少见的；如果两个小数很接近，但是最后一位不一样，比较相等就不会成功。表3.3.2列出了所有的关系操作符。

表3.3.2　C++关系操作符

操作符	说明
==	检查操作数是否相等，如a==b
!=	检查操作数是否不等，如a!=b
>	检查左操作数是否大于右操作数，如a>b
<	检查左操作数是否小于右操作数，如a<b
>=	检查左操作数是否大于等于右操作数，如a>=b
<=	检查左操作数是否小于等于右操作数，如a<=b

动手写3.3.2

```
01  #include <iostream>
02  using namespace std;
03
04  // 关系操作符
05  // Author: 零壹快学
06  int main() {
07          int a = 5;
08          int b = 2;
09          int one = 1;
10          bool t = true;
11          cout <<"a > b: "<< (a > b) << endl;
12          cout <<"a < b: "<< (a < b) << endl;
13          cout <<"a >= b: "<< (a >= b) << endl;
14          cout <<"a <= b: "<< (a <= b) << endl;
15          cout <<"t == one: "<< (t == one) << endl;
16          cout <<"t != one: "<< (t != one) << endl;
17          return 0;
18  }
```

运行结果如图3.3.2所示：

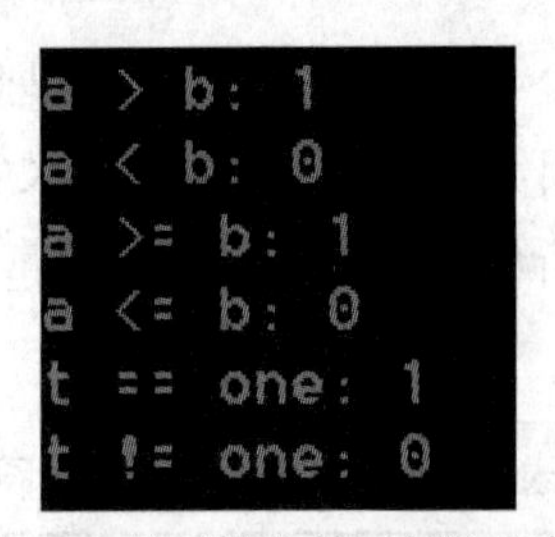

图3.3.2　关系操作符示例运行结果

我们可以看到5和2比较的结果都是意料之内的，而true和1是相等的。这是因为布尔值在这里遇到了整数，会发生类型转换，而布尔值两个字面值常量true和false对应的数值量就是1和0。由于比较的两者不是同一类型，因此Visual Studio会报出以下警告：warning C4805：“==”：在操作中将类型“bool”与类型“int”混合不安全。

相等操作符“==”有两个等号，而赋值操作符“=”只有一个等号，在实际编程中我们很容易把相等操作符错写成赋值操作符，这样的错误难以察觉，而且结果会相差很大。为了避免这种

情况的发生，我们可以把变量写在右边，把常量表达式写在左边，这样赋值操作不成立（涉及后面章节中会讲到的左值、右值）时，编译器就会报错提醒我们了。

3.3.3 逻辑操作符

逻辑操作符包含了基本的逻辑与、逻辑或、逻辑非3种操作，逻辑与和逻辑或都是二元操作符，而逻辑非为一元操作符。具体如表3.3.3所示。

表3.3.3 C++逻辑操作符

操作符	说明
&&	逻辑与操作符，只有两个操作数都为真时，条件才为真，如a&&b
||	逻辑或操作符，两个操作数中任何一个为真时，条件为真，如a||b
!	逻辑非操作符，如果操作数为true，则得到false，如!a

逻辑操作符的操作数是结果为布尔类型的表达式，一般用于跟关系操作符复合组成复杂的逻辑表达式。当然其他类型也可以作为操作数转化为true和false，或者是1和0，但是在表达式中使用非1、非0的数值并不是恰当的做法。

动手写3.3.3

```
01 #include <iostream>
02 using namespace std;
03 
04 // 逻辑操作符
05 // Author: 零壹快学
06 int main() {
07         cout <<"true && true: "<< (true && true) << endl;
08         cout <<"true && false: "<< (true && false) << endl;
09         cout <<"false && false: "<< (false && false) << endl;
10         cout <<"true || true: "<< (true || true) << endl;
11         cout <<"true || false: "<< (true || false) << endl;
12         cout <<"false || false: "<< (false || false) << endl;
13         cout <<"!true: "<< !true << endl;
14         cout <<"!false: "<< !false << endl;
15         return 0;
16 }
```

动手写3.3.3展示了逻辑操作符对确定的布尔值进行操作的各种可能的结果。运行结果如图

3.3.3所示：

```
true && true: 1
true && false: 0
false && false: 0
true || true: 1
true || false: 1
false || false: 0
!true: 0
!false: 1
```

图3.3.3　逻辑操作符示例运行结果

动手写3.3.4

```
01 #include <iostream>
02 using namespace std;
03
04 // 逻辑操作符与关系操作符的组合使用
05 // Author: 零壹快学
06 int main() {
07         int a = 2;
08         int b = 5;
09         cout <<"a < 3 && b < 3: "<< (a < 3 && b < 3) << endl;
10         cout <<"a < 3 || b < 3: "<< (a < 3 || b < 3) << endl;
11         cout <<"a < 3 && !(b < 3): "<< (a < 3 && !(b < 3)) << endl;
12         return 0;
13 }
```

动手写3.3.4进行了进一步扩展，展示了实际编程中逻辑操作符与关系操作符的组合使用。由于逻辑比较复杂，初学者需要理顺两种操作符的规则后才能明白。运行结果如图3.3.4所示：

```
a < 3 && b < 3: 0
a < 3 || b < 3: 1
a < 3 && !(b < 3): 1
```

图3.3.4　逻辑操作符和关系操作符组合使用的运行结果

提示

由于逻辑与在一个操作数为false的情况下即为false，而逻辑或在一个操作数为true的情况下即为true，对于类似“(a<b) ‖ (c<d)”这样的表达式，只要a<b已经为true，那么右边的c<d也不需要计算了。这种逻辑运算符的求值策略叫作短路求值。

动手写3.3.5

```
01 #include <iostream>
02 using namespace std;
03
04 // 短路求值
05 // Author: 零壹快学
06 int main() {
07         int a = 1;
08         if ( a < 2 || (a = 2) ) {
09              cout <<"a的值为: "<< a << endl;
10         }
11         return 0;
12 }
```

动手写3.3.5展示了短路求值。运行结果如图3.3.5所示：

a的值为: 1

图3.3.5 短路求值示例运行结果

我们可以看到，由于逻辑操作符“||”左边是true，即使右边的赋值表达式没有执行，最后打印出来的a的值依然是初始值1。

3.3.4 位操作符

位操作符就是把整型看作二进制位的序列，然后对每个位分别进行位操作。不熟悉二进制的读者可以参考本章“知识拓展”里的内容。由于二进制每个位只可能是0或1，因此一些类似逻辑操作的运算可以用在每一位上，也就是位与、位或、位求反和位异或（异或也是一种逻辑运算，只是C++没有一般的逻辑异或操作符）。具体如表3.3.4所示。

表3.3.4 C++位操作符

操作符	说明
&	位与，如a&b
|	位或，如a|b
^	位异或，如a^b
~	位求反（非），如~a
<<	左移，如a<<b
>>	右移，如a>>b

表3.3.5总结了位与、位或以及位异或在不同二进制数值组合下的运算结果：

表3.3.5　位运算符真值表

p	q	p&q	p|q	p^q
0	0	0	0	0
0	1	0	1	1
1	1	1	1	0
1	0	0	1	1

除此以外，位求反就只是简单地将0变成1、1变成0。下面我们会介绍2种移位操作。我们先通过一个简单的示例来了解一下表3.3.4中的前4种操作。

动手写3.3.6

```
01 #include <iostream>
02 using namespace std;
03
04 // 位操作符
05 // Author: 零壹快学
06 int main() {
07     int a = 1; // 0b01
08     int b = 3; // 0b11
09     cout <<"a & b: "<< (a & b) << endl;
10     cout <<"a | b: "<< (a | b) << endl;
11     cout <<"a ^ b: "<< (a ^ b) << endl;
12     cout <<"~a: "<< ~a << endl;
13     return 0;
14 }
```

动手写3.3.6展示了二进制的11和01，也就是3和1的各种位运算。运行结果如图3.3.6所示：

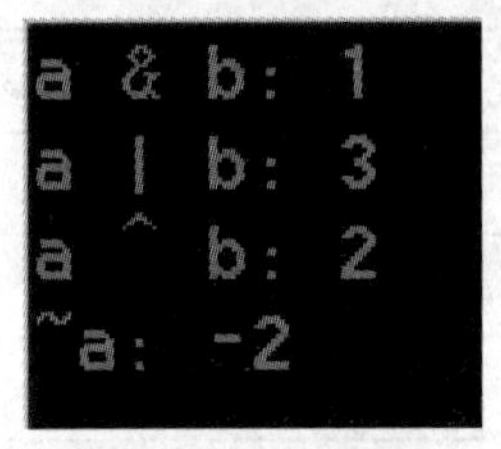

图3.3.6　位操作符示例运行结果

程序的注释中标注了数字的二进制形式，分别是01和11。我们可以看到，由于两个数字的高一位并不都是1，因此位与的结果是0，而低一位都是1，所以结果是1，合在一起是01，也就是十进制的1。位或的运算正好相反，高一位的结果为1，低一位一样都是1，所以结果是11，也就是十进制的3。位异或的原理和逻辑异或一样，只是逻辑异或在C++中并没有操作符支持。简单来说，就是只有2个位不一样的情况下结果才为1，在这里由于2个低位都是1，结果就是0。在程序的注释中，我们标注了a就是二进制中的01，而b是二进制中的11，因此最右位就是2个1的位运算，而左一位是0和1的位运算。我们可以参考表3.3.5中的第二行和第三行结果。

本小节的表格中还出现了左移和右移操作符，其实这两个操作符就是把整型的每一位都左移或者右移。例如无符号二进制整数01001001b，左移1位，右边补0，再左移1位，最左边的1才会移除（根据当前变量的位数决定），右移则相反。然而如果是有符号整型（signed int），右移的时候我们并不能确定当前编译器中左边补的是0还是1，这是需要特别注意的。

由于有符号整型的第一位是符号位，而各个平台上的位操作符对符号位的处理可能各不相同，因此最好使用无符号类型进行位运算。此外，我们可以通过对整型类型的选择来控制位的个数，这在一些情境下是非常有用的。

动手写3.3.7

```
01  #include <iostream>
02  using namespace std;
03
04  // 左移和右移操作符
05  // Author: 零壹快学
06  int main() {
07          unsigned int a = 4;
08          cout <<"a << 1: "<< (a << 1) << endl;
09          cout <<"a >> 1: "<< (a >> 1) << endl;
10          return 0;
11  }
```

动手写3.3.7展示了左移和右移对无符号整型的操作。运行结果如图3.3.7所示：

图3.3.7　左移和右移示例运行结果

3.3.5　自增自减操作符

自增自减操作符其实就是对操作数进行加一或者减一。一些计算机的体系结构中存在着不同于加法add和减法sub的加一inc和减一dec指令，但加一和减一的操作有自己的操作符，可以直接对应。如表3.3.6所示，自增自减操作符分别有前缀和后缀两种形式：前缀自增、自减是先进行运算，然后得到表达式的返回值；而后缀自增、自减则是先返回值，再进行运算。

表3.3.6　C++自增自减操作符

操作符	说明
++	自增，如a++（后缀形式）或++a（前缀形式）
--	自减，如a--（后缀形式）或--a（前缀形式）

动手写3.3.8

```
01 #include <iostream>
02 using namespace std;
03
04 // 自增自减操作符
05 // Author: 零壹快学
06 int main() {
07         int a = 2;
08         cout <<"a = "<< a << endl;
09         cout <<"++a: "<< ++a << endl;
10         cout <<"a++: "<< a++ << endl;
11         cout <<"--a: "<< --a << endl;
12         cout <<"a--: "<< a-- << endl;
13         return 0;
14 }
```

动手写3.3.8展示了4种形式的自增自减操作符的不同效果。运行结果如图3.3.8所示：

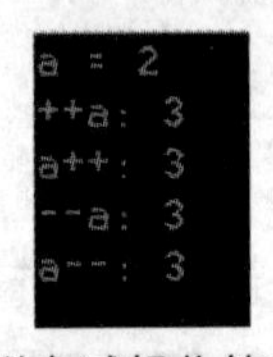

图3.3.8　自增自减操作符示例运行结果

这个结果想必会让大家感到困惑，为什么a递增了两次，又递减了两次，结果却都是3呢？这是因为在a++之后先返回了原来a的值3，再加1成为4；之后自减由于是前缀的--a，4减1变成3后返回给了cout；最后的a--与a++类似，返回3之后a实际的最终值是2。

3.3.6　赋值操作符

在介绍各种赋值操作符之前，我们先来介绍一下左值（lvalue）和右值（rvalue）的概念。

左值能够出现在赋值语句的两边，而右值只能出现在赋值语句的右边。比如“a= b+c;”这个语句中的“b+c”就是一个右值，不能出现在左边写成“b+c=a;”。这是因为左值在内存中需要有一个确定的位置，赋值操作需要把右值计算出的结果存到这个位置。这样的话，接下来我们在类似“d=a+c”这样的语句中用到a的时候，也是从这样一个确定的位置中读取的。这就好像把“F=ma”这样的公式写成“ma=F”，会令人弄不清楚要求的到底是ma中的哪一个。

此外，因为赋值操作符的左边是左值，而左值也可以出现在赋值操作符的右边，所以“a=b=c+d”这种语句是合法的。这种语句可以看成是“b=c+d”这样一个赋值表达式的结果，也就是b赋值给a的嵌套赋值表达式，因此a和b同时得到了c+d的值。

提示

我们需要区分以下几种概念：“int a=b; ”是一个带初始化的变量定义语句；“a=b; ”是一个赋值语句；“c=a=b”中的“a=b”是一个赋值表达式，而“c=a=b”也是一个赋值表达式，其中“a=b”的返回值将会继续赋值给c。

表3.3.7　C++赋值操作符

操作符	说明
=	简单赋值操作符，如a=b
+=	加法赋值操作符，如a+=b
-=	减法赋值操作符，如a-=b
*=	乘法赋值操作符，如a*=b
/=	除法赋值操作符，如a/=b
%=	取余数赋值操作符，如a%=b
<<=	左移位赋值操作符，如a<<=b
>>=	右移位赋值操作符，如a>>=b
&=	位与赋值操作符，如a&=b
^=	位异或赋值操作符，如a^=b
|=	位或赋值操作符，如a|=b

表3.3.7列出的是赋值操作符，其中除了第一个基本的赋值操作符以外，其他的都是与各种操作符复合而成的复合赋值操作符。以“a+=b”作为例子，它其实是“a=a+b”的缩写，以此类推。而“a=a+1”就可以直接用“a++”或者“++a”来代替。下面我们来看一个示例：

动手写3.3.9

```
01 #include <iostream>
02 using namespace std;
03
04 // 赋值操作符
05 // Author: 零壹快学
06 int main() {
07         int a = 3;
08         int b = 2;
09         cout <<"a += b: "<< (a += b) << endl;
10         cout <<"a -= b: "<< (a -= b) << endl;
11         cout <<"a *= b: "<< (a *= b) << endl;
12         cout <<"a /= b: "<< (a /= b) << endl;
13         cout <<"a %= b: "<< (a %= b) << endl;
14         cout <<"a <<= b: "<< (a <<= b) << endl;
15         cout <<"a >>= b: "<< (a >>= b) << endl;
16         cout <<"a &= b: "<< (a &= b) << endl;
17         cout <<"a ^= b: "<< (a ^= b) << endl;
18         cout <<"a |= b: "<< (a |= b) << endl;
19         return 0;
20 }
```

动手写3.3.9展示了复合赋值操作符的运算。运行结果如图3.3.9所示：

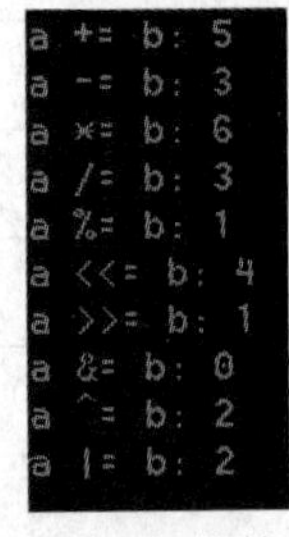

图3.3.9　复合赋值操作符示例运行结果

3.3.7　条件操作符

条件操作符是一个三元操作符，它也是C++中唯一的三元操作符。我们先来看一个示例：

动手写3.3.10

```
01 #include <iostream>
02 using namespace std;
```

```
03
04 // 条件操作符
05 // Author: 零壹快学
06 int main() {
07       int a = 3;
08       int b = 2;
09       int c = 5;
10       int max = a > b ? a : b;
11       int min = a < c ? a : c;
12       cout <<"max: "<< max << endl;
13       cout <<"min: "<< min << endl;
14       return 0;
15 }
```

动手写3.3.10展示了条件操作符的基本用法，用条件操作符实现了求最小值和最大值的功能。运行结果如图3.3.10所示：

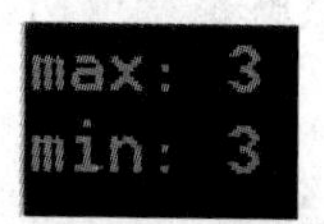

图3.3.10　条件操作符示例运行结果

我们可以看到，条件操作符由“?”和“:”两部分组成。“?”前面是一个结果为布尔值的条件表达式，而“:”的前后则是这个条件为true和false时条件操作符会返回的表达式。此外，由于“:”前后的表达式没有什么限制，我们甚至能嵌套另一个含条件操作符的表达式来进行更复杂的判断。示例如下：

动手写3.3.11

```
01 #include <iostream>
02 using namespace std;
03
04 // 嵌套条件操作符
05 // Author: 零壹快学
06 int main() {
07       int a = 3;
08       int b = 2;
09       int c = 5;
10       int max = a > b ? (a > c ? a : c ) : (b > c ? b : c);
11       int min = a < b ? (a < c ? a : c ) : (b < c ? b : c);
```

```
12          cout <<"max: "<< max << endl;
13          cout <<"min: "<< min << endl;
14          return 0;
15  }
```

运行结果如图3.3.11所示：

```
max: 5
min: 2
```

图3.3.11　嵌套条件操作符示例运行结果

动手写3.3.11中用了复合嵌套的条件表达式实现了求3个操作数最大值和最小值的方法，虽然这样写起来很简短，但还是会影响代码的可读性。在一般情况下，处理复杂的条件分支逻辑还是需要使用下一章中讲到的条件控制语句来实现。

3.3.8　逗号操作符

逗号操作符类似于之前在“变量初始化”一小节介绍的初始化多个变量的语法符号，然而在逗号操作符前面是没有变量类型名的，不然就是变量初始化语句了。

动手写3.3.12

```
01  #include <iostream>
02  using namespace std;
03
04  // 逗号操作符
05  // Author: 零壹快学
06  int main() {
07          int a = 3;
08          int b = 2;
09          int c = 5;
10          int result = (c = b, b--,a++);
11          cout <<"c: "<< c << endl;
12          cout <<"b: "<< b << endl;
13          cout <<"a: "<< a << endl;
14          cout <<"result: "<< result << endl;
15          return 0;
16  }
```

动手写3.3.12展示了逗号操作符的用法。运行结果如图3.3.12所示：

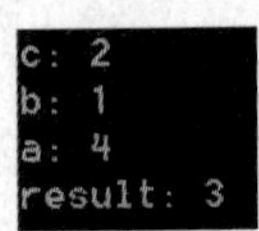

图3.3.12　逗号操作符示例运行结果

我们可以看到，逗号操作符的操作数不一定得是变量或者赋值表达式，也可以是其他表达式。而逗号表达式的结果是逗号右边的表达式a++自增前的值（后缀自增在表达式结果返回后计算），也就是3（嵌套的就是最右边的表达式结果）。

3.3.9　操作符优先级

对于一个数学算式“1+2 × 3–2”来说，我们知道首先计算的部分是 “2 × 3”，这是因为乘法的优先级（Precedence）比加减法高；而对于“2 × 6/4”来说，乘法和除法的优先级相同，这是因为乘法和除法的结合性（Associativity）是从左往右的，所以在计算时先计算“2 × 6”而不是“6/4”。C++中优先级和结合性的概念和数学运算类似，对于优先级相同的操作符来说，结合性从左往右就意味着最左边的操作符先进行计算，而结合性从右往左则意味着最右边的先进行计算。此外，括号可以无视所有的优先级而使得其中的操作符先计算，这也跟数学中的概念相同。

表3.3.8　C++操作符优先级

优先级	操作符（用法）	说明	结合性
1	s::a	作用域解析	从左到右
2	a.m	成员访问	
	a->m	成员访问（指针）	
	a[]	数组下标	
	a()	函数调用	
	int(a), static_cast<int>(a)	函数风格类型转换和C++类型转换符	
	a++	后缀自增	
	a--	后缀自减	
3	++a	前缀自增	从右到左
	--a	前缀自减	
	+a	一元加法	
	-a	一元减法	
	!a	逻辑非	
	~a	位取反	
	(int)a	C风格类型转换	
	*a	指针解引用	
	&a	取地址	
	sizeof(a)	取大小	
	new int, new int[10]	动态分配内存	
	delete a, delete[] a;	动态释放内存	

（续上表）

<table>
<tr><th>优先级</th><th>操作符（用法）</th><th>说明</th><th>结合性</th></tr>
<tr><td rowspan="2">4</td><td>a.*m</td><td>成员指针解引用</td><td rowspan="7">从左到右</td></tr>
<tr><td>a->*m</td><td>成员指针解引用（指针）</td></tr>
<tr><td rowspan="3">5</td><td>a*b</td><td>乘法</td></tr>
<tr><td>a/b</td><td>除法</td></tr>
<tr><td>a%b</td><td>取余数</td></tr>
<tr><td rowspan="2">6</td><td>a+b</td><td>加法</td></tr>
<tr><td>a–b</td><td>减法</td></tr>
<tr><td rowspan="2">7</td><td>a<<b</td><td>左移</td><td rowspan="13">从左到右</td></tr>
<tr><td>a>>b</td><td>右移</td></tr>
<tr><td rowspan="4">8</td><td>a<b</td><td>小于</td></tr>
<tr><td>a<=b</td><td>小于等于</td></tr>
<tr><td>a>b</td><td>大于</td></tr>
<tr><td>a>=b</td><td>大于等于</td></tr>
<tr><td rowspan="2">9</td><td>a==b</td><td>相等</td></tr>
<tr><td>a!=b</td><td>不等</td></tr>
<tr><td>10</td><td>a&b</td><td>位与</td></tr>
<tr><td>11</td><td>a^b</td><td>位异或</td></tr>
<tr><td>12</td><td>a|b</td><td>位或</td></tr>
<tr><td>13</td><td>a&&b</td><td>逻辑与</td></tr>
<tr><td>14</td><td>a||b</td><td>逻辑或</td></tr>
<tr><td>15</td><td>a?b:c</td><td>三元条件</td><td rowspan="8">从右到左</td></tr>
<tr><td rowspan="7">16</td><td>a=b</td><td>简单赋值</td></tr>
<tr><td>a+=b</td><td>加法赋值</td></tr>
<tr><td>a–=b</td><td>减法赋值</td></tr>
<tr><td>a*=b</td><td>乘法赋值</td></tr>
<tr><td>a/=b</td><td>除法赋值</td></tr>
<tr><td>a%=b</td><td>取余数赋值</td></tr>
<tr><td>a<<=b</td><td>左移赋值</td></tr>
</table>

（续上表）

优先级	操作符（用法）	说明	结合性
16	a>>=b	右移赋值	从右到左
	a&=b	位与赋值	
	a^=b	位异或赋值	
	a|=b	位或赋值	
17	throw a	抛出异常	
18	a,b	逗号	从左到右

表3.3.8总结了C++中所有操作符的优先级和结合性，这些操作符一共有18层级的优先级，相当复杂。最右边的是每个或每几个优先级的结合性。因为结合性只对同优先级的操作符才有意义，所以一个优先级只会有一种结合性。本小节只讲解其中大部分的操作符，另一小部分涉及高级内容的操作符，笔者会在之后相关的章节中进行讲解。

动手写3.3.13

```
01 #include <iostream>
02 using namespace std;
03
04 // 操作符优先级
05 // Author: 零壹快学
06 int main() {
07         int a = 3;
08         int b = 2;
09         // ((a + b) < (a - (b * 0))) || (a > b)
10         if ( a + b < a - b * 0 || a > b ) {
11                 cout <<"条件成立！"<< endl;
12         }
13         return 0;
14 }
```

动手写3.3.13展示了较为复杂的操作符优先级，笔者在注释中用括号标出了运算顺序。我们可以看到，上述示例中乘法的优先级最高，而逻辑或的优先级最低。

动手写3.3.14

```
01 #include <iostream>
02 using namespace std;
03
04 // 右结合性
05 // Author: 零壹快学
06 int main() {
07         int a = 3;
08         int b = 3;
09         // c = (b = a + 1)
10         // 如果是左结合性，等价于(c = b) = a + 1
11         int c = b = a + 1;
12         cout <<"c: "<< c << endl;
13         return 0;
14 }
```

动手写3.3.14展示了从右到左的结合性，也就是右结合性的性质。运行结果c等于4，这是因为右边的赋值先操作，b等于4以后再赋值给c。如果是在左结合性的情况下，b的初始值3就会先赋值给c。

提示

在实际的编程中遇到不确定优先级的两个操作符时，建议直接使用括号自己划定优先级，这样既可以增强代码的可读性，也可以避免因优先级与预期不一样而造成的错误。

3.4 类型转换

在上一节我们介绍的操作符组成的各种表达式的计算中，经常会有意无意地出现操作数类型不一致的情形。由于表达式的结果必然属于一种确定的类型，因此其他不一致的类型就要向这个类型转换。类型转换分为隐式类型转换（Implicit Type Conversion）和显式类型转换（Explicit Type Conversion）两种，接下来我们会逐一进行介绍。

3.4.1 隐式转换

隐式转换会在编译器遇到两个类型不同的操作数的时候自动进行。C++对于其基本内置类型有一套固定的类型转换规则，虽然说开发人员不需要写什么额外的符号或语句，但是为了更好地了解程序的行为并有效进行调试，了解这一套规则还是非常有必要的。

这一套规则的原则是尽量保持精度，因此精度低的类型（float）会往精度高的类型（double）转换，而存储空间小的类型（char）也会往空间大的类型（int）转换。

动手写3.4.1

```
01 #include <iostream>
02 using namespace std;
03
04 // 基本隐式转换
05 // Author: 零壹快学
06 int main() {
07         cout <<"浮点数1.2与整数2相加: "<< 1.2 + 2 << endl;
08         cout <<"字符a与整数1000相加: "<< 'a' + 1000 << endl;
09         return 0;
10 }
```

动手写3.4.1展示了表达式中出现不同类型的数值时进行的隐式转换。运行结果如图3.4.1所示：

```
浮点数1.2与整数2相加: 3.2
字符a与整数1000相加: 1097
```

图3.4.1　基本隐式转换

我们可以看到，int往float转换（反过来的话，小数点后的值会被省略），char往int转换（反过来的话，int会被截断成char范围内的数字）。unsigned与signed的转换比较复杂，其中还涉及了溢出的问题，在这里我们不做讲解，也不鼓励大家在实际编程中使用。

除此之外，隐式转换还有几种特殊的情况，我们一一用示例进行讲解。

动手写3.4.2

```
01 #include <iostream>
02 using namespace std;
03
04 // 赋值语句中的隐式转换
05 // Author: 零壹快学
06 int main() {
07         double dblNum = 2.9;
08         int num = dblNum + 3;
09         cout <<"num的最终结果是: "<< num << endl;
10         return 0;
11 }
```

动手写3.4.2展示了赋值语句中的隐式转换。运行结果如图3.4.2所示：

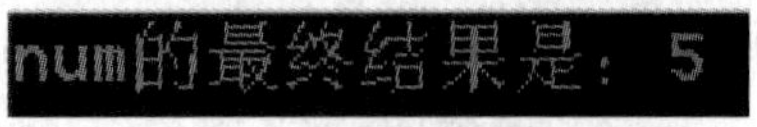

num的最终结果是：5

图3.4.2　赋值中的隐式转换

由于赋值语句的左值有着确定的类型，右边的表达式不管在计算中发生了什么样的类型转换，最后都要转换成左值的类型。动手写3.4.2中，尽管加法中int转成了double，但是最后计算好的double还是要转回int。

动手写3.4.3

```
01 #include <iostream>
02 using namespace std;
03
04 // 条件操作符中的隐式转换
05 // Author: 零壹快学
06 int main() {
07         int num = 4 ? 3 : 2;
08         cout <<"num的最终结果是："<< num << endl;
09         return 0;
10 }
```

动手写3.4.3展示了条件操作符或条件语句（第4章的内容）中的任何表达式都要转换为布尔型，这是因为在这两个地方我们需要布尔值来做一个“两个分支”的选择。在这里只有0会转换为false，其他值将一律转换成true，所以这里的4转换成了true，而条件操作符将3赋值给了num。运行结果如图3.4.3所示：

num的最终结果是：3

图3.4.3　条件操作符中的隐式转换

此外，变量赋值给const修饰的常量时会自动发生从变量到常量的隐式转换，比如“int a = 1; const int b = a;”。最后我们用下面这个流向图来总结C++中基本内置类型的转换规则：

bool→char→unsigned char→short(wchar_t)→unsigned short(wchar_t)→int→unsigned int→long int→unsigned long int →float→double→long double

总结起来就是以下几点：

1. 非浮点类型从短类型转换到长类型。

2. 非浮点类型转换到浮点类型。

3. 低精度浮点类型转换到高精度浮点类型。

4. signed类型转换到unsigned类型。

3.4.2 显式转换

由于隐式转换的规则是固定的，两种类型之间的转换只有一种流向，因此在我们不想利用隐式转换规则而是想自由转换或是想增加代码可读性的时候，我们就可以使用显式转换，也可以说是使用强制转换来达成这些目的。显式转换有C风格类型转换和C++类型转换操作符两种风格。

动手写3.4.4

```
01 #include <iostream>
02 using namespace std;
03
04 // C风格显式转换
05 // Author: 零壹快学
06 int main() {
07        cout <<"浮点数1.2与整数2相加: "<< (int)1.2 + 2 << endl;
08        cout <<"字符a与整数1000相加: "<< 'a' + (char)1000 << endl;
09        return 0;
10 }
```

动手写3.4.4展示了用显式转换覆盖隐式转换规则的方法。运行结果如图3.4.4所示：

图3.4.4 C风格的显式转换

在示例中，2本来应该隐式转换成2.0与1.2相加的，但现在由于显式转换的出现，1.2被强制转换成了1，而后面的1000被强制转换为char之后，由于溢出而变成了一个负数的char（1000的二进制数是1111101000，由于char只有8位，会被截取成11101000，转换成数值就是-24了），反而将代表a的97减小成了一个更小的数。此处涉及补码的相关内容，有兴趣的读者可参考其他书籍。

这个示例中的类型转换的语法就是C风格类型转换（另外还有一种类似的函数风格类型转换，我们在此略过）。由于兼容C语言的考虑，C++保留了C风格类型转换操作，但是在实际编程中笔者还是建议使用C++类型转换操作符。我们先来看一个示例：

动手写3.4.5

```
01 #include <iostream>
02 using namespace std;
03
04 // C++类型转换操作符
05 // Author: 零壹快学
06 int main() {
07        float floatNum = 1.2;
```

```
08          int intNum = static_cast<int>(floatNum);
09          cout <<"浮点数1.2转换为整数的结果为"<< intNum << endl;
10          return 0;
11  }
```

动手写3.4.5展示了C++类型转换操作符static_cast的用法。运行结果如图3.4.5所示：

```
浮点数1.2转换为整数的结果为1
```

图3.4.5 C++类型转换操作符

除了static_cast这个与C风格类型转换基本类似的操作符以外，C++还有const_cast、dynamic_cast和reinterpret_cast这3种特殊的类型转换操作符。由于它们都涉及指针，因此需要在后面的章节中才能讲解。

相比较于C风格的类型转换，使用C++类型转换操作符有以下好处：

1. 容易辨识。尖括号（<>）使得C++类型转换操作符非常容易辨识，而在编程中我们也可以搜索"_cast"来寻找类型转换。C风格的类型转换语法显然就更容易被忽略，从而导致错误。

2. 语义明确。C++的几种类型转换操作符语义都是互不相同的，而C风格的类型转换都是用同一语法代替，并且一般类型reinterpret_cast并不能用C风格的类型转换实现（只有涉及指针的时候才可以）。

3.5 注释

在一个程序中，为了解释一段代码或者一个变量的作用，我们往往需要添加一些说明文字，这就是注释。注释就像我们在书中做的笔记，独立于书的内容，它不随着语句一起被编译，编译器扫描到表示注释的符号时就会跳过注释的内容。注释中所有的数据或文字，其作用就只有一个——让开发人员阅读。

3.5.1 单行注释

C++中的注释有单行注释和成对注释两种风格。单行注释相对简单一些，就只是用"//"标志着注释的开始，直到这一行结束。

动手写3.5.1

```
01  #include <iostream>
02  using namespace std;
03
04  // 单行注释
05  // Author: 零壹快学
06  int main()
```

```
07  {
08          // 这是一行注释
09          cout <<"Hello, World!"; // 这也是一行注释
10          return 0;
11  }
```

动手写3.5.1展示了单行注释的使用。单行注释可以独占一行，也可以跟在一行语句的后面，而“//”左边的语句并不会被当作注释。

3.5.2　成对注释

成对注释相对于单行注释而言要灵活一些，也更容易导致编译错误。这种注释以“/*”和“*/”作为边界，其间的文本不管有多少行都会被当成注释。

动手写3.5.2

```
01  #include <iostream>
02  using namespace std;
03
04  // 成对注释
05  // Author: 零壹快学
06  int main()
07  {
08          /*  这是
09              一段
10              成对
11              注释  */
12          int a = 1;
13          int b = 2;
14          // 把 -a 临时注释掉，之后可能还需要加回来
15          int c = a + b /*- a*/;
16          return 0;
17  }
```

动手写3.5.2展示了成对注释的两种主要用法：一种用在一段代码的前面进行说明，另一种则用在一个语句当中，一般用来临时让一段代码无效，这在调试的时候非常有用。示例中的表达式“a+b”原本是“a+b-a”，为了调试或试验，我们将“-a”注释掉，而之后也可以非常灵活地去掉注释，恢复代码。

动手写3.5.3

```
01  #include <iostream>
02  using namespace std;
03
04  // 成对注释不能嵌套
05  // Author: 零壹快学
06  int main() {
07          /*
08             /*
09             成对注释不能嵌套
10            */
11          */
12          cout <<"成对注释不能嵌套!"<< endl;
13          return 0;
14  }
```

动手写3.5.3展示了成对注释是不能嵌套的。编译器在“/*”出现后就会搜索第一个出现的“*/”并忽略之间出现的所有“/*”，因此这段程序编译时会报错。

3.6 头文件与预处理器简介

在本书的开头我们就提到了#include的用法。除了#include之外，C++中还有许多带有井号（#）的命令，它们统称为预处理器命令（Preprocessor Directives）。这些命令将在编译的预处理阶段执行，也就是在正式编译之前，编译器就已经将这些命令过了一遍，并生成了新的代码。预处理器命令一般都会起到编译时代码替换的作用，换种说法就是可以让程序员偷懒。就拿#include来说，如果不用这个指令，我们就要把头文件中的各种定义在每个用到它们的文件中再写一遍，这样程序员是不是就不能偷懒了？

因为#include也是一种预处理器命令，所以我们就把头文件和链接的知识放到一起讲解，不过C++的链接是一个很大的话题，在这里只做简单的介绍。本节的内容是掌握多文件编程开发的必备知识，因此相较于本章其他小节可能显得有些难懂，读者也可以等到需要编写多个文件的程序时再来参考本节内容。

3.6.1 头文件与链接

在前面的示例中我们编译的都是单文件的程序，而对于大型程序来说，我们必须有效地将代码分别放在不同的文件中。编译器分别编译每个单独的文件，生成相应的.obj目标文件；链接器再将这些.obj目标文件和必要的.lib库文件链接，从而生成最后的可执行代码。

变量和函数都可以将声明（Declaration）与定义（Definition）分离。定义是一定要初始化的，而声明却只是让编译器知道现在有这样一个变量，接下来可以用了。一个文件A中定义的变量a也可能被另一个文件B使用，而这个文件B也需要在单独编译的时候知道这个变量a的信息，所以也需要声明。因此我们知道声明是可以存在多个的，但是带有初始值或函数体的定义只能有一个，不然编译器无法确定要使用的初始值或函数体到底是哪一个。接下来让我们看两个相关的示例：

动手写3.6.1

```
01  3.6.1_1.cpp
02  // 声明和定义
03  // Author: 零壹快学
04
05  //int num; // 变量不能在同一文件中重复声明
06  int num = 2; // 唯一的定义
07
08  3.6.1_2.cpp
09  #include <iostream>
10  using namespace std;
11
12  // 声明和定义
13  // Author: 零壹快学
14  // 不同文件中的声明，不加extern相当于是没有初始化的定义
15  extern int num;
16
17  int main() {
18          cout <<"num的值为："<< num << endl;
19          return 0;
20  }
```

动手写3.6.1展示了不同文件中多次声明的情况。其中，我们可以看到num在3.6.1_1.cpp中被定义，而在3.6.1_2.cpp中被使用。在使用前我们先用声明语句让编译器知道要去别的文件中寻找定义，因此我们需要使用extern关键字来表明变量定义在别的文件中，或者也可以使用#include包含的方式。

需要注意的是，变量不能在同一文件中声明两次，因为没有初始化的变量声明会被解读为默认初值的定义，而函数的定义和声明在形态上就有明显的区别，在编译时不会产生歧义。

动手写3.6.2

```
01 3.6.2_1.cpp
02 // 重定义
03 // Author: 零壹快学
04 int num = 2;
05
06 3.6.2_2.cpp
07 #include <iostream>
08 using namespace std;
09
10 // 重定义
11 // Author: 零壹快学
12 int num = 2;
13 int main() {
14         cout <<"num的值为: "<< num << endl;
15         return 0;
16 }
```

动手写3.6.2展示了重定义的情况。num在两个文件中分别被定义，这会导致程序在链接的时候出现如图3.6.1所示的链接错误：

图3.6.1　多重定义

上述的示例只适用于使用个别在其他文件中定义的变量的情况，在实际的大型程序中，我们可能有许多这样的变量，并且同一批变量和函数会被许多文件使用。对于这种情况，显然一个一个地声明就效率太低了，而且容易出错。这个时候我们就可以把变量和函数的声明放到头文件中，并在需要的文件中使用#include包含头文件。

不同于一般源代码文件的后缀“.cpp”，头文件（Header File）一般用“.h”作为后缀。头文件主要存放extern变量声明和函数声明两种声明，也可以放类定义、const常量定义和inline函数定义，这是因为这些定义重复出现也是没问题的，只要保证定义都相同就可以。按照惯例，我们一般都会把变量声明和函数声明对应的定义，以及类定义中成员函数的定义放在与头文件同名的cpp文件中，并包含头文件，这样一来，使用这些定义的用户文件只要包含头文件就不会重复地包含cpp，从而避免重定义错误。图3.6.2清晰地表现了这一思想：

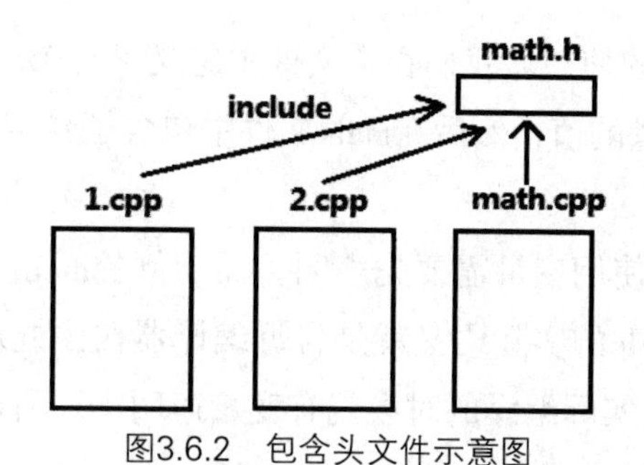

图3.6.2　包含头文件示意图

我们可以看到，“1.cpp”和“2.cpp”想使用一些和数学相关的变量和函数，就只需要包含“math.h”，而如果函数的实现和变量的值有修改，在这两个文件中也不需要修改。接下来我们来看一个实际编写并使用头文件的示例：

动手写3.6.3

```
01 3.6.3.h
02 // 头文件的使用
03 // Author: 零壹快学
04 extern float r;
05 const float PI = 3.14f;
06
07 3.6.3.cpp
08 // 头文件的使用
09 // Author: 零壹快学
10 extern float r = 2.0f;
11 // const 可以重复定义，这里显然没必要，就是展示一下
12 const float PI = 3.14f;
13
14 3.6.3_main.cpp
15 #include <iostream>
16 // 非系统库包含不用尖括号，而用双引号，也要加.h后缀
17 #include "3.6.3.h"
18 using namespace std;
19
20 // 头文件的使用
21 // Author: 零壹快学
22 int main() {
23     int area = PI * r * r;
24     cout <<"area的值为: "<< area << endl;
25     return 0;
26 }
```

动手写3.6.3展示了头文件的使用。我们在头文件中定义了一个extern变量和一个const常数，并在相应的cpp中定义了extern变量的值；然后在main文件中包含了自定义头文件，并在main函数中使用了其中定义的变量。

我们之前说过，在文件中使用变量需要先声明，而示例的main文件中并没有变量声明，只有#include命令。这是因为#include的实际语义就是告诉编译器在预处理阶段把头文件的代码复制到#include命令所在的位置，然后实际编译的时候就有变量声明了。所以在这里，3.6.3_main.cpp的等价代码其实是：

```
01 #include <iostream>
02 extern float r;
03 const float PI = 3.14f;
04 using namespace std;
05
06 // 头文件的使用
07 // Author: 零壹快学
08 int main() {
09         int area = PI * r * r;
10         cout <<"area的值为: "<< area << endl;
11         return 0;
12 }
```

3.6.2 宏

之前的章节中讲过预处理器命令大多用编译时的代码替换，而应用得最多的情况就是当我们需要重复多次写同一段代码的时候可以用一个简短的表达来代替，让编译器帮助我们写较长的代码，这也就是C++中的宏（Macro）。宏的一个常见的例子就是常量字面量的声明。

动手写3.6.4

```
01 #include <iostream>
02 using namespace std;
03
04 // 宏的使用
05 // Author: 零壹快学
06 #define PI 3.14
07 int main() {
08         float r = 2.0f;
09         float area = PI * r * r;
10         cout <<"area的值为: "<< area << endl;
11         return 0;
12 }
```

动手写3.6.4使用宏定义圆周率并计算出圆的面积。运行结果如图3.6.3所示：

```
area的值为: 12.56
```

图3.6.3　宏的使用

这看似是定义了一个const常量，其实区别很大。宏不过是做了替换，将define后面紧跟的PI全部替换成3.14，而且并没有指定数据类型，这种单纯的替换其实是会导致一些问题的。

动手写3.6.5

```
01  #include <iostream>
02  using namespace std;
03
04  // 宏带来的问题
05  // Author: 零壹快学
06  #define onePlusOne 1+1
07  int main() {
08          int result = onePlusOne * 3;
09          cout <<"result的值为: "<< result << endl;
10          return 0;
11  }
```

动手写3.6.5展示了宏的不当使用所带来的问题。运行结果如图3.6.4所示：

```
result的值为: 4
```

图3.6.4　宏的不当使用

我们预想的运行结果应该是6，实际结果却显示为4。这是因为宏简单地将1+1替换到算式中使之变成1+1*3，然而按照优先级，会先计算乘法，导致结果与预想的不一致。所以在定义宏的时候添加括号是一个良好的习惯，在这里我们应该把宏定义写成“#define onePlusOne (1+1)”。

宏也支持参数，这跟后面要讲的函数很像，我们可以借助宏实现一些小的功能。

动手写3.6.6

```
01  #include <iostream>
02  using namespace std;
03
04  // 带参数的宏
05  // Author: 零壹快学
06  #define max(a, b) ( a > b ? a : b )
07  #define min(a, b) ( a < b ? a : b )
08  int main() {
```

```
09          int result = min(max(1,3), 2);
10          cout <<"result的值为: "<< result << endl;
11          return 0;
12  }
```

动手写3.6.6展示了带参数的宏。我们用宏实现了取最大值和最小值的操作并可以反复使用。运行结果如图3.6.5所示：

```
result的值为: 2
```

图3.6.5　带参数的宏

此外，当宏比较复杂，需要换行的时候，我们也可以使用分行符来连接两个相关的行。

动手写3.6.7

```
01  #include <iostream>
02  using namespace std;
03
04  // 分行符
05  // Author: 零壹快学
06  #define max(a, b, c) ( (a > b) ?    \
07                                   ((a > c) ? a : c ) :  \
08                               ((b > c) ? b : c ) )
09  int main() {
10          cout <<"最大值为: "<< max(2, 3, 1) << endl;
11          return 0;
12  }
```

动手写3.6.7展示了分行符的使用。运行结果如图3.6.6所示：

```
最大值为: 3
```

图3.6.6　分行符的使用

在这个示例中，我们用分行符将3个参数的max操作分成3行，这样看起来会更加易读，但是编译器在预处理时还是会压成一行放在使用max的地方。

分行符也能在一般的代码中使用，但要注意一般的语句有分号或者括号作结尾，一般换行时也不需要使用分行符，而即使加了分行符也不会有问题。但是字符串因为太长，需要换行的时候就必须使用分行符了。

动手写3.6.8

```
01 #include <iostream>
02 using namespace std;
03 
04 // 一般代码中的分行符
05 // Author: 零壹快学
06 int main() {
07         int a = 1 + 1 + 1 + 1 + 1 \
08                 + 1 + 1 + 1 + 1 + 1;
09         int b = 1 + 1 + 1 + 1 + 1
10                 + 1 + 1 + 1 + 1 + 1;
11         // 去掉分行符后无法编译
12         // 分行符之后不能加注释
13         // 对于字符串来说，换行以后的空格都会算到字符串中去
14         cout <<"零壹快学学快壹零零壹快学学快壹零 \
15                 零壹快学学快壹零零壹快学学快壹零 \
16                 零壹快学学快壹零零壹快学学快壹零 \
17                 零壹快学学快壹零零壹快学学快壹零"<< endl;
18         return 0;
19 }
```

动手写3.6.8展示了分行符在普通代码中的几种应用。运行结果如图3.6.7所示：

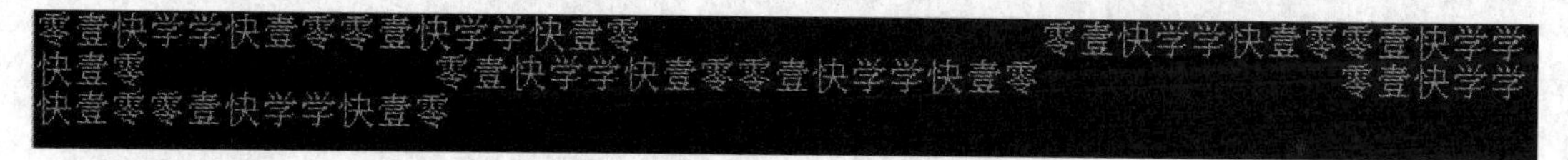

图3.6.7　普通代码中的分行符

如果字符串换行不用分行符，就会产生编译错误。

虽然宏使用起来很方便，但它毕竟是C++继承自C语言的功能，C++本身已经支持可以替代大多数宏用法的const和inline函数了，所以为了避免不必要的麻烦以及简化调试（多行的宏虽然使用分行符但本质还是一行，断点无法进入每个语句），还是尽量使用C++本身的功能比较好。

3.6.3　条件编译

之前我们说的预处理器命令都是无条件执行的，而预处理器也支持有条件的复合命令，也就是有条件地根据常量的值选择替换的预处理器命令。当然，由于是预处理器命令，在正式编译之前所有的替换都已经执行好了，因此条件也必须是一个常量表达式。

条件编译的命令有#if、#ifdef、#ifndef、#else、#elif、#endif和defined。下面我们通过条件编译的常见应用来逐个介绍这些命令。

条件编译首先适合编写跨平台代码，我们可以通过判断一些预设的值是否被定义来决定使用哪个版本的代码。

动手写3.6.9

```
01 #include <iostream>
02 #include <string>
03 using namespace std;
04
05 // 条件编译在跨平台代码中的应用
06 // Author: 零壹快学
07
08 // 这些参数一般会在配置文件中定义
09 #define WINDOWS
10 #define VS2017
11
12 #if defined (WINDOWS) && defined(VS2015)
13       string output = "平台：Windows，编译环境：Visual Studio 2015";
14 #elif defined (WINDOWS) && defined(VS2017)
15       string output = "平台：Windows，编译环境：Visual Studio 2017";
16 #else // 在Visual Studio中不被执行的代码的字体颜色会变浅
17       string output = "平台：其他平台，编译环境：未知";
18 #endif
19
20 int main() {
21       cout << output << endl;
22       return 0;
23 }
```

动手写3.6.9展示了条件编译在跨平台程序中的大致用法。运行结果如图3.6.8所示：

```
平台：Windows，编译环境：Visual Studio 2017
```

图3.6.8 跨平台程序

在跨平台程序中，我们一般会在某个头文件或配置文件中集中放上平台的信息以及其他的一些配置选项，这些信息在某个平台上是永远不变的，因此在预处理阶段就能确定。有了这些常数或者定义的宏名之后，我们就可以用条件编译命令编写不同版本的代码了。

在这里，我们使用#define的时候并没有指定符号代表的语义，这是完全可以的，因为我们使用defined()就是要判断这个符号是否存在，至于它代表什么，我们不需要关心。#if后面跟任意的常量表达式，也可以是1>0这样的。因为我们并没有定义“VS2015”，#if后面的条件不满足，所以预处理器就忽略后面的一行代码。接着看#elif后面的条件（“elif”是“else if”的缩写），如果所有条件都不满足，就会保留#else后面的代码。最后的#endif是条件编译必需的终止符，如果没有#endif，预处理器就不知道后面的代码是不是只有#else的时候才保留了。

条件编译的另一个重要作用是避免重复包含头文件。如果在A.h中包含B.h，然后B.h包含C.h，最后C.h又包含了A.h，这样A.h在间接包含C.h的同时又一次包含了自己，并且编译器还会继续扩展包含，也就是说A.h中所有的声明定义都在同一个文件中至少出现两次。虽然extern变量可以重复出现，但头文件也可能有像类定义这样不能在同一个文件中出现两次的内容，这样的显示是很糟糕的，特别是在大型程序中，我们甚至都不知道包含的文件会间接包含多少其他头文件。为了解决这个问题，我们需要使用条件编译，确保每个头文件中的内容在#include展开以后都只出现一次。

动手写3.6.10

```
01  3.6.10_1.h
02  #ifndef M3_6_10_1
03  #define M3_6_10_1
04  #include "3.6.10_2.h"
05  // 用条件编译避免重复包含
06  // Author: 零壹快学
07  const int magicNum1 = 1;
08  #endif
09
10  3.6.10_2.h
11  #ifndef M3_6_10_2
12  #define M3_6_10_2
13  #include "3.6.10_1.h"
14  // 用条件编译避免重复包含
15  // Author: 零壹快学
16  const int magicNum2 = magicNum1 + 1;
17  #endif
18
19  3.6.10_main.cpp
20  #include <iostream>
21  #include "3.6.10_2.h"
22  using namespace std;
23
24  // 用条件编译避免重复包含
```

```
25 // Author: 零壹快学
26 int main() {
27         const int magicNum3 = magicNum2 + 1;
28         cout <<"magicNum3的值为: "<< magicNum3 << endl;
29         return 0;
30 }
```

动手写3.6.10展示了如何利用条件编译来避免重复包含。我们在头文件中加上几句条件编译命令，#ifndef是“if not defined”的缩写，#ifndef M3_6_10_1等价于#if !defined(M3_6_10_1)，这里的意思就是如果没定义这个宏，我们就对这个宏进行定义。对于这个例子将会产生如下的步骤：

1. 3.6.10_main.cpp会第一次包含3.6.10_2.h，M3_6_10_2会被定义。

2. 接下来3.6.10_2.h中包含的3.6.10_1.h会被展开。

3. 在3.6.10_1.h中M3_6_10_1会被定义。

4. 3.6.10_1.h中包含的3.6.10_2.h会被展开。

5. 因为M3_6_10_2已经定义，所以展开结束，预处理器继续处理3.6.10_main.cpp中剩余的预处理器命令。

虽然这些步骤看起来有些复杂，但理解的关键就是懂得#include的含义，以及预处理器处理每个文件的时候都要一层层地将所有#include展开到底。

注意每个头文件中定义的宏名一般采用文件名的大写，这里由于名称开头不能用数字以及特殊符号，我们做了一些修改。此外，还有一个非常简便的方式可以避免重复包含，那就是在头文件开头加上一行“#pragma once”。

最后，条件编译的另一个常用的用法是充当注释。在我们调试或修改代码的时候可以简单地用#if 0和#endif来框住代码段，因为条件永远不成立，所以就相当于注释了。如果要临时再激活代码，我们只需要把#if 0改成#if 1就可以了。当然我们也要记得在不需要的时候把这两行删掉，以避免不必要的麻烦。

3.7 小结

本章我们首先介绍了C++中各种基本内置类型的长度、精度以及范围等区别，接着引入了变量的概念，讲解了变量的意义及其与字面值常量的比较，又引申到了const修饰符所定义的常量。我们还介绍了连接数据以完成各种计算的操作符的用法和它们的优先级，并且讲解了操作数在不同类型之下产生的类型转换。最后我们介绍了一些C++中常用的基本语法，比如注释和基本的预处理器命令。

3.8 知识拓展

3.8.1 二进制复习

二进制的换算和性质在计算机科学中是相当重要的内容，在这里我们稍作回顾，有基础的读者可以直接跳过这一小节。

我们知道，十进制的个位数有0～9共10个数字，而当个位累加到10的时候就会发生进位，也就是个位变回0，而十位的数字加1，以此类推。类似地，二进制的个位有0和1两个数字，当个位累加到2的时候会发生进位，也就是个位变回0，而下一位的数字加1，由于进制是2，下一位就不能叫作十位了。我们可以看看二进制和十进制从0到10分别发生的变化：

表3.8.1 0~10在两个进制下的表示

十进制	二进制
00	0000
01	0001
02	0010
03	0011
04	0100
05	0101
06	0110
07	0111
08	1000
09	1001
10	1010

从表中我们可以看到，二进制的进位频率要比十进制高很多。十进制每到10的n次方的时候会增加1位，而二进制每到2的n次方的时候会增加1位。

由于二进制只有0和1，对应着电路的开和闭，因此计算机用集成电路就可以非常容易地实现对二进制的表示，而计算机内部数据也是以二进制的形式存储。二进制序列的一个数位（0或1）叫作位，8个位则是1个字节，往往用2位十六进制数来表示。

位运算是计算机底层编程中常见的一种运算，因为底层编程对数据大小比较敏感，经常会把好多状态变量压缩在1个字节中。位运算对于每个位来说都与逻辑操作符的运算规律一致，两个0/1

值在特定运算下的所有可能结果组合可以列成一个真值表，如表3.8.2所示。

表3.8.2　二元位运算真值表

	&（位与）	|（位或）	^（位异或）
0 0	0	0	0
0 1	0	1	1
1 0	0	1	1
1 1	1	1	0

表3.8.2中的第一列是操作数的2个位，而后面则是每个位运算之后的结果。对于一元的位取反（~）操作来说，所做的只是把0变成1、1变成0而已。根据真值表，6&3的操作可以转化为110&011，每一位查表算出来的结果就是010，也就是2。

3.8.2　##和#

预处理器中有两种符号是我们需要了解的："##"用于连接两个变量名，但是这个新产生的变量名也需要是已经定义过的；而"#"用于将变量名或其他标识符转换成字符串。下面我们来看一个示例：

动手写3.8.1

```
01  #include <iostream>
02  using namespace std;
03
04  // #和##
05  // Author: 零壹快学
06  #define printNumAndPtr(num) \
07          cout << #num <<": "<< num << endl; \
08          cout <<"指针地址: "<< num##Ptr << endl;
09
10  int main()
11  {
12          int intnum = 3;
13          float floatnum = 3.1f;
14          int *intnumPtr = &intnum;
15          float *floatnumPtr = &floatnum;
16          printNumAndPtr(intnum);
```

```
17        printNumAndPtr(floatnum);
18        return 0;
19  }
```

动手写3.8.1展示了“#”和“##”的用法。运行结果如图3.8.1所示：

```
intnum: 3
指针地址: 003FFC78
floatnum: 3.1
指针地址: 003FFC6C
```

图3.8.1　#和##的用法

示例中定义了一个将数字变量传入的宏printNumAndPtr，printNumAndPtr首先会用“#”取得变量的名字字符串并打印，这是一种非常巧妙的用法，避免了程序员自己输入字符串的过程。而后面的一个输出语句又用连接符“##”将变量名和“Ptr”连接起来，这样就可以让我们巧妙地获得了程序中定义的指针名所代表的指针。巧用这两种符号可以省去大量的开发成本，但是这样太过于灵活的工具并不容易掌握与调试。

第 4 章 流程控制与语言结构

计算机中的指令在一般情况下都是顺序执行的，比如一段进行计算的程序或一段演奏音乐的程序。但如果我们要写一个游戏程序，就需要一些不一样的程序结构。比如一个游戏中有两个按钮，分别是防御和攻击，那么很显然在分别按下这两个按钮之后程序要做的事是不一样的。这个时候，我们就需要一个语句结构，它可以分别在不同的条件下执行两段不同的代码。另外，这个程序每隔一段时间都会根据游戏的状态更新画面，这个时候我们也需要另一种语句结构，它可以重复地运行，直到玩家退出游戏。这两个语句结构就是本章将要讲解的条件控制语句和循环控制语句。

4.1 简单语句

所谓语句（Statement），就相当于自然语言中的句子，是C++的一个编译单位。一个语句中可以只有一个操作，如“i++;”，也可以有好多操作，如“d=a+b+c”，其中有赋值，又有几个加法。几个语句也可以组成条件控制和循环控制的语句结构，因此语句就只是一个单位而已，我们不要用固定思维来看待它。

4.1.1 空语句

C++中大多数的语句都以分号（;）结尾，而前面空无一物的分号也可以叫作空语句（Null）。空语句在编译的时候会被当作一个语句，但它并没有什么作用。最常见的空语句就是后文会讲到的for循环的头部定义的3个语句。读者在看到for循环的省略形式时就会看到括号内单独的分号，那就是空语句。

一般来说，空语句并不会造成什么问题。下面我们来看一个示例：

动手写4.1.1

```
01 #include <iostream>
02 using namespace std;
03
04 // 空语句
05 // Author: 零壹快学
06 int main() {
07         // 单行空语句
08         ;
09         // 普通语句后多写一个分号
10         cout <<"零壹快学！"<< endl;;
11         return 0;
12 }
```

动手写4.1.1中展示了空语句的两种形式，这都是正常的情况。但有时空语句也会造成一些问题。

动手写4.1.2

```
01 #include <iostream>
02 using namespace std;
03
04 // 复合语句中的空语句
05 // Author: 零壹快学
06 int main() {
07         int a = 1;
08         // if条件后不小心写的分号直接终结了这个条件语句
09         if ( a == 2 );
10                 cout <<"零壹快学！"<< endl;
11         return 0;
12 }
```

动手写4.1.2展示了在复合语句后不小心加了一个分号的情况，这个分号会被解读成空语句，而这个条件语句则将这个空语句当成了条件成立后会执行的语句，所以在这里尽管a不等于2，但“零壹快学！”也会被打印。读者在学习完条件语句的小节后，再回来看一遍这个例子，应该会有更深刻的理解。

4.1.2 作用域和块

在现实中，凡事都有其适用范围，而在计算机语言的世界中，变量也都有作用域（Scope）。所谓作用域，就是变量的可见范围。在某个作用域中定义了变量之后，我们可以使用、访问这个变量，但是出了这个作用域之后，我们就无法使用这个变量了。之所以要有作用域的概念，也是出于程序结构化的考虑。如果在一个很长的程序中，我们能在任何地方取用和修改任何变量，那样我们在程序末尾的任何一个改动都有可能会影响到程序开头。试想一下，如果一家公司的账本放在公共区域，所有人都能对其进行修改，那将会是一个多么混乱的情形！

程序的作用域是自顶向下定义的，在最上级首先有一个全局作用域（Global Scope）。全局作用域定义的变量可以在文件中的所有地方被访问，它也叫作全局变量（Global Variable），而其他非全局的变量叫作局部变量（Local Variable）；而在其下，我们会用花括号（{}）定义一个个的块（Block），每个块都定义了一层的作用域，而块中又能嵌套块，于是就有了层级的作用域结构。首先，我们来看一个最基本的作用域示例：

动手写4.1.3

```
01 #include <iostream>
02 using namespace std;
03
04 // 全局变量
05 // Author: 零壹快学
06 int num = 3; // 全局变量num
07
08 int main() {
09        cout <<"num的值为："<< num << endl;
10        int num = 2; // 局部变量num
11        cout <<"num的值为："<< num << endl;
12        return 0;
13 }
```

动手写4.1.3展示了基本的作用域的效果。运行结果如图4.1.1所示：

图4.1.1　全局变量和局部变量

在示例中，我们先声明了一个全局变量，并在main函数中打印，而当我们在main函数中声明了另一个同名的局部变量之后，打印出来的值就成了局部变量的2。可以说，局部变量的作用域或者生命周期（Lifetime）是从定义到所在块结束的这段代码，而内层的局部变量会屏蔽外层的同名变量。函数虽然不完全是一种块，但在代码分析中一般级别会高于块，我们也可以把花括号中的内容看成块，而其中定义的也是局部变量。

除了函数自带的局部作用域之外，我们也可以自己用花括号来定义一个块。

动手写4.1.4

```
01 #include <iostream>
02 using namespace std;
03
04 // 块与作用域
05 // Author: 零壹快学
06 int main() {
07         int layer = 1;
08         cout <<"layer的值为: "<< layer << endl;
09         {
10                 cout <<"layer的值为: "<< layer << endl;
11                 int layer = 2;
12                 cout <<"layer的值为: "<< layer << endl;
13                 {
14                         cout <<"layer的值为: "<< layer << endl;
15                         int layer = 3;
16                         cout <<"layer的值为: "<< layer << endl;
17                 }
18                 cout <<"layer的值为: "<< layer << endl;
19                 {
20                         cout <<"layer的值为: "<< layer << endl;
21                         int layer = 3;
22                         cout <<"layer的值为: "<< layer << endl;
23                 }
24                 cout <<"layer的值为: "<< layer << endl;
25         }
26         cout <<"layer的值为: "<< layer << endl;
27         return 0;
28 }
```

动手写4.1.4展示了自定义块对作用域带来的影响。运行结果如图4.1.2所示：

图4.1.2　自定义块

通过观察某一行输出语句打印出的layer的值，我们可以看到在不同块中声明的同名变量的影响范围，以及在块有嵌套的时候只有最里面的变量是可见的。

4.1.3　简单语句与复合语句

C++中大多数的语句都是简单语句，简单语句基本都以分号结尾。而为了实现条件控制和循环控制等功能，我们也需要借助复合语句。复合语句与其说是语句，不如说是结构化的代码块，一般都有一个或数个特殊组成部分，当中穿插着简单语句或者块。下面我们来看一个示例：

动手写4.1.5

```
01  #include <iostream>
02  using namespace std;
03
04  // 复合语句
05  // Author: 零壹快学
06  int main() {
07          int a = 1 + 2; // 简单语句
08          // 复合语句
09          if ( a == 3 )
10                  a = 2;
11          else
12                  a = 3;
13          return 0;
14  }
```

在下一节中我们将会介绍if条件控制语句，在这里我们只需要关注它与简单语句的区别。在示例中我们可以看到，复合语句是不可分割的整体，它不像两个以分号结尾的语句那样可以拆开之后分别放在两个地方，其中的else以及后面的一个语句都不能离开if部分而单独存在。

4.2 条件控制语句

真实世界中会发生各种事件，事件中各种因素的不同也会导致各式各样的结果。比如我们在十字路口过马路时，遇到红灯会停下，遇到绿灯才会前进；又比如我们每天在出门前都会根据天气预报选择穿戴的衣物，以及决定是否要带雨具等。而在计算机程序中，我们也需要模拟这种条件分支的流程结构。在上一章中我们介绍了条件操作符，其作用是根据条件的真假返回两个表达式中的一个，这样虽然可以达到条件控制的目的，但是只能返回一个值。如果我们想要在每个条件分支中做许多事情，那就需要使用条件控制语句了。

条件控制语句可以看作是一个框架，我们需要填充其中的条件表达式和每个分支中需要执行的语句（对于switch语句来说我们还要制定分支的个数）。接下来让我们了解一下C++中的两种条件控制语句吧。

提示

条件语句在底层其实还是按顺序排列的，一般是条件为true后执行的代码在前，条件为false的代码在后。它的实现就是在条件为false的时候使用计算机的跳转指令跳到false块的代码，而在条件为true的时候直接顺序执行true块的代码。

4.2.1　if语句

if语句是一种基本的条件控制语句，它的语法基本上跟自然语言中的英语一样（If something happens, do something）。if语句的后面还可以选择性地加上else语句（If something happens, do something. Else, do other things）。

动手写4.2.1

```
01  #include <iostream>
02  using namespace std;
03
04  // 基本if语句
05  // Author: 零壹快学
06  int main() {
07          int num = 5;
08          if ( num > 4 )
09                  cout <<"数字大于4。"<< endl;
10          num = 3;
```

```
11        if (num > 4)
12             cout <<"数字大于4。"<< endl;
13        else
14             cout <<"数字小于等于4。"<< endl;
15        return 0;
16 }
```

动手写4.2.1展示了基本if语句的用法。运行结果如图4.2.1所示：

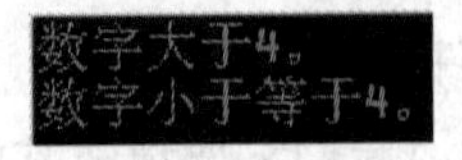

图4.2.1　基本if语句

if关键字后面跟着用括号框住的条件表达式，其下面跟着的一句语句会在条件满足的时候运行。在示例中，由于一开始时num等于5，因此满足条件num>4，会打印句子。我们也可以再加上else关键字和一个语句，这样第二个语句将会在条件不满足的情况下运行。由于我们后来把num改成了3，条件不满足，因此程序执行else后的语句，打印句子。

由于这样的语法只能在if或else后面添加一个语句，我们还是需要能处理多行语句的语法。

动手写4.2.2

```
01 #include <iostream>
02 using namespace std;
03
04 // 多行if语句
05 // Author: 零壹快学
06 int main() {
07        int num = 5;
08        int cnt = 0;
09        if ( num > 4 ) {
10             cout <<"数字大于4。"<< endl;
11             cnt++;
12        }
13        num = 3;
14        if ( num > 4 ) {
15             cout <<"数字大于4。"<< endl;
16             cnt++;
17        } else {
```

```
18            cout <<"数字小于等于4。"<< endl;
19            cnt++;
20        }
21        return 0;
22 }
```

动手写4.2.2展示了带有多行语句的if语句的用法，这与基本if语句的区别就在于它需要使用花括号把条件分支中的语句全都框起来。这是因为在没有花括号的情况下，if只能覆盖一个语句，而不能覆盖多行语句。甚至在大多数时候我们也会在一行语句的前后加上花括号，这是因为在之后添加新语句的时候我们很可能会忘记添加花括号，那样就可能会发生动手写4.2.3中的错误。

动手写4.2.3

```
01 #include <iostream>
02 using namespace std;
03 
04 // 多行if语句缺少花括号
05 // Author: 零壹快学
06 int main() {
07        int num = 5;
08        int cnt = 0;
09        if (num < 4)
10             cout <<"数字小于4。"<< endl;
11             cnt++;
12        /*else { // 后面有else会报错
13             cout <<"数字大于4。"<< endl;
14             cnt++;
15        }*/
16        cout <<"cnt等于"<< cnt << endl;
17        return 0;
18 }
```

动手写4.2.3展示了多行语句没有添加花括号的情况。运行结果如图4.2.2所示：

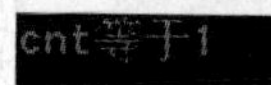

图4.2.2　cnt自增没有按照预期跳过

这段程序的意图是只有在num小于4的时候才自增cnt，但由于没有添加花括号，因此cnt++在有缩进的情况下也被当成了if语句后的普通语句，并在任何情况下都会运行。这段代码实际等价于：

```
01  if (num < 4) {
02       cout <<"数字小于4。"<< endl;
03  }
04  cnt++;
```

正因为if语句已经结束了，如果在其后面加上else分支，编译器就会报错，这是因为else分支语句必须有与自己成对的if语句才行。

为了增强程序的可读性，我们一般都会在不同场合为语句添加缩进（一般只要看到左花括号就增加缩进，看到右花括号就减少缩进）。缩进在C++中只会被当作空格处理，并不会对语义造成任何影响。

动手写4.2.4

```
01  #include <iostream>
02  using namespace std;
03
04  // else if的应用
05  // Author: 零壹快学
06  int main() {
07          int num = 5;
08          if ( num < 4 ) {
09                  cout <<"数字小于4。"<< endl;
10          } else if ( num > 6 ) {
11                  cout <<"数字大于6。"<< endl;
12          } else {
13                  cout <<"数字在4和6之间。"<< endl;
14          }
15          return 0;
16  }
```

动手写4.2.4展示了一种多于两个分支的if语句的语法。运行结果如图4.2.3所示：

```
数字在4和6之间。
```

图4.2.3　else if的应用

在示例中，我们通过在else后面再增加一个if...else语句的方法增加了一个条件分支，程序会在

num<4不成立的情况下进入下一个条件的判断，直到所有条件都不满足时，程序走进else分支。

上述语法适合同一个数值有多个区间的情形，但有的时候我们也会需要层层递进的条件分支，比如在拨打客服电话的时候，我们要先选择中文还是英文服务，接着选择服务的类别，然后选择具体的服务。这个时候我们就可以在if语句中嵌套if语句。

动手写4.2.5

```
01  #include <iostream>
02  using namespace std;
03
04  // 嵌套if语句
05  // Author: 零壹快学
06  int main() {
07          bool isNorth = true;
08          bool isWest = false;
09          if ( isNorth ) {
10                  if ( isWest ) {
11                          cout <<"西北方向！"<< endl;
12                  } else {
13                          cout <<"东北方向！"<< endl;
14                  }
15          } else {
16                  if ( isWest ) {
17                          cout <<"西南方向！"<< endl;
18                  } else {
19                          cout <<"东南方向！"<< endl;
20                  }
21          }
22          return 0;
23  }
```

动手写4.2.5展示了嵌套if语句的应用。运行结果如图4.2.4所示：

东北方向！

图4.2.4　嵌套if语句

嵌套if语句的时候，我们可以随意组合之前提到过的任何语法，然而else if的语法本质上就是省略了else后面花括号中的嵌套if语句。

在使用嵌套if语句的时候我们也要注意花括号的添加，这不仅仅是因为多行语句的问题。现在，我们先来看看下面的这个示例：

动手写4.2.6

```
01 #include <iostream>
02 using namespace std;
03
04 // 悬垂else
05 // Author: 零壹快学
06 int main() {
07         int a = 4;
08         if ( a > 3 )
09                 if ( a > 5 )
10                         cout <<"a大于5！"<< endl;
11         else
12                 cout <<"a小于等于3！"<< endl;
13         return 0;
14 }
```

动手写4.2.6展示了一种叫作悬垂else（dangling else）的现象，运行结果如图4.2.5所示：

```
a小于等于3!
```

图4.2.5　悬垂else

在示例中，我们可以看到a的值是4，但是程序运行结果却打印了“a小于等于3”。这是因为没有加上适当的花括号，else无法判断自己与哪个if配对，编译器就只能选择最近的if语句进行打印，所以else相当于是挂在了a>5的条件之后，而不是a>3之后。这种情况也再次说明了缩进在C++中对编译毫无影响。

4.2.2　switch语句

在讲解switch语句之前，我们先来看一个不那么理想的使用if语句的示例：

动手写4.2.7

```
01 #include <iostream>
02 using namespace std;
03
04 // 打印一位数中文数字
05 // Author: 零壹快学
06 int main() {
07         int num = 6;
```

```
08        if ( num == 0 ) {
09            cout <<"零"<< endl;
10        } else if ( num == 1 ) {
11            cout <<"一"<< endl;
12        } else if ( num == 2 ) {
13            cout <<"二"<< endl;
14        } else if ( num == 3 ) {
15            cout <<"三"<< endl;
16        } else if ( num == 4 ) {
17            cout <<"四"<< endl;
18        } else if ( num == 5 ) {
19            cout <<"五"<< endl;
20        } else if ( num == 6 ) {
21            cout <<"六"<< endl;
22        } else if ( num == 7 ) {
23            cout <<"七"<< endl;
24        } else if ( num == 8 ) {
25            cout <<"八"<< endl;
26        } else if ( num == 9 ) {
27            cout <<"九"<< endl;
28        } else {
29            cout <<"数字不在0-9范围内！"<< endl;
30        }
31        return 0;
32    }
```

动手写4.2.7中展示了使用多个else if打印中文数字，这样的写法有些烦琐，也容易出错。对于不同区间的判断，我们可以自然而然地使用多个if...else语句来实现，但是对于类似枚举值的多个相等判断条件来说，C++提供了一种更适合的语法，也就是switch语句。

动手写4.2.8

```
01  #include <iostream>
02  using namespace std;
03
04  // 使用switch语句打印一位数中文数字
05  // Author: 零壹快学
06  int main() {
```

```
07        int num = 6;
08        switch ( num ) {
09        case 0:
10             cout <<"零"<< endl;
11             break;
12        case 1:
13             cout <<"一"<< endl;
14             break;
15        case 2:
16             cout <<"二"<< endl;
17             break;
18        case 3:
19             cout <<"三"<< endl;
20             break;
21        case 4:
22             cout <<"四"<< endl;
23             break;
24        case 5:
25             cout <<"五"<< endl;
26             break;
27        case 6:
28             cout <<"六"<< endl;
29             break;
30        case 7:
31             cout <<"七"<< endl;
32             break;
33        case 8:
34             cout <<"八"<< endl;
35             break;
36        case 9:
37             cout <<"九"<< endl;
38             break;
39        default:
40             cout <<"数字不在0-9范围内！"<< endl;
41             break;
42        }
43        return 0;
44  }
```

动手写4.2.8展示了switch语句的基本语法，运行结果与动手写4.2.7的运行结果完全相同。

switch语句开头的括号中是一个表达式，而其下面的每个case都是这个表达式可能得到的值，每一个不同的值都会使程序走进一段不同的代码。表达式的值如果没有出现在所有case后面，就会自动落到default（默认）的代码段中。

case后面必须是常量整型（包括字符型和布尔型），如果不是常量整数，编译器在编译的时候就无法确定分支的条件，那也就失去了使用switch语句优化的好处（编译器会对switch生成一种跳转表的优化结构）。如果case后面是常量的浮点型也没有什么意义，因为浮点数相等于一个特定值的概率是非常低的，不管它的范围有多小。

需注意的是，动手写4.2.8中的break也很关键，它会让程序跳出整个switch语句块。如果没有break，一个case的代码执行完后会继续执行紧接在case后的代码，这也叫作贯穿（Fall-through）。

动手写4.2.9

```
01  #include <iostream>
02  using namespace std;
03
04  // switch语句的贯穿
05  // Author: 零壹快学
06  int main() {
07          int num = 6;
08          switch ( num ) {
09          case 0:
10                  cout <<"零"<< endl;
11                  break;
12          case 1:
13                  cout <<"一"<< endl;
14                  break;
15          case 2:
16                  cout <<"二"<< endl;
17                  break;
18          case 3:
19                  cout <<"三"<< endl;
20                  break;
```

```
21         case 4:
22             cout <<"四"<< endl;
23             break;
24         case 5:
25             cout <<"五"<< endl;
26             break;
27         case 6:
28             cout <<"六"<< endl;
29         case 7:
30             cout <<"七"<< endl;
31             break;
32         case 8:
33             cout <<"八"<< endl;
34             break;
35         case 9:
36             cout <<"九"<< endl;
37             break;
38         default:
39             cout <<"数字不在0-9范围内！"<< endl;
40             break;
41         }
42         return 0;
43 }
```

动手写4.2.9展示了一种贯穿的情况，运行结果如图4.2.6所示：

图4.2.6　由于贯穿，程序多打了一个数字

从输出结果中我们可以看到，这种情况与期望的不一致，代码行为与预期出现了偏差。

动手写4.2.10

```
01 #include <iostream>
02 using namespace std;
03 
04 // switch语句贯穿的合理应用
05 // Author：零壹快学
```

```
06 int main() {
07         int num = 6;
08         switch ( num ) {
09         case 0:
10         case 2:
11         case 4:
12         case 6:
13         case 8:
14                 cout <<"num是偶数！"<< endl;
15                 break;
16         case 1:
17         case 3:
18         case 5:
19         case 7:
20         case 9:
21                 cout <<"num是奇数！"<< endl;
22                 break;
23         default:
24                 cout <<"数字不在0-9范围内！"<< endl;
25                 break;
26         }
27         return 0;
28 }
```

动手写4.2.10展示了如何有意利用贯穿的特性使程序变得更加灵活，以此来实现对一个数的奇偶的判断。运行结果如图4.2.7所示：

```
num是偶数！
```

图4.2.7　switch贯穿的合理应用

此外，default的添加也是值得注意的，因为如果没有把所有可能出现的case都处理好的话，程序可能也会出现预期之外的行为。

动手写4.2.11

```
01 #include <iostream>
02 using namespace std;
03 
04 // 遗漏default
```

```
05 // Author: 零壹快学
06 int main() {
07         int num = 12;
08         switch ( num ) {
09         case 0:
10         case 2:
11         case 4:
12         case 6:
13         case 8:
14                 cout <<"num是偶数！"<< endl;
15                 break;
16         case 1:
17         case 3:
18         case 5:
19         case 7:
20         case 9:
21                 cout <<"num是奇数！"<< endl;
22                 break;
23         }
24         return 0;
25 }
```

动手写4.2.11中缺少了default，这样会导致程序在num为12的情况下什么都不会打印，用户将会感到非常困惑。

4.3 循环控制语句

现实世界中普遍存在着各种各样的周而复始的循环，我们生活中的每一天就存在着吃饭、睡觉等重复的行为或事件。为了让计算机程序能够更好地模拟现实世界，我们也需要使用这样的循环结构，许多计算机中使用的算法也是利用循环来迭代进而逼近精确结果的。循环控制语句和条件控制语句类似，也需要一个条件判断，不满足条件时就跳过循环，它们之间的区别只是循环语句在条件满足的情况下会永久地执行其下面的语句。

提示

循环语句在底层与条件语句类似，区别是在条件为true时执行完所有语句后，会有一个跳转指令跳回条件判断，而条件为false时的跳转会直接跳过循环末尾的跳转指令。循环是一种在底层效率很低的程序结构，编译器一般会把循环展开成冗余的代码以方便优化，但是开发人员那样写的话就会难以维护了。

4.3.1　while语句

while语句与if语句的语法类似。

动手写4.3.1

```
01 #include <iostream>
02 using namespace std;
03
04 // while语句
05 // Author: 零壹快学
06 int main() {
07         int i = 0;
08         while ( i < 10 ) {
09                 cout <<"打印数字: "<< i << endl;
10                 i++;
11         }
12         return 0;
13 }
```

动手写4.3.1展示了while语句的基本用法，运行结果如图4.3.1所示：

图4.3.1　while语句示例运行结果

示例中的循环执行了10次，打印了0 ~ 9这10个数字，最后在i等于10的时候因为条件不满足而结束。和if语句一样，while语句也可以不在条件后加花括号，但是循环体中就至多只会有一个语句（所谓循环体，就是条件为true时才会执行的代码）。

4.3.2　do...while语句

do...while语句与while语句相对，条件判断处于循环体之后。

动手写4.3.2

```
01 #include <iostream>
02 using namespace std;
03
04 // do...while语句
05 // Author: 零壹快学
06 int main() {
07         int i = 0;
08         do {
09             cout <<"打印数字: "<< i << endl;
10             i++;
11         } while (i < 10);
12         return 0;
13 }
```

动手写4.3.2展示了do...while语句的基本用法，其运行结果与动手写4.3.1的运行结果完全一样。do...while语句的行为基本与while语句一致，区别是do后面的代码块会被执行至少一次，而且语句的最后要加上分号。在实际编程中，因为do...while一般都可以转换为while，所以我们比较少见到它，但我们也要熟知它与while语句之间的区别。

动手写4.3.3

```
01 #include <iostream>
02 using namespace std;
03
04 // do...while与while行为不一致的情况
05 // Author: 零壹快学
06 int main() {
07         int i = 0;
08         cout <<"while语句"<< endl;
09         while (i < 0) {
10                 cout <<"打印数字: "<< i << endl;
11                 i++;
12         }
13         i = 0;
14         cout <<"do while语句"<< endl;
15         do {
```

```
16              cout <<"打印数字: "<< i << endl;
17              i++;
18          } while (i < 0);
19          return 0;
20  }
```

动手写4.3.3展示了do...while与while语句行为不一致的情况，运行结果如图4.3.2所示：

图4.3.2　条件为i<0

示例把动手写4.3.1和动手写4.3.2中的条件改成了“i<0”，由于do...while的条件判断在最后，因此就算i并不小于0，程序也会打印一次i。

4.3.3　for语句

for语句或者for循环是最常见的也是比较复杂的一种循环。在熟练掌握其语法后，对于一般类似于打印1到N的数字的程序我们都可以快速地写出。

动手写4.3.4

```
01  #include <iostream>
02  using namespace std;
03
04  // for语句基本用法
05  // Author: 零壹快学
06  int main() {
07          for ( int i = 0; i < 10; i++ ) {
08                  cout <<"打印数字: "<< i << endl;
09          }
10          return 0;
11  }
```

动手写4.3.4展示了for语句的基本用法，运行结果如图4.3.3所示：

图4.3.3　for语句示例运行结果

for语句的条件部分由3个语句组成，其中只有第二个语句是条件判断。第一个语句是一个赋值语句，可以直接定义新的变量，也可以给循环外定义的变量重新赋值。一般来说，我们把这个变量当作计数器，用于判断循环结束的条件，但其实语法中也没有规定3个语句要使用同一个变量（例子中使用同一个变量的用法是最常见的）。第三个语句会在循环中所有语句执行完后触发，一般用来递增或递减计数器的值。因此动手写4.3.4也可以完全转换成while语句的写法，也就是变成动手写4.3.1。

for语句头部的3个语句也可以省略其中的一个或多个部分。

动手写4.3.5

```
01  #include <iostream>
02  using namespace std;
03
04  // for语句的省略写法
05  // Author: 零壹快学
06  int main() {
07          int i = 0;
08          for (; i < 10; ) {
09                  cout <<"打印数字: "<< i << endl;
10                  i++;
11          }
12          return 0;
13  }
```

动手写4.3.5在for语句头部分别省略了计数器初始化和自增的语句，用空语句来代替，而将它们移到了其他位置。我们可以看到这样的写法就跟while语句一模一样了。

此外，for语句头部的3个语句也都可以用逗号操作符来操作多个变量，写出复杂的循环条件。

动手写4.3.6

```
01  #include <iostream>
02  using namespace std;
03
04  // for语句中的逗号操作符
05  // Author: 零壹快学
06  int main() {
07          for (int i = 0, j = 10; j > 5 && i < 10; i++, j--) {
08                  cout <<"打印数字: "<< i <<" 和 "<< j << endl;
09          }
10          return 0;
11  }
```

动手写4.3.6在循环头部增加了一个j变量，并使得每次循环都要检查i和j两个变量的值。运行结果如图4.3.4所示：

```
打印数字: 0 和 10
打印数字: 1 和 9
打印数字: 2 和 8
打印数字: 3 和 7
打印数字: 4 和 6
```

图4.3.4　“j>5&&i<10”的结果

注意：示例中的第二个表达式不能写成“j>5,i<10”，这是因为这一个语句会被当作表达式，它的返回值直接决定了循环是否要继续。之前我们讲解过，逗号表达式将会返回右操作数的值，也就是返回“i<10”，而“j>5”将会被忽略，因此最后的运行结果会变为如图4.3.5所示：

```
打印数字: 0 和 10
打印数字: 1 和 9
打印数字: 2 和 8
打印数字: 3 和 7
打印数字: 4 和 6
打印数字: 5 和 5
打印数字: 6 和 4
打印数字: 7 和 3
打印数字: 8 和 2
打印数字: 9 和 1
```

图4.3.5　“j>5, i<10”的结果

最后，我们来讲一下循环的嵌套。与条件语句相同，循环语句也可以嵌套，而循环语句和条件语句相互之间也可以嵌套。这里我们举一个简单的例子：

动手写4.3.7

```
01 #include <iostream>
02 using namespace std;
03
04 // 打印九九乘法表
05 // Author: 零壹快学
06 int main() {
07     for ( int i = 1; i < 10; i++ ) {
08         for ( int j = 1; j < 10; j++ ) {
09             cout << i <<" x "<< j <<" = "<< i * j <<"";
10         }
11         cout << endl;
12     }
13     return 0;
14 }
```

动手写4.3.7使用了两层嵌套的for循环打印九九乘法表。运行结果如图4.3.6所示：

```
1 x 1 = 1    1 x 2 = 2    1 x 3 = 3    1 x 4 = 4    1 x 5 = 5    1 x 6 = 6    1
x 7 = 7    1 x 8 = 8    1 x 9 = 9
2 x 1 = 2    2 x 2 = 4    2 x 3 = 6    2 x 4 = 8    2 x 5 = 10    2 x 6 = 12
2 x 7 = 14    2 x 8 = 16    2 x 9 = 18
3 x 1 = 3    3 x 2 = 6    3 x 3 = 9    3 x 4 = 12    3 x 5 = 15    3 x 6 = 18
 3 x 7 = 21    3 x 8 = 24    3 x 9 = 27
4 x 1 = 4    4 x 2 = 8    4 x 3 = 12    4 x 4 = 16    4 x 5 = 20    4 x 6 = 24
 4 x 7 = 28    4 x 8 = 32    4 x 9 = 36
5 x 1 = 5    5 x 2 = 10    5 x 3 = 15    5 x 4 = 20    5 x 5 = 25    5 x 6 = 30
  5 x 7 = 35    5 x 8 = 40    5 x 9 = 45
6 x 1 = 6    6 x 2 = 12    6 x 3 = 18    6 x 4 = 24    6 x 5 = 30    6 x 6 = 36
  6 x 7 = 42    6 x 8 = 48    6 x 9 = 54
7 x 1 = 7    7 x 2 = 14    7 x 3 = 21    7 x 4 = 28    7 x 5 = 35    7 x 6 = 42
  7 x 7 = 49    7 x 8 = 56    7 x 9 = 63
8 x 1 = 8    8 x 2 = 16    8 x 3 = 24    8 x 4 = 32    8 x 5 = 40    8 x 6 = 48
  8 x 7 = 56    8 x 8 = 64    8 x 9 = 72
9 x 1 = 9    9 x 2 = 18    9 x 3 = 27    9 x 4 = 36    9 x 5 = 45    9 x 6 = 54
  9 x 7 = 63    9 x 8 = 72    9 x 9 = 81
```

图4.3.6 打印九九乘法表

程序中的外层循环决定了第一个乘数的值，而内层循环决定了第二个乘数，两个循环的计数器相乘就得到了乘积。

4.4 跳转语句

跳转语句就是用来直接跳转到任意位置执行代码的语句，其在底层的实现就是通过使用我们之前说的跳转指令来达成的。条件语句和循环语句中都蕴含着goto跳转语句，接下来在讲解goto语句的时候，我们会尝试用两个goto语句直接实现while循环。

4.4.1 break语句

break语句是用来跳出switch或者循环体的语句。switch中break的用法之前已经讲解过了，而循环语句中的break也是类似的，可以直接忽视条件判断而跳出循环。

动手写4.4.1

```
01  #include <iostream>
02  using namespace std;
03
04  // break语句
05  // Author: 零壹快学
06  int main() {
07          for ( int i = 0; i < 10; i++ ) {
08                  cout << i << endl;
09                  if ( i > 5 ) break;
```

```
10          }
11          cout <<"循环结束!"<< endl;
12          return 0;
13  }
```

动手写4.4.1展示了break语句在for循环中的基本用法，运行结果如图4.4.1所示：

图4.4.1 break语句的用法

我们可以看到，当i等于6的时候，break会直接跳出循环，而没有继续与10进行比较。

break语句对于所有循环语句和switch语句都有效，但是对if语句没有作用。下面我们举例说明：

动手写4.4.2

```
01  #include <iostream>
02  using namespace std;
03
04  // if语句中的break语句
05  // Author: 零壹快学
06  int main() {
07          for ( int i = 0; i < 10; i++ ) {
08                  cout << i << endl;
09                  if ( i > 5 ) {
10                          break;
11                  }
12                  cout <<"在if语句外! "<< endl;
13          }
14          cout <<"跳出循环!"<< endl;
15          return 0;
16  }
```

运行结果如图4.4.2所示：

图4.4.2　if语句中的break

我们可以看到，第七次循环中i>5的条件成立，break语句并没有让程序跳到if语句外，打印“在if语句外”，而是直接跳到了循环的外面。

4.4.2　continue语句

break语句解决了提早结束循环的问题，但有时我们只想结束当前一轮的循环，而依然让循环继续下去，这时使用continue语句就可以解决这一问题了。continue语句不会直接跳到整个循环的后面，而是跳回至条件判断，这样当前一轮循环剩余的代码都不会执行，而新一轮的循环依旧可以正常进行。

动手写4.4.3

```
01  #include <iostream>
02  using namespace std;
03
04  // continue语句
05  // Author: 零壹快学
06  int main() {
07          for ( int i = 0; i < 10; i++ ) {
08                  if ( i % 2 == 0 ) {
09                          continue;
10                  }
11                  cout << i << endl;
12          }
13          return 0;
14  }
```

动手写4.4.3展示了continue语句的基本用法。运行结果如图4.4.3所示：

图4.4.3 continue语句的用法

示例在循环中每次碰到i被2整除余0，也就是i是偶数的情况时，就用continue跳过本次循环的所有后续代码，进入下一次循环，这样就只有奇数会被打印出来了。

4.4.3 goto语句

goto语句可以使程序跳转到任意一个用标签（Label）标记过的语句。

动手写4.4.4

```
01  #include <iostream>
02  using namespace std;
03
04  // goto语句
05  // Author: 零壹快学
06  int main() {
07          goto here;
08          cout <<"本来应该也打印这句。"<< endl;
09  here:
10          cout <<"现在只打印这句。"<< endl;
11          return 0;
12  }
```

动手写4.4.4展示了goto语句的基本用法，运行结果如图4.4.4所示：

现在只打印这句。

图4.4.4 goto语句的用法

示例中的第一个输出语句被跳过了，程序通过goto直接跳转到标签here，并只打印了第二个输出语句。

各个程序语言中都支持goto语句，然而许多人都不建议使用goto语句。这是因为大量使用goto语句会降低代码的可读性，程序的顺序也会变成一团乱麻，而使用goto语句造成的程序结构的复杂化，也使得优化变得困难。

我们再看看用两个goto语句实现while循环的示例：

动手写4.4.5

```
01 #include <iostream>
02 using namespace std;
03
04 // 使用goto语句实现while循环
05 // Author: 零壹快学
06 int main() {
07         int i = 0;
08 loopHead:
09         if ( i >= 10 )
10                 goto loopEnd;
11         cout << i << endl;
12         i++;
13         goto loopHead;
14 loopEnd:
15         return 0;
16 }
```

动手写4.4.5的运行结果如图4.4.5所示：

图4.4.5 goto语句实现的循环

这个示例的行为与while循环几乎一模一样，但是看起来却要难读很多。loopHead标志着循环的开始，如果计数器i大于等于10，那么循环结束，goto将会跳转到标志着循环尾部的loopEnd；如果计数器小于10，循环将会正常进行，并在最后自动跳转回到loopHead。

4.5 小结

在本章中，我们首先介绍了简单语句和复合语句的区别，并讲解了空语句的概念。接着我们依次介绍了if和switch这2种条件控制语句，以及while、do...while和for这3种循环控制语句的语法、用法和相互之间的转换。最后我们讲解了break、continue和goto这3种跳转语句的适用范围和实例。

4.6 知识拓展

4.6.1 死循环

由于循环在条件满足时会一直执行，因此我们在循环体中需要一直改变某些变量，使得循环最终是可以结束的。如果循环的条件永久满足，那么程序将会一直执行循环中的代码，导致计算资源的浪费，这种循环也叫作死循环。

动手写4.6.1

```
01  #include <iostream>
02  using namespace std;
03
04  // 死循环
05  // Author: 零壹快学
06  int main() {
07          for ( int i = 0; i >= 0; i++) {
08                  cout <<"打印数字: "<< i << endl;
09          }
10          return 0;
11  }
```

动手写4.6.1就是一个死循环的例子，在执行程序后，由于i>=0的条件永远满足，循环将会打印一直递增的数字，直到计算机的资源耗尽。

在循环中我们也会经常需要递减计数器，这时有一个问题需要我们注意：

动手写4.6.2

```
01  #include <iostream>
02  using namespace std;
03
04  // 递减for语句的陷阱
05  // Author: 零壹快学
06  int main() {
07          for (unsigned i = 10; i >= 0; i--) {
08                  cout <<"打印数字: "<< i << endl;
```

```
09          }
10          return 0;
11  }
```

在写递增for循环的时候，我们经常会用unsigned int作为计数器，这是因为计数器一般从0开始，用unsigned int显得语意明确；而如果我们在递减for循环中也这样用，就会像动手写4.6.2所展示的那样，程序会陷入无限循环，这是因为在i递减到0以后，再继续减1就会向下溢出变成unsigned类型的上限。

4.6.2 复合语句的作用域

在复合语句的头部，我们除了能使用外部的变量外，也可以直接声明新的变量，这样的局部变量的作用域将会是整个复合语句。对于一些只可能在复合语句内部使用的变量，我们就可以使用这样的方法避免它的作用域扩散到外部，也有利于结构化编程。

动手写4.6.3

```
01  #include <iostream>
02  using namespace std;
03
04  // 复合语句的作用域
05  // Author: 零壹快学
06  int main() {
07          // 复合语句
08          if ( int a = 0 )
09                  cout <<"a的值为："<< a << endl;
10          else
11                  cout <<"a的值为："<< a << endl;
12          // a在复合语句外不可见
13          // cout <<"a的值为："<< a << endl;
14          return 0;
15  }
```

动手写4.6.3展示了在条件语句头部定义变量的情况。a在条件语句中可见，而语句结束后则自动销毁。如果我们删除最后打印语句的注释符，那么编译器将会因为找不到a的定义而报错。

注意：在if语句中定义变量的时候，我们也隐含地将变量的初值作为if语句的条件了。而更常见的在复合语句头部声明变量的例子，则是在之前的示例中已经出现的for循环头部第一部分的声明，如“for (int i=0;i>=0;i++)”中的“int i=0;”，这里不存在任何隐含语义的问题，就算是空语句，循环也能照常执行。

4.6.3　多文件的作用域问题

我们知道，全局变量可以在变量已经定义的同一源代码文件中的任何地方被访问。那么当我们有多个文件的时候，这个变量是否也能被另一个文件中的代码访问呢？我们先来看一个示例：

动手写4.6.4

```
01 4.6.4_1.cpp
02 #include <iostream>
03 using namespace std;
04
05 // 多文件的作用域
06 // Author: 零壹快学
07 //extern int staticNum;
08 extern int globalNum;
09 int main() {
10       //cout <<"a的值为："<< staticNum << endl;
11       cout <<"globalNum的值为："<< globalNum << endl;
12       return 0;
13 }
14
15 4.6.4_2.cpp
16 // 多文件的作用域
17 // Author: 零壹快学
18 static int staticNum = 2;
19 int globalNum = 3;
```

动手写4.6.4展示了多文件中作用域的问题。普通的全局变量要想在另一个文件中被访问，需要额外的显式声明，并且在声明前面要加上extern关键字来向编译器表明这个变量已在另一个文件中定义。这与普通的声明不一样，普通的声明只是为了解决变量名在定义之前无法被识别的问题（常出现于类的定义中），而extern声明则是让编译器从别的文件中找寻变量定义。当然，我们也可以用#include直接包含整个文件，使得文件中定义的所有全局变量都能被访问。

除了一般的全局变量之外，我们也可以定义静态（static）的全局变量。在后面我们会讲到函数和类中的静态变量，它们的语义与这里的静态全局变量是不同的。静态全局变量意味着变量的作用域仅限于本文件，不能在其他文件中访问。所以，在这里如果我们把关于staticNum的注释去掉，编译器将会报错，因为staticNum就算用了extern声明也是不能在别的文件中访问的。此外，const常量也隐含static的语义，因此可以在多文件中重复定义。

第 5 章 vector与字符串

在本书的前几章中我们学习了一些C++的基本语法和程序结构，有了这些知识以后我们已经可以自己动手写一些小程序了。然而之前我们只讲解了一些基本的单一数据类型，例如整数、浮点数等，这显然还不足以表现现实世界中的常见信息。因此，为了后续章节示例程序的需要，本章我们会先简要学习C++标准库中最常见的数据结构vector和string。

vector可以表示一串数据序列，并提供一些常用的操作，而string则可以表示字符串序列。学会了这两种数据结构以后，我们就可以写出更复杂、丰富的程序了。本章只会涉及这两种数据的基本操作，读者如果想要了解它们的底层实现以及面向对象的相关概念，可以参考后面的“C++标准库”一章。

此外，本章还会涉及函数和构造函数的使用，比如函数size()和构造函数vector<int> vec1(2)，括号中的内容是函数的参数。这些内容会在后面的章节讲到，在本章中读者只需理解这些操作的用法即可。

5.1 vector

vector是标准库中最常见的一种容器，使用起来非常方便，可以用来替代C++原本的数组。

5.1.1 vector的创建和初始化

vector作为存放一串数据的容器，在创建和初始化的时候自然就要考虑到数据的类型、数据的个数以及数据的值，并且针对这几个属性就可以有几种不同的初始化方式。

动手写5.1.1

```
01 #include <iostream>
02 #include <vector>
03 using namespace std;
04
05 // vector的初始化
```

```
06 // Author: 零壹快学
07 int main() {
08         vector<int> vec1;
09         vector<float> vec2(3);
10         vector<char> vec3(3, 'a');
11         vector<char> vec4(vec3);
12         return 0;
13 }
```

动手写5.1.1展示了几种不同的vector的初始化方法。由于打印元素涉及遍历vector的内容，我们会在下一小节的示例中讲解。我们可以看到在4个vector的初始化中，用尖括号指定了vector中的不同元素类型：

◇ 第一个是空的整型vector，我们没有给它添加任何元素。

◇ 第二个初始化了一个有3个元素的vector，由于并没有指定初始值，将会使用编译器默认的初始值。

◇ 第三个初始化了含有3个a的字符vector，括号中第二个值代表了所有元素的指定初始值。

◇ 第四个vector通过拷贝的方法使用vec3中的元素初始化vec4，它们的元素将会一模一样。

需要注意的是，由于vector是标准库中的类，在使用vector的时候我们需要包含标准库的头文件<vector>。

5.1.2 vector的遍历

在创建了vector之后，我们首先需要进行的操作是读取元素的值并打印出来，这样我们才能知道创建出的vector到底是什么样的。

动手写5.1.2

```
01 #include <iostream>
02 #include <vector>
03 using namespace std;
04 
05 // vector的遍历
06 // Author: 零壹快学
07 int main() {
08         vector<int> vec1;
09         vector<float> vec2(3);
10         vector<char> vec3(3, 'a');
11         vector<char> vec4(vec3);
```

```
12        cout <<"vec1:"<< endl;
13        for ( int i = 0; i < vec1.size(); i++ ) {
14             cout << vec1[i] <<"";
15        }
16        cout << endl <<"vec2:"<< endl;
17        for ( int i = 0; i < vec2.size(); i++ ) {
18             cout << vec2[i] <<"";
19        }
20        cout << endl <<"vec3:"<< endl;
21        for ( int i = 0; i < vec3.size(); i++ ) {
22             cout << vec3[i] <<"";
23        }
24        cout << endl <<"vec4:"<< endl;
25        for ( int i = 0; i < vec4.size(); i++ ) {
26             cout << vec4[i] <<"";
27        }
28        return 0;
29   }
```

动手写5.1.2展示了上一小节中4个vector的遍历打印操作。运行结果如图5.1.1所示：

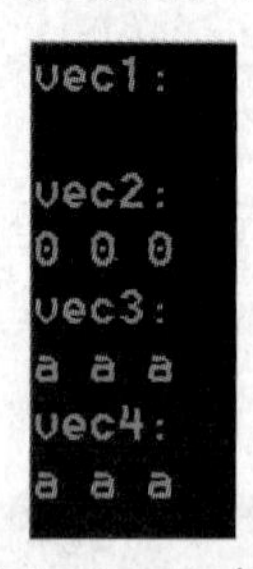

图5.1.1　vector的遍历

示例用4个循环遍历了每个vector的每个元素，循环的终止条件是i<vec1.size()，这里的size()会返回vector的大小，或者说是元素个数。而在循环中，我们通过[i]来访问vector中索引为i的元素。由于循环保证了i一定有效，小于vector的大小，这里访问vector元素就不会超出vector的范围，或者说是越界（Out of Bound）——这也是程序员在编程中经常会犯而且不好调试的错误。

从运行结果中我们可以看到，第一个vector是空的，第二个vector的3个元素都是默认值0，第四个vector由于使用了拷贝的方法，元素值与第三个vector一模一样。

5.1.3　vector的其他操作

接下来，我们用几个示例介绍vector的其他常用操作。

动手写5.1.3

```
01 #include <iostream>
02 #include <vector>
03 using namespace std;
04
05 // 向vector添加元素
06 // Author: 零壹快学
07 int main() {
08         vector<int> vec1;
09         if ( vec1.empty() ) {
10              cout <<"vec1 is empty!"<< endl;
11         }
12         vec1.push_back(1);
13         vec1.push_back(2);
14         if ( vec1.empty() ) {
15              cout <<"vec1 is empty!"<< endl;
16         }
17         for ( int i = 0; i < vec1.size(); i++ ) {
18               cout << vec1[i] << endl;
19         }
20         return 0;
21 }
```

动手写5.1.3展示了向vector添加元素和empty()方法的使用。运行结果如图5.1.2所示：

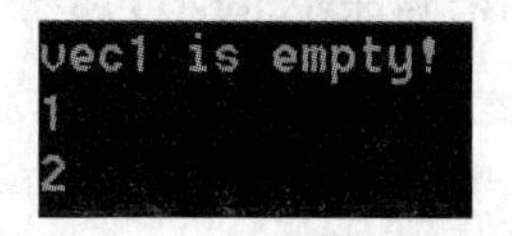

图5.1.2　向vector添加元素

我们可以看到，empty()可以判断vector是否为空，而push_back()每次会添加一个元素到vector的末尾，因此打印的时候会先打印第一个元素。

动手写5.1.4

```
01 #include <iostream>
02 #include <vector>
03 using namespace std;
04
05 // 从vector移除元素
```

```
06  // Author: 零壹快学
07  int main() {
08          vector<int> vec1(3, 2);
09          for ( int i = 0; i < vec1.size(); i++ ) {
10                  cout << vec1[i] <<"";
11          }
12          cout << endl;
13
14          vec1.pop_back();
15          vec1.pop_back();
16          for ( int i = 0; i < vec1.size(); i++ ) {
17                  cout << vec1[i] <<"";
18          }
19          cout << endl;
20          return 0;
21  }
```

动手写5.1.4展示了从vector移除元素的操作。运行结果如图5.1.3所示：

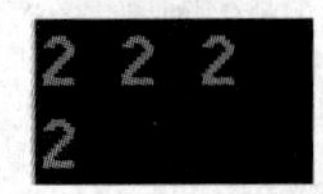

图5.1.3　从vector移除元素

pop_back()和push_back()一样，都是从vector末尾进行操作。pop_back()每次都会移除一个元素，因此调用两次pop_back()后，vector只剩一个元素。需要注意的是，如果vector为空，使用pop_back()将会产生异常结果，因此需要用empty()来确保vector不为空。

动手写5.1.5

```
01  #include <iostream>
02  #include <vector>
03  using namespace std;
04
05  // vector相等判断与赋值
06  // Author: 零壹快学
07  int main() {
08          vector<int> vec1(3, 2);
09          vector<int> vec2;
10          if ( vec1 == vec2 ) {
```

```
11            cout <<"vec1与vec2相等"<< endl;
12        }
13        vec2 = vec1;
14        cout <<"赋值后"<< endl;
15        if ( vec1 == vec2 ) {
16             cout <<"vec1与vec2相等"<< endl;
17        }
18        return 0;
19  }
```

动手写5.1.5展示了vector的相等判断和赋值操作。运行结果如图5.1.4所示：

图5.1.4　vector相等判断与赋值

vector的赋值会把一个vector所有的元素赋值到另一个vector中，并替代所有原有的元素；而vector的相等也是需要逐个元素依次比较并全部相等才算相等。

5.2 string字符串

string本质上可以看作是一种vector<char>，也就是元素为char的vector。所以上一节中所讲的vector的基本操作都可以在string上进行。

5.2.1 string的创建和初始化

string与vector类似，也有好几种初始化方法。下面我们通过示例来学习一下：

动手写5.2.1

```
01  #include <iostream>
02  #include <string>
03  using namespace std;
04
05  // string的初始化
06  // Author: 零壹快学
07  int main() {
08       string s1;
09       string s2(3, 'a');
10       string s3("value");
```

```
11          string s4(s3);
12          cout <<"s1: "<< s1 << endl;
13          cout <<"s2: "<< s2 << endl;
14          cout <<"s3: "<< s3 << endl;
15          cout <<"s4: "<< s4 << endl;
16          return 0;
17  }
```

动手写5.2.1展示了几种不同的string初始化方法。由于字符串支持输出操作符“<<”，因此可以直接打印。运行结果如图5.2.1所示：

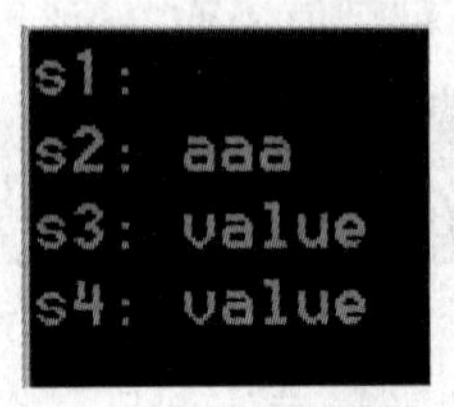

图5.2.1　string初始化

第一种和最后一种初始化方法都与vector类似，分别是空字符串和利用复制初始化字符串，第二种方法也与vector<char>类似，而第三种方法则是用字符串字面量来初始化string字符串。需要注意的是，在使用字符串的时候我们需要包含标准库的<string>头文件。

5.2.2　string的读写

在之前我们学习了利用cout打印string的方法，即将string输出到标准输出端，也就是命令行窗口。类似地，C++也提供了一种方法从标准输入端，也就是从键盘将数据写入string。

动手写5.2.2

```
01  #include <iostream>
02  #include <string>
03  using namespace std;
04  
05  // string的读写
06  // Author: 零壹快学
07  int main() {
08          string s1;
09          string s2;
10          cout <<"请输入用空格分隔的两个字符串："<< endl;
11          cin >> s1 >> s2;
12          cout <<"s1: "<< s1 << endl;
```

```
13        cout <<"s2: "<< s2 << endl;
14        return 0;
15 }
```

动手写5.2.2展示了输入字符串的方法，每一次使用“>>”操作符都会读入以空格分隔的一个字符串。在笔者输入了“Hello”和“World!”两个字符串之后，运行结果如图5.2.2所示：

```
请输入用空格分隔的两个字符串：
Hello World!
s1: Hello
s2: World!
```

图5.2.2　字符串读写

在实际的程序中，用户往往不知道程序期望自己输入几个字符串，这时我们可以利用输入操作符“>>”的特性接受不确定个数的输入。

动手写5.2.3

```
01 #include <iostream>
02 #include <string>
03 #include <vector>
04 using namespace std;
05
06 // string的循环读取
07 // Author: 零壹快学
08 int main() {
09       vector<string> strVec;
10       string s;
11       while ( cin >> s ) {
12               strVec.push_back(s);
13               for ( int i = 0; i < strVec.size(); i++ ) {
14                     cout << strVec[i] <<"";
15               }
16               cout << endl;
17       }
18      return 0;
19 }
```

动手写5.2.3展示了string的循环读取。运行结果如图5.2.3所示：

```
one
one
two
one two
three
one two three
four
one two three four
five
one two three four five
six
one two three four five six
```

图5.2.3　字符串的循环读取

我们可以看到，输入操作cin >> s的表达式返回值可以反映出当前是否还有输入。由于标准输入是键盘输入，没有结尾的标志，因此这个循环会一直继续下去。如果是文件输入，到文件尾没有字符串了就会跳出循环。笔者在程序运行时依次输入了6个字符串，程序每次会反馈并输出当前字符串vector中所有的字符串。

5.2.3　string的基本操作

vector的基本操作都适用于string，下面我们就简单地展示这些操作在string中的行为。

动手写5.2.4

```
01 #include <iostream>
02 #include <string>
03 using namespace std;
04
05 // string的基本操作
06 // Author: 零壹快学
07 int main() {
08       string s;
09       if ( s.empty() ) cout <<"字符串是空的！"<< endl;
10       cout <<"添加两个字符！"<< endl;
11       s.push_back('a');
12       s.push_back('b');
13       if ( s.empty() ) cout <<"字符串是空的！"<< endl;
14       cout <<"字符串有"<< s.length() <<"个字符"<< endl;
15       cout <<"打印字符串："<< s << endl;
16       cout <<"移除一个字符！"<< endl;
17       s.pop_back();
18       if ( s.empty() ) cout <<"字符串是空的！"<< endl;
19       cout <<"字符串有"<< s.length() <<"个字符"<< endl;
```

```
20        cout <<"打印字符串："<< s << endl;
21        return 0;
22    }
```

动手写5.2.4展示了string的基本操作。注意：string的size()也可以用length()来代替，一般情况下使用length()只是为了更好地表明这是一个字符串而已。运行结果如图5.2.4所示：

图5.2.4　string的基本操作

此外，string也可以像vector那样使用方括号（[]）获取某个位置的字符。

动手写5.2.5

```
01 #include <iostream>
02 #include <string>
03 using namespace std;
04
05 // 获取string中的字符
06 // Author: 零壹快学
07 int main() {
08        string s = "Hello World!";
09        for ( int i = 0; i < s.length(); i++ ) {
10              if ( i % 2 ) {
11                    cout << s[i];
12              }
13        }
14        cout << endl;
15        return 0;
16 }
```

动手写5.2.5展示了使用下标操作符“[]”获取字符串字符的应用，运行结果如图5.2.5所示：

```
el ol!
```

图5.2.5　获取string中特定位置的字符

5.2.4 string的比较

string支持关系操作符。string的相等和不等判断有些类似于vector，都需要判断所有字符是否相等。只要有一个字符不等或者某一个字符串多一个字符，那么string就不相等。

string的大于、小于判断会对每个对应的字符分别做比较，出现不匹配的情况立刻返回结果。其中，字符的比较使用了字典顺序，也就是依次比较字符串中每个字符的ASCII码值大小，一样的话则继续比较下一个。我们用一个示例进行说明：

动手写5.2.6

```
01  #include <iostream>
02  #include <string>
03  using namespace std;
04
05  // string的比较
06  // Author: 零壹快学
07  int main() {
08          string s1 = "";
09          string s2 = "";
10          for ( int i = 0; i < 3; i++ ) {
11                  cout <<"请输入两个用空格间隔的字符串: "<< endl;
12                  cin >> s1 >> s2;
13                  if ( s1 < s2 ) {
14                          cout <<"字符串"<< s1 <<"小于"<< s2 << endl;
15                  } else if ( s1 > s2 ) {
16                          cout <<"字符串"<< s1 <<"大于"<< s2 << endl;
17                  } else {
18                          cout <<"字符串"<< s1 <<"等于"<< s2 << endl;
19                  }
20          }
21          return 0;
22  }
```

动手写5.2.6展示了string的比较。注意：这个示例中我们使用了将字符串字面量赋值给string的方法来初始化空字符串。运行结果如图5.2.6所示：

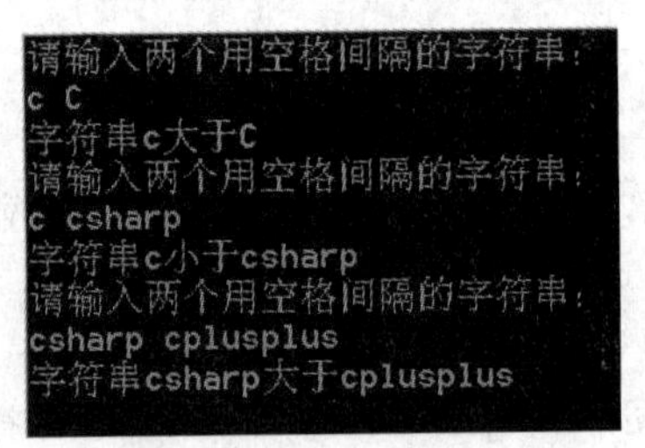

图5.2.6 string的比较

这个小程序支持输入，读者可以输入两个任意的字符串来加深对字符串比较规则的理解。笔者在这里输入了3对字符串，分别展示了字符串比较的3个规则：

1. 字符串比较区分大小写，而大写字母比小写字母小（符合ASCII码的顺序）。

2. 字符串不等长，但是在短的字符串与长的字符串的前一部分完全相等的情况下，短的string小于长的string。

3. 遇到第一对不匹配的字符时就立刻返回按字典顺序比较的结果。

在这里c和csharp的开头都是c，因此长的csharp更大。csharp和cplusplus的第一个字符都是c，就继续看第二个字符，由于s比p大，因此csharp大于cplusplus。

5.2.5 string的连接

string的连接是通过加法操作符实现的，加号的两边可以随意组合string或是字符串字面量。

动手写5.2.7

```
01 #include <iostream>
02 #include <string>
03 using namespace std;
04
05 // string的连接
06 // Author: 零壹快学
07 int main() {
08         string s1 = "";
09         string s2 = "";
10         cout <<"请输入两个用空格间隔的字符串："<< endl;
11         cin >> s1 >> s2;
12         string s3 = s1 + s2;
13         cout <<"字符串连接的结果是："<< s3 << endl;
14         for ( int i = 0; i < 3; i++ ) {
15                 string s4 = "";
16                 cout <<"请输入字符串："<< endl;
17                 cin >> s4;
18                 s3 += s4;
19                 cout <<"字符串连接的结果是："<< s3 << endl;
20         }
21         return 0;
22 }
```

动手写5.2.7展示了字符串的连接，除了加法操作符之外，我们还可以使用加法赋值操作符连接字符串。运行结果如图5.2.7所示：

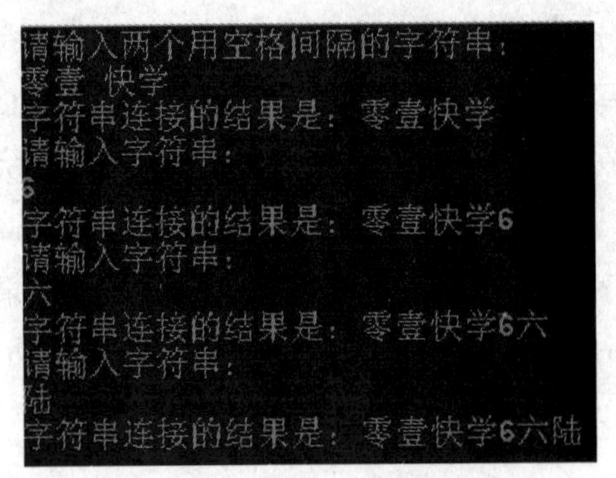

图5.2.7　string的连接

5.3 小结

本章我们介绍了C++标准库中最常用的两种数据结构以及它们的常见操作，大大丰富了我们编程的灵活度和内容。在这一章中，我们分别介绍了vector和string的初始化和基本操作，vector的遍历，string的读写、比较以及连接操作。

5.4 知识拓展

一些常用的字符处理函数

对于C++中的字符以及字符串相关的程序来说，C++中提供的一些字符处理函数是非常有用的，它们可以判断一个字符的类别并进行字母的大小写转换。这些函数在头文件<ctype.h>中定义，在使用的时候我们再包含它。

动手写5.4.1

```
01 #include <iostream>
02 #include <ctype.h>
03 #include <stdio.h>
04 using namespace std;
05
06 // 字符处理函数
07 // Author: 零壹快学
08 int main() {
09         char ch = ' ';
```

```
10        cout <<"请输入一些字符，并以‘.’结尾："<< endl;
11        do {
12                ch = getchar();
13                cout <<"字符：";
14                putchar(ch);
15                cout << endl;
16                if ( isalnum(ch) ) {
17                        cout <<"您输入的是字母或数字！"<< endl;
18        }
19        if ( isalpha(ch) ) {
20            if ( isupper(ch) ) {
21                    cout <<"您输入的是大写字母！"<< endl;
22                    cout <<"转换成小写字母是：";
23                    putchar(tolower(ch));
24                    cout << endl;
25            } else {
26                    cout <<"您输入的是小写字母！"<< endl;
27                    cout <<"转换成大写字母是：";
28                    putchar(toupper(ch));
29                    cout << endl;
30            }
31        }
32        if ( iscntrl(ch) ) {
33             cout <<"您输入的是控制字符！"<< endl;
34        }
35        if ( isdigit(ch) ) {
36             cout <<"您输入的是数字！"<< endl;
37        }
38        if ( isgraph(ch) ) {
39             cout <<"您输入的是可打印字符！"<< endl;
40        }
41        if ( ispunct(ch) ) {
42             cout <<"您输入的是标点符号！"<< endl;
43        }
44        if ( isspace(ch) ) {
45             cout <<"您输入的是空白字符！"<< endl;
```

```
46        }
47        if ( isxdigit(ch) ) {
48            cout <<"您输入的是十六进制数! "<< endl;
49        }
50        } while ( ch != '.' );
51        return 0;
52 }
```

动手写5.4.1展示了对于用户输入的字符的类型判断。运行结果如图5.4.1所示：

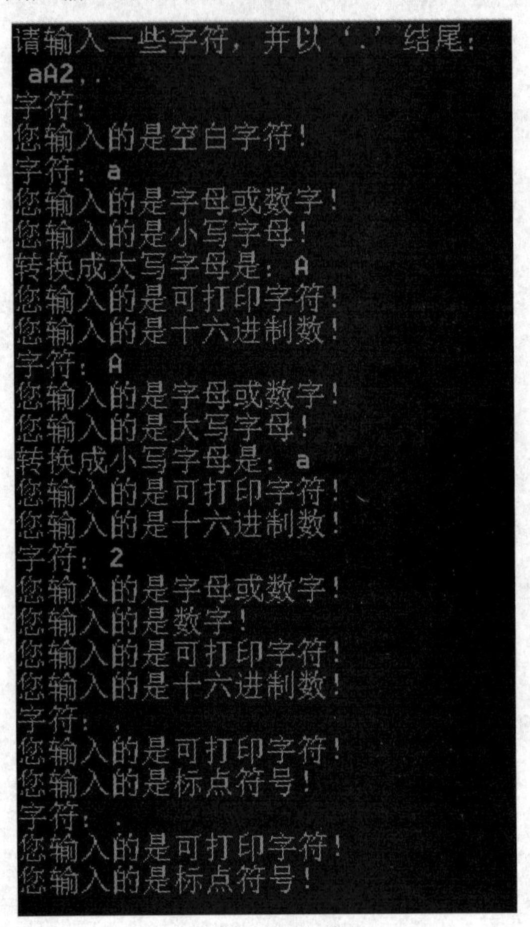

图5.4.1　字符处理函数

本程序稍微有些复杂，主体结构是一个循环，在检查到输入为英文句号的时候会结束程序。getchar()和putchar()是两个定义在<stdio.h>的函数，getchar()会从输入端获取一个字符，而putchar()会把一个字符打印到输出端。在这里我们打印了好几个字符，再按下回车键，在按下回车键之后每次循环中的getchar()都会读取一个输入过的字符，直到遇到“.”。如果我们每输入一个字符就按回车键，回车字符也会被getchar()读取。

关于每个函数的功能我们已经可以在程序中的打印文字中清楚地看到了，在这里我们稍做讲解。一开始我们输入了空格，它不算是可打印字符，而是空白字符，而ASCII码中的一些特殊符号都是可打印字符。此外a、A和2都是十六进制数，这是因为十六进制数包含了0～9和a～f，并且不分大小写。

第 6 章 数组与指针

本章将要讲解的数组与指针是两个非常重要的概念，两者从C语言的时代就已经存在了。数组和指针都可以像标准库的vector一样顺序地遍历一组数据，然而它们与vector相比却能更直接地接触到计算机的内存，因此在高效的同时也会有更大的风险。在有了标准库以后，我们可以直接用vector替代数组，所以在一般情况下我们建议只使用vector。

6.1 数组

在上一章中我们讲解了vector，vector的push_back()操作可以无限地添加元素，因此vector是动态的。不过所谓的动态也不是说每放一个元素进去就会多占用一点内存，关于vector的具体实现我们在标准库的章节会讲到。与vector不同，数组是一种完全静态的数据结构，在初始化的时候我们就需要给数组指定大小，并且不能修改。

6.1.1 数组的创建和初始化

vector在创建的时候需要元素类型和名称两个信息，而vector的大小可以在初始化的时候指定，也可以不指定。由于数组是静态的，因此我们一定要为其指定大小，这也称作数组的维度（Dimension）。数组的维度必须像switch的case后面的表达式那样，是一个在编译的时候就能确定的整型常量表达式。下面我们来看几个数组创建的示例。

动手写6.1.1

```
01 #include <iostream>
02 using namespace std;
03
04 // 数组的创建
05 // Author: 零壹快学
06 int main() {
07     int arr1[2];
```

```
08          const int constNum = 4;
09          float arr2[constNum];
10          int arr3[constNum + 1];
11          int num = 5;
12          char arr4[num];
13          return 0;
14  }
```

动手写6.1.1展示了数组的创建。arr1直接使用整型字面量作为数组大小，这没有什么问题；arr2使用const int，在编译的时候值也是确定的；arr3使用了const int和字面量的算术表达式，值也可以确定；最后的arr4由于使用了变量，虽然在num初始化和数组初始化之间并没有不确定的改变，但是使用变量就是不合法的，编译程序会报出如图6.1.1所示的错误：

代码	说明	项目
E0028	表达式必须含有常量值	C++
C2131	表达式的计算结果不是常数	C++

图6.1.1　使用变量作为数组大小的报错

动手写6.1.1中我们定义了一些空的数组，然而并没有给出数组的元素初始值，因此数组的初始值将会是编译器默认的初始值或者无法预计的随机数值。为了保证程序的确定性，我们可以像vector那样给数组的每个元素分别赋值，也可以使用如下的显式数组初始化方法，又称初始化列表。

动手写6.1.2

```
01  #include <iostream>
02  using namespace std;
03
04  // 数组的初始化列表
05  // Author: 零壹快学
06  int main() {
07          int arr1[5] = { 0, 1, 2, 3, 4 };
08          int arr2[5] = { 0, 1, 2 };
09          int arr3[] = { 0, 1, 2, 3, 4 };
10          return 0;
11  }
```

动手写6.1.2展示了初始化列表的几种用法。我们可以看到，在花括号中的数字就是我们按顺序给数组每个元素赋的值。arr1的初始化列表中的值个数与数组大小相等，而arr2中的值个数比数组大小少，在这种情况下没有初始化的元素依然有着默认的值。如果初始化列表中元素个数超出了数组大小，那么编译器会报错。要注意，在最后的arr3中我们没有给定数组的大小，在这种情况下数组大小会随着初始化列表的大小而确定。

6.1.2 数组的操作

数组的下标操作与vector的下标操作类似，也会有越界的问题。

动手写6.1.3

```
01  #include <iostream>
02  using namespace std;
03
04  // 数组的下标操作
05  // Author: 零壹快学
06  int main() {
07          int arr1[5] = { 0, 1, 2, 3, 4 };
08          int arr2[5] = { 0, 1, 2 };
09          int arr3[] = { 0, 1, 2, 3, 4 };
10          for ( int i = 0; i < 5; i++ ) {
11                  cout << arr1[i] <<"";
12          }
13          cout << endl;
14          for ( int i = 0; i < 5; i++ ) {
15                  cout << arr2[i] <<"";
16          }
17          cout << endl;
18          for ( int i = 0; i < 5; i++ ) {
19                  cout << arr3[i] <<"";
20          }
21          cout << endl;
22          return 0;
23  }
```

动手写6.1.3展示了数组的下标操作，基本用法和vector类似。运行结果如图6.1.2所示：

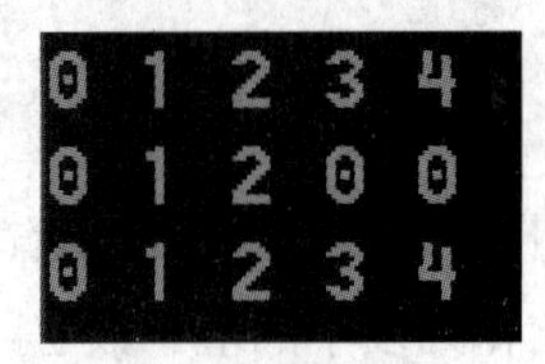

图6.1.2　数组操作

数组的下标操作也可以用“arr2[i]=arr1[i]”的形式将元素赋值给另一个数组，以达到复制的效果。使用下标操作符赋值单个数组元素也是因为数组不能像vector那样直接用arr1和arr2这样的数组名将整个数组的内容赋值到另一个数组。vector可以使用“vec1=vec2”这样的形式赋值，而“arr2=arr1”就会产生编译错误。

动手写6.1.4

```
01 #include <iostream>
02 using namespace std;
03
04 // 数组名不能用于赋值
05 // Author: 零壹快学
06 int main() {
07         int arr1[3] = { 0, 1, 2 };
08         int arr2[3] = { 3, 4, 5 };
09         for ( int i = 0; i < 3; i++ ) {
10                 cout << arr1[i] <<"";
11         }
12         cout << endl;
13         // 数组名不能作为左值直接赋值
14         arr2 = arr1;
15         for ( int i = 0; i < 3; i++ ) {
16                 cout << arr2[i] <<"";
17         }
18         cout << endl;
19         return 0;
20 }
```

动手写6.1.4表明，即使是相同大小的数组也不能直接整个赋值，该程序会报出如图6.1.3所示的错误：

代码	说明	项目
E0137	表达式必须是可修改的左值	C++
C3863	不可指定数组类型 "int [3]"	C++

图6.1.3　数组名不能作为左值

从报错信息中我们可以看到，这个错误的根本原因是数组名不能作为左值。这是因为数组在分配内存的时候不仅大小是固定的，其在内存的位置也是不能修改的，数组名在编译的时候表示唯一的内存地址，所以不能作为左值被修改。数组是C语言中已经存在的一个原始类型，因此并不能像vector那样重新定义赋值操作。

6.2 指针

指针是C++中的一个核心概念，是一名C++程序员可以直接对内存进行操作的一种工具。这样的工具就是一把双刃剑，一方面可以实现一些非常优化的程序，另一方面也会导致一些难以调试的错误。

6.2.1 使用指针遍历数组

我们先来看一个使用指针遍历数组的示例：

动手写6.2.1

```
01 #include <iostream>
02 using namespace std;
03
04 // 使用指针遍历数组
05 // Author: 零壹快学
06 int main() {
07         int arr[5] = { 0, 1, 2, 3, 4 };
08         int *ptr = arr;
09         for ( int i = 0; i < 5; i++ ) {
10                 cout << *ptr <<"";
11                 ptr++; // 也可以直接写成 cout << *(ptr++) <<"";
12         }
13         cout << endl;
14         return 0;
15 }
```

动手写6.2.1展示了使用指针遍历数组的方法。运行结果如图6.2.1所示：

图6.2.1 使用指针遍历数组

示例中涉及指针的初始化、解引用操作以及自增，我们会在后面陆续介绍。我们可以先看一个有趣的语句“int *ptr = arr;”，该语句用数组名初始化指针。在这里数组名代表的是数组第一个元素的地址，之后在循环内程序会递增指针以指向数组的后面几个元素。

6.2.2 指针的概念与理解

指针（Pointer），从其英文字面上来理解就是一个指向某一物件的东西，在程序中就是指向数据的地址（Address）。计算机的内存可以看作是一个紧密排列的数据序列，每一小块数据（也就是字节）的旁边都有一个编号代表数据的地址。这在现实中可以用房屋的地址来理解，我们可以说一栋房子是小张的家（变量名表示），也可以说一栋房子是XX路XXX号（指针表示）。对于上一小节的示例，我们可以根据图6.2.2来理解ptr和arr到底指的是什么。

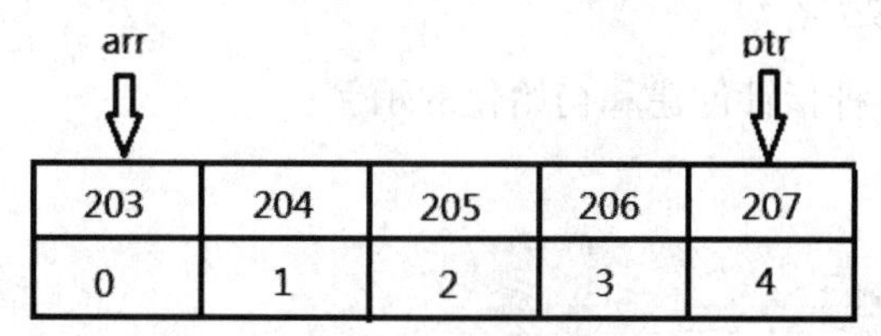

图6.2.2　指针图解

假设arr的地址是203，那么数组后面几个元素的地址依次递增（这个例子中因为数组的类型是int，所以其实真实的地址需要依次加4字节）。之前我们说过，指针实际上就是内存地址，所以arr的值就是203，而当ptr指向数组最后一个元素的时候，它的值是207。如果我们想要获取某一个地址下存储的数据，就可以使用*ptr来获得。

动手写6.2.2

```
01 #include <iostream>
02 using namespace std;
03
04 // 指针的含义
05 // Author: 零壹快学
06 int main() {
07       int arr[5] = { 0, 1, 2, 3, 4 };
08       int *ptr = arr;
09       for ( int i = 0; i < 5; i++ ) {
10             cout << *ptr <<"";
11             cout <<"地址: "<< ptr << endl;
12             ptr++;
13       }
14       return 0;
15 }
```

动手写6.2.2展示了指针的含义。运行结果如图6.2.3所示：

图6.2.3　指针代表地址

我们可以看到，数组的第一个元素的十六进制地址是0039F894（不同计算机以及同一计算机每次运行该程序得到的地址都可能与示例中的地址不同），第二个元素的地址是0039F898，每个元素之间的间距正好是int的大小——4字节。

6.2.3 指针的创建与初始化

我们先来看一个包含各种指针创建和初始化的示例：

动手写6.2.3

```
01  #include <iostream>
02  using namespace std;
03
04  // 指针的创建和初始化
05  // Author: 零壹快学
06  int main() {
07          float *floatPtr = NULL;
08          string *strPtr;
09          int *intPtr1, *intPtr2;
10          int* intPtr3, intPtr4; // intPtr4只是一个整数
11          return 0;
12  }
```

动手写6.2.3中有许多指针创建的例子。我们可以看到，指针的声明就是在变量类型名和变量名之间加上星号（*），并可以任意选择让星号紧贴类型名（第十行第一个变量）或者变量名（第七、八、九行）的代码风格。然而，紧贴类型名的代码风格会给人造成“int*”是一个整体的错觉，初学者很容易在声明多个指针的时候遗漏后面变量名前的星号，就像intPtr4一样，感觉像是定义了一个指针，其实只是一个整型。正确的语法应该像intPtr2那样在前面加一个星号，不管与星号之间有没有空格。

此外，示例中只有第一行的floatPtr初始化了，但在实际编程中我们一定要初始化所有的指针，就跟变量一样。floatPtr的初始值NULL是一个宏定义，它的实际数值是0，也就是地址0x00000000。一般我们都会把指针初始化为NULL，也叫作空指针，这给我们提供了一个统一可管理的异常值。在程序中，我们只要检查指针是否为空就知道指针是否指向有效数据了。

如果指针没有初始化，它可能指向一个未知的地址，那么我们在尝试读取数据的时候就可能造成程序崩溃。此外，在指针初始化的时候，不能使用0以外的整型给指针赋值。

除了上面例子中的那些指针类型外，C++还有一种通用的void*指针。我们知道指针就是地址，指针的类型只不过表示了地址指向的位置所存放的数据类型。如果我们将int*指针转换为float*指针，那么程序也只是将数据重新解读为浮点类型。所以这里void*只是代表了一个地址，而我们不知道它所指向的数据类型，但我们也可以重新定义它所指向的数据类型。void*一般会在一些内存处理的系统函数中使用。

6.2.4　指针的基本操作

对于指针来说，解引用和取地址是最重要的两个操作符。

动手写6.2.4

```
01  #include <iostream>
02  using namespace std;
03
04  // 指针的基本操作
05  // Author: 零壹快学
06  int main() {
07          int num = 4;
08          int *intPtr = &num;
09          cout <<"num的地址是: "<<&num << endl;
10          cout <<"指针的值是: "<< intPtr << endl;
11          if ( intPtr ) { // 检查指针是否为空
12              cout <<"指针所指的数字是: "<< *intPtr << endl;
13          }
14          return 0;
15  }
```

动手写6.2.4展示了指针的解引用和变量的取地址操作。运行结果如图6.2.4所示：

图6.2.4　指针的基本操作

我们可以看到，符号“&”表示了取地址的操作，它可以获得变量的内存地址。将其赋值给指针intPtr后，打印&num和intPtr将同时获得num的地址。而当我们使用解引用操作符“*”的时候，*intPtr将会得到intPtr所指向的地址中的数据，也就是num的值。

在示例中，我们还加了一个条件来检查指针是否为NULL，以此保证对intPtr解引用一定是安全的。这里我们利用了数值与布尔值之间的隐式转换，只写了intPtr作为条件，因为intPtr为空的话值会转化为false。条件intPtr也可以写成“intPtr != NULL”。

在动手写6.2.4中我们用解引用操作符读取了指针指向的数据，而解引用操作符也可以用来作为赋值语句的左值以修改数据。

动手写6.2.5

```
01 #include <iostream>
02 using namespace std;
03
04 // 左值解引用
05 // Author: 零壹快学
06 int main() {
07         int num = 4;
08         int *intPtr = &num;
09         if ( intPtr ) { // 检查指针是否为空
10              cout <<"指针所指的数字是: "<< *intPtr << endl;
11              cout <<"num的值是: "<< num << endl;
12              *intPtr = 3;
13              cout <<"修改后，指针所指的数字是: "<< *intPtr << endl;
14              cout <<"num的值是: "<< num << endl;
15         }
16         return 0;
17 }
```

动手写6.2.5展示了左值解引用。运行结果如图6.2.5所示：

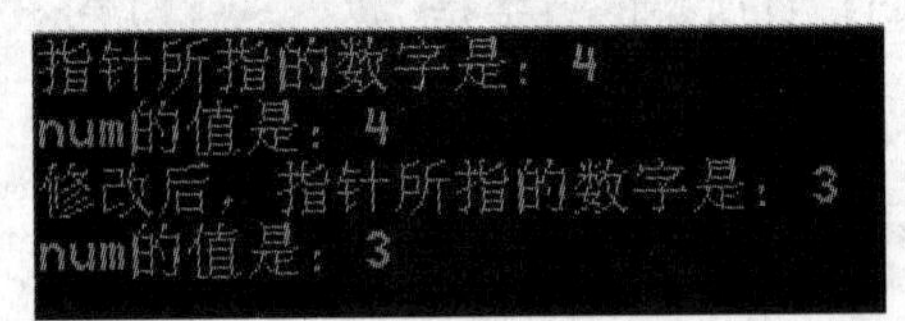

图6.2.5 左值解引用

在本示例中，我们使用了左值的解引用操作将指向num的指针中的数据修改成3，由于指针与num的地址相同，因此num也会变成3。指针的这一种行为可能会让初学者感到困惑，接下来我们还是用图片来直观地解释指针解引用、取地址和左值解引用的行为。

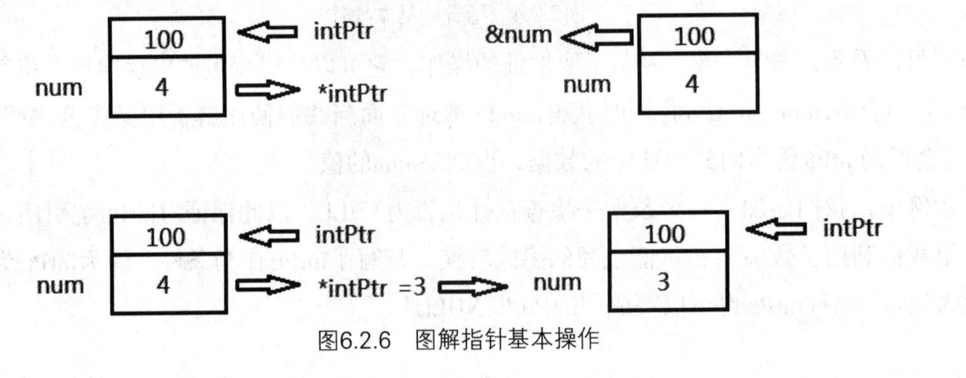

图6.2.6 图解指针基本操作

图6.2.6中的变量num由两部分组成，上半部分“intPtr”是地址，而下半部分“*intPtr”是地址中实际存储的数据。intPtr的值是地址100，*intPtr会返回数据4。右上角的&num取得变量num的地址100，可以赋值给类似intPtr的指针变量。图片下方展示了左值解引用的行为，*intPtr在这里取得修改num的权限，然后3将会被赋值到num所在的地址，覆盖掉原有的值4。

6.2.5 指针的算术操作

指针可以像整型那样进行一部分算术操作，还可以对地址进行修改。因为计算后的指针不一定会指向具有有效数据的地址，所以我们在进行指针算术操作的时候需要格外小心。

动手写6.2.6

```
01  #include <iostream>
02  using namespace std;
03
04  // 指针与整型的算术操作
05  // Author: 零壹快学
06  int main() {
07          int arr[5] = { 0, 1, 2, 3, 4 };
08          int *ptr = arr;
09          cout <<"arr + 4: "<< *(arr + 4) << endl;
10          cout <<"ptr + 4: "<< *(ptr + 4) << endl;
11          cout <<"ptr: "<< ptr << endl;
12          cout <<"ptr + 2: "<< ptr + 2 << endl;
13          cout <<"++ptr: "<< ++ptr << endl;
14          cout <<"ptr - 2: "<< ptr - 2 << endl;
15          cout <<"--ptr: "<< --ptr << endl;
16          return 0;
17  }
```

动手写6.2.6展示了指针与整型的算术操作，运行结果如图6.2.7所示：

```
arr + 4: 4
ptr + 4: 4
ptr: 0042FE8C
ptr + 2: 0042FE94
++ptr: 0042FE90
ptr - 2: 0042FE88
--ptr: 0042FE8C
```

图6.2.7 指针的算术操作

我们可以看到，指针与整型的算术操作不同于一般的数字加减，而是与指针的类型绑定的。由于一个int的大小是4字节，那么ptr+2会将地址加上8，在数组中就是指向第三个元素。在示例中，除了指针ptr，我们也对数组名arr做了加法，得到的结果都是第五个元素的值。此外，示例末尾的0042FE88已经比数组第一个元素的地址还小了，如果对这个地址解引用，可能会导致程序崩溃。

数组名其实可以看作是指向数组第一个元素的指针。指针的各种操作都适用于数组名，但只有一点区别，那就是数组名不能被重新赋值。这也是很容易理解的，因为数组是静态的，数组名代表了当前作用域唯一的一个数组，不可能像指针那样指向其他地址。

指针除了与整型的算术操作之外，还可以进行指针相减。

动手写6.2.7

```
01 #include <iostream>
02 using namespace std;
03
04 // 指针相减
05 // Author: 零壹快学
06 int main() {
07         int arr[5] = { 0, 1, 2, 3, 4 };
08         int *ptr1 = arr + 1;
09         int *ptr2 = arr + 3;
10         cout <<"ptr1: "<< ptr1 << endl;
11         cout <<"ptr2: "<< ptr2 << endl;
12         cout <<"ptr2 - ptr1: "<< ptr2 - ptr1 << endl;
13         cout <<"ptr1 - ptr2: "<< ptr1 - ptr2 << endl;
14         return 0;
15 }
```

动手写6.2.7展示了指针相减。运行结果如图6.2.8所示：

```
ptr1: 0023F980
ptr2: 0023F988
ptr2 - ptr1: 2
ptr1 - ptr2: -2
```

图6.2.8　指针相减

指针相减返回的是指针地址之间的距离，并且是分正负的。这个距离也与类型绑定，单位是该类型数据的个数。指针之间不存在加法，每个指针代表的地址在计算机中都是唯一确定的，相加没有任何意义。这就好像门牌号码32减掉30得到的2，表示它们之间（包括30号）隔着两户，而

32加上30却并不能代表什么。

6.2.6　const指针

我们之前讲解了使用左值解引用来修改指针指向的原变量的例子，但如果原变量是const，值是不能被修改的，因此我们也需要有一种特殊的指针来保证原变量不会被修改，这就是指向const对象的指针。

动手写6.2.8

```
01  #include <iostream>
02  using namespace std;
03
04  // 指向const对象的指针
05  // Author: 零壹快学
06  int main() {
07          const int num = 3;
08          // 普通指针不能指向const变量
09          // int *ptr1 = &num;
10          const int *ptr2 = &num;
11          cout <<"*ptr2: "<< *ptr2 << endl;
12          // 指向const对象的指针不能修改解引用后的值
13          // *ptr2 = 4;
14          // 指向const对象的指针可以修改指向的地址
15          const int num1 = 4;
16          ptr2 = &num1;
17          cout <<"*ptr2: "<< *ptr2 << endl;
18          // 指向const对象的指针也可以指向普通变量
19          int num2 = 5;
20          ptr2 = &num2;
21          cout <<"*ptr2: "<< *ptr2 << endl;
22          return 0;
23  }
```

动手写6.2.8展示了指向const对象指针的使用，运行结果如图6.2.9所示：

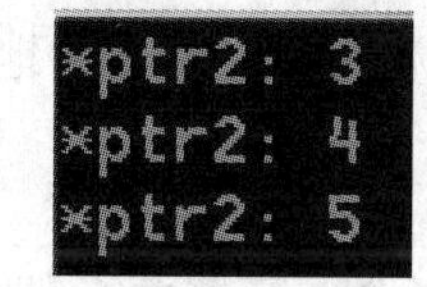

图6.2.9　指向const对象的指针

我们可以看到，要定义一个指向const对象的指针，我们就要在const对象类型名后加上星号。“int *ptr1 = #”这一行如果去掉注释，编译器就会报错，因为普通指针不能指向const对象。“*ptr2 = 4;”这一行如果去掉注释相当于修改const对象的值，编译器也会报错。

这里需要注意的是，虽然ptr2指向的地址中的值不能修改，但是它本身指向的地址却可以修改。在示例中，我们先后又让它指向了另外两个变量，其中也有一个非const的变量，指向非const变量的这一种指针也不能修改解引用后的值。

既然指向const对象的指针还是可以修改地址的，那么应该也有另外一种不能修改地址的指针，也就是const指针。

动手写6.2.9

```
01 #include <iostream>
02 using namespace std;
03 
04 // const指针
05 // Author: 零壹快学
06 int main() {
07         int num1 = 3;
08         int num2 = 4;
09         int *const ptr1 = &num1;
10         // const指针不能修改指向地址
11         ptr1 = &num2;
12         const int num3 = 5;
13         const int num4 = 6;
14         // 指向const对象的const指针既不能修改地址，也不能修改值
15         const int *const ptr2 = num3;
16         ptr2 = num4;
17         return 0;
18 }
```

动手写6.2.9展示了尝试修改const指针而导致的编译错误。const指针的创建语法是将const移到了星号后面，一开始ptr1指向num1，而当我们尝试把num2的地址赋值给ptr1的时候编译器就会报错。在后面的章节中我们会将这一小节讲到的两种指针结合在一起，声明一个指向const对象的const指针ptr2，这个指针只能指向const int变量，它指向的地址也不能改变。

6.2.7 指针的数组和数组的指针

这一小节的标题看似是两个类似的概念，其实两者却截然不同。指针作为一种变量类型，自然可以被声明为数组，而数组作为一种变量类型，也可以有指向它的指针。所以指针的数组是一

种数组，而数组的指针则是一种指针。接下来我们用一些示例来介绍这两种数据类型。

动手写6.2.10

```
01 #include <iostream>
02 using namespace std;
03
04 // 指针的数组和数组的指针
05 // Author: 零壹快学
06 int main() {
07     int arr[5] = { 0, 1, 2, 3, 4 };
08     // 数组的指针
09     int (*arrPtr)[5] = &arr;
10     // 指针的数组
11     int *ptrArr[5] = { &arr[0], &arr[1], &arr[2], &arr[3], &arr[4] };
12     cout <<"arrPtr: "<< arrPtr << endl;
13     cout <<"*arrPtr: "<< *arrPtr << endl;
14     for ( int i = 0; i < 5; i++ ) {
15         cout << ( *arrPtr )[i] <<"";
16         cout << ptrArr[i] <<"";
17         cout << *( ptrArr[i] ) <<"";
18     }
19     return 0;
20 }
```

动手写6.2.10展示了指针的数组和数组的指针。运行结果如图6.2.10所示：

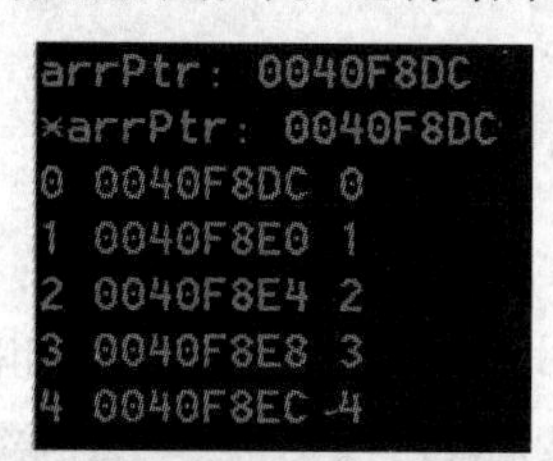

图6.2.10　指针的数组和数组的指针

我们可以看到，数组的指针和指针的数组的语法区别在于：数组的指针需要在星号和变量名外面加一个括号，而指针的数组却没有。这一点其实很好理解，因为声明数组的时候元素类型名int和数组大小[5]就是被变量名隔开的，在这里我们添加一个星号，并用括号括起来，表示这个指针int (*arrPtr)[5]是指向整个数组的；如果不加括号，编译器就只会将星号联系到前面的类型名int，所以ptrArr就只是声明了一个数组，数组的元素类型是int*。

在声明arrPtr的时候，我们把数组的地址赋值给它作为初值，由于数组的指针解引用以后就相当于数组，我们可以用(*arrPtr)[i]来读取数组的元素。

ptrArr是一个指针的数组，它的每一个元素都是一个指针，在这里我们就将数组每个元素的地址分别赋值，而在遍历的时候我们使用*(ptrArr[i]) 来读取数组中某一个指针指向的元素值。

这里比较不直观的一点是arrPtr和*arrPtr代表的地址完全一样。为了解释这一点，我们再看一个示例：

动手写6.2.11

```
01  #include <iostream>
02  using namespace std;
03
04  // 数组的指针的地址
05  // Author: 零壹快学
06  int main() {
07          int arr1[5] = { 0, 1, 2, 3, 4 };
08          // 数组的指针
09          int (*arrPtr)[5] = &arr1;
10          cout <<"arrPtr: "<< arrPtr << endl;
11          cout <<"*arrPtr: "<< *arrPtr << endl;
12          int arr2[5] = { 0, 1, 2, 3, 6 };
13          // 数组的指针必须指向大小相同的数组
14          arrPtr = &arr2;
15          cout <<"arrPtr: "<< arrPtr << endl;
16          cout <<"*arrPtr: "<< *arrPtr << endl;
17          // 数组的指针指向数组，而数组是不可修改的
18          // *arrPtr = arr1;
19          return 0;
20  }
```

动手写6.2.11展示了数组的指针的地址问题，运行结果如图6.2.11所示：

```
arrPtr: 0033F7C0
*arrPtr: 0033F7C0
arrPtr: 0033F798
*arrPtr: 0033F798
```

图6.2.11　数组的指针的地址

我们可以看到，数组的指针必须指向相同大小的数组，如果arr2只有4个元素，第十四行的赋值就会产生编译错误；并且由于数组的指针指向是不可修改的数组，我们不能把*arrPtr作为左值修改。

至于为什么arrPtr和*arrPtr的地址一样，我们可以看作是编译器不得已的安排。我们知道，数组名arr1代表着数组首元素的地址，而一般的变量比如int1就放着一个数值，而&int1才放着int1的地址。由于数组的这一特殊性，导致了&arr得到的数组地址与arr代表的数组地址是一样的，因此相应的arrPtr和*arrPtr的地址也只能是一样的，*arrPtr也要搭配下标操作符才能取得数组的具体元素。

6.2.8 指针的指针

指针可以指向任何变量或者对象，所以也可以指向指针。

动手写6.2.12

```
01  #include <iostream>
02  using namespace std;
03
04  // 指针的指针
05  // Author: 零壹快学
06  int main() {
07          int num = 3;
08          int *numPtr = &num;
09          int **numPtrPtr = &numPtr;
10          cout <<"num: "<< num << endl;
11          cout <<"*numPtr: "<< *numPtr << endl;
12          cout <<"numPtr: "<< numPtr << endl;
13          cout <<"*numPtrPtr: "<< *numPtrPtr << endl;
14          cout <<"numPtrPtr: "<< numPtrPtr << endl;
15          return 0;
16  }
```

动手写6.2.12展示了指针的指针。运行结果如图6.2.12所示：

```
num: 3
*numPtr: 3
numPtr: 0045FBE0
*numPtrPtr: 0045FBE0
numPtrPtr: 0045FBD4
```

图6.2.12　指针的指针

我们可以看到，指针的指针的声明就是多加了一个星号，以表示指针指向的是指针类型，因此我们将numPtr的地址赋值给它。本示例的运行结果我们可以用一幅图来理解：

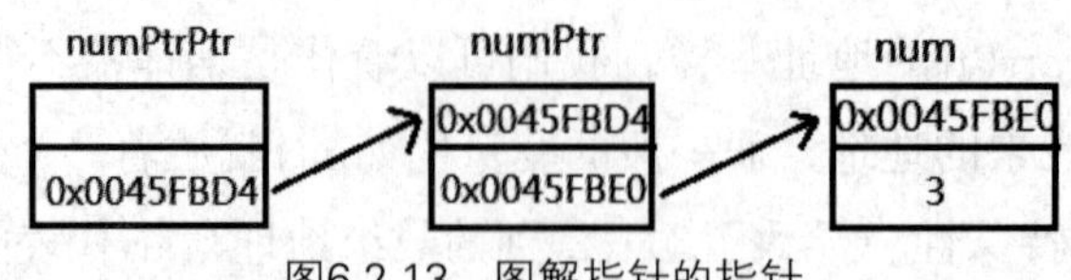

图6.2.13 图解指针的指针

如图6.2.13所示，numPtr的值是num的地址“0045FBE0”，而指针numPtr自己的地址则是指针的指针numPtrPtr的值“0045FBD4”。这样看来，指针的指针就跟普通的指针没什么两样。不过一般情况下，我们也不使用这种不直观的类型，指针的指针一般用于函数传参数时修改传入的指针。

6.2.9 const_cast与reinterpret_cast

我们之前讲过C++有几个自己的类型转换操作符，现在在讲解了指针以后，我们就可以比较好地讲解const_cast和reinterpret_cast了。

const_cast的作用是将一个变量转换成const限定的常量。

动手写6.2.13

```
01  #include <iostream>
02  using namespace std;
03
04  // const_cast
05  // Author: 零壹快学
06  int main() {
07          int intNum = 2;
08          intNum = 3;
09          // const_cast后面必须跟引用或指针类型
10          const int &constIntNum = const_cast<int&>(intNum);
11          // 转换以后数字不能再修改
12          // constIntNum = 2;
13          return 0;
14  }
```

动手写6.2.13展示了const_cast的用法，我们看到intNum在转换前是可以修改的变量，在转换以后就变成常量，不能再进行修改了。

reinterpret_cast比较特殊。reinterpret的意思是重新解读，而reinterpret_cast就是将一段数据按照二进制表示重新解读成另一种数据，所以它其实并没有对数据做任何改变，只是改变了类型。

动手写6.2.14

```
01  #include <iostream>
02  using namespace std;
03
04  // reinterpret_cast
05  // Author: 零壹快学
06  int main() {
07          int intNum = 0x00646362;
08          int *intPtr = &intNum;
09          char *str = reinterpret_cast<char *>(intPtr);
10          cout <<"str的值为: "<< str << endl;
11          return 0;
12  }
```

动手写6.2.14展示了reinterpret_cast的用法，运行结果如图6.2.14所示：

```
str的值为: bcd
```

图6.2.14 reinterpret_cast

在示例中，我们可以看到reinterpret_cast将一个指向整数的指针转换成了指向字符的指针，也就是C风格的字符串。十六进制的62、63和64在ASCII码中分别代表b、c和d，所以最后打印出了“bcd”。关于C风格的字符串我们在本章“知识拓展”部分还会进行详解，在这里我们只需要了解reinterpret_cast的作用就是将一个类型的指针转换成另一个类型的指针，而指针指向的内存将被原封不动地重新解读。当然，这也是一种比较危险的操作。

6.3 动态数组

在本章第一节中我们讲解了数组的相关知识，那一种数组又称为静态数组，因为它的大小从头到尾都是固定的。在本小节中我们将会讲解动态数组的相关知识。动态数组，严格意义上来说，并不是数组，程序会使用指针来承载malloc()或者new操作符动态分配的内存空间，然后在需要更新数组大小或者释放空间的时候使用free()或者delete。

6.3.1 使用malloc()和free()动态分配内存

malloc()函数可以在一个叫作堆（Heap）的内存空间中分配指定字节数的内存。与作用域中在栈（Stack）中分配内存的局部变量不同，堆中的内存一旦分配，就不会自动被释放，直到程序调用free()函数。

动手写6.3.1

```
01 #include <iostream>
02 using namespace std;
03
04 // 使用malloc()
05 // Author: 零壹快学
06 int main() {
07         int *arr = (int*)malloc(5 * sizeof(int));
08         int *ptr = arr;
09         for ( int i = 0; i < 5; i++ ) {
10               *ptr = i;
11               cout << *ptr <<"";
12               ptr++; // 也可以直接写成 cout << *(ptr++) <<"";
13         }
14         cout << endl;
15         free(arr);
16         arr = NULL;
17         return 0;
18 }
```

动手写6.3.1展示了malloc()和free()的应用。运行结果如图6.3.1所示：

```
0 1 2 3 4
```

图6.3.1　malloc()和free()的使用

本示例中我们先使用malloc()分配了大小为“5 * sizeof(int)”字节的内存。malloc()的分配单位是字节，所以我们要用sizeof操作符获取整型int的字节数。此外，由于malloc()返回void *指针，因此我们也要将返回值转换为需要的指针类型；分配完内存之后我们就用另一个指针来遍历这个动态的数组，最后需要记得调用free()函数释放内存。

对于动态数组来说，因为内存不会自动释放，所以如果我们遗漏free()，就会发生内存泄漏（Memory Leak），也就是说已分配的内存会一直被占用，别的程序就不能使用这一块内存了。这个概念可以用现实中更衣室的柜子来类比：更衣室的柜子在出租之后就会被上锁，顾客使用了一段时间后把东西拿了出来，关上柜子却忘记归还钥匙就离开了。这个情况下管理人员没有钥匙，尽管柜子是空的，却也不能再供给另一名顾客使用。堆中的内存也是如此，如果不释放，就算使用那块内存的程序已经终止，那块内存也是处于被占用的状态。

另一个值得注意的点是，在调用free()函数的时候我们不能使用ptr，而必须使用arr。这是因为

ptr在遍历结束的时候指向动态数组的末尾元素，如果使用free()释放5 * sizeof(int)字节内存，就会触碰到最后一个元素后面未知的内存段。

在C++程序中，如果使用动态内存分配，我们一定要让free()或delete与malloc()和new匹配，即在程序中一次内存分配一定要有相对应的一次相同大小的内存释放。释放多次相同的内存、没有释放内存以及释放内存大小不匹配都是不能接受的。

此外，在释放内存后将指针重新赋值为NULL是一个非常好的习惯。这是因为对指针用了free()之后并不会改变指针的值，也就是指向的地址。我们在之后的程序中可能会忘记这个地址的内存已经被释放，而再次使用这个指针，这就会导致程序异常。这个时候如果指针是NULL，就会被许多条件检查拦截（就像把指针初始化为NULL一样），从而避免很多潜在的问题。

6.3.2 使用new和delete动态分配内存

malloc()和free()函数在C语言中就存在了，C++只是继承了它们。为了更好地支持对象的内存管理，C++引入了new和delete两个操作符。

动手写6.3.2

```
01 #include <iostream>
02 using namespace std;
03
04 // 使用new和delete
05 // Author: 零壹快学
06 int main() {
07         int *numPtr = new int(3);
08         cout << *numPtr << endl;
09         delete numPtr;
10         int *arr = new int[5];
11         int *ptr = arr;
12         for ( int i = 0; i < 5; i++ ) {
13                 *ptr = i;
14                 cout << *ptr <<"";
15                 ptr++; // 也可以直接写成 cout << *(ptr++) <<"";
16         }
17       cout << endl;
```

```
18         delete [] arr;
19         arr = NULL;
20         return 0;
21 }
```

动手写6.3.2展示了new和delete操作符的使用。运行结果如图6.3.2所示：

图6.3.2 new和delete的用法

从本示例中可以发现，new和delete在总体上还是与malloc()和free()类似的，由于new与类型相关，因此写法上还会更简洁一些。在本示例中，我们使用了两组new/delete对，第一个new分配了一个初始值为3的整数（这里用到了类似于构造函数的初始化方法，我们在后面面向对象的章节中会介绍），这个语句也可以写成“int *numPtr = new int;”，这样写的话整型就只有一个未知的初值。这是因为在分配了内存却没有赋值的情况下，该内存段中可能还保留着上一次分配后存储的某个值。

第一组new/delete的语法相对来说比较直观。第二个new后面跟着变量类型以及元素的个数，这样的语法类似于数组的创建，而实际上也表示分配一段能放下5个int大小的内存。在这里我们不需要像使用malloc()那样指定以字节为单位的内存大小，这样也使得程序更具可读性。对于delete来说，如果我们用new分配了数组，那么就需要在delete和指针名之间加上一对方括号（[]）以表示释放数个指针类型大小的空间，不然我们只会像delete numPtr那样删除一个元素，这也是new/delete与malloc()/free()的一个重要区别。

6.4 多维数组

数组可以表示线性一维的数据序列，而现实世界中存在着许多二维、三维，甚至高维的数据序列。比如一个二维平面中每个单位区域的某种属性就是二维的序列（电脑屏幕每个像素的颜色），而三维空间每个单位区域的某种属性就是三维的序列（房间中每单位体积的空气密度）。为了表示这些多维的数据序列，我们就需要使用多维数组。

6.4.1 多维数组的创建与初始化

与一维数组类似，多维数组也可以通过初始化列表来初始化，只是形式上稍有区别。

动手写6.4.1

```
01 #include <iostream>
02 using namespace std;
03 
04 // 多维数组的创建
05 // Author: 零壹快学
06 int main() {
07       int arr1[3][3] = { {0, 1, 2},
08                          {3, 4, 5},
09                          {6, 7, 8} };
10       int arr2[3][3] = { 0, 1, 2, 3, 4, 5, 6, 7, 8 };
11       int arr3[2][2][2] = { { {0, 1},
12                               {2, 3} },
13                             { {4, 5},
14                               {6, 7} } };
15       return 0;
16 }
```

动手写6.4.1展示了多维数组的初始化。其中前两个数组arr1和arr2用两种形式初始化了相同的两个3行3列的二维数组。在第一种方式中，我们为每一行的元素都加了一个花括号，这样阅读起来也更加清晰。arr3是一个三维数组，我们可以把前两个数组看作平面的方阵，而把它看作三维的立方体，前后左右上下各有4个元素，如图6.4.1所示：

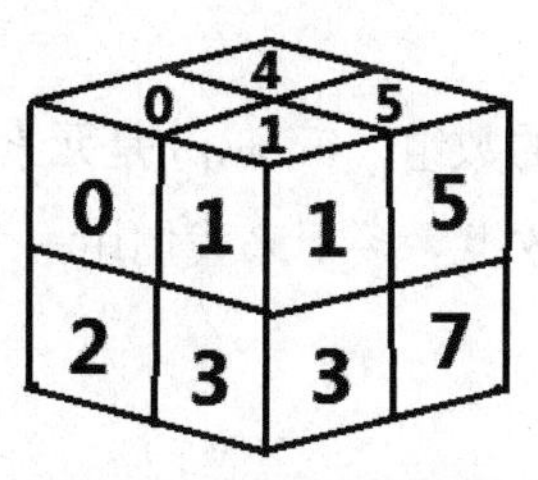

图6.4.1　三维数组图解

6.4.2　多维数组的遍历

多维数组需要使用多重循环来遍历。

动手写6.4.2

```
01 #include <iostream>
02 using namespace std;
03 
04 // 多维数组的遍历
```

```
05  // Author: 零壹快学
06  int main() {
07      int arr1[3][3] = { {0, 1, 2},
08                         {3, 4, 5},
09                         {6, 7, 8} };
10      for ( int i = 0; i < 3; i++ ) {
11          for ( int j = 0; j < 3; j++ ) {
12              cout << arr1[i][j] <<"";
13          }
14          cout << endl;
15      }
16      return 0;
17  }
```

动手写6.4.2展示了二维数组的遍历。运行结果如图6.4.2所示：

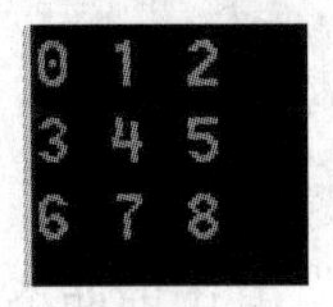

图6.4.2　多维数组的遍历

我们可以看到，读取二维数组的元素需要两个计数器来作为下标。内循环遍历的是数组的第二维，也就是同一行中的元素；而外循环遍历的是数组的第一维。

6.4.3　多维数组与数组

二维数组的本质其实是一个数组的数组。int arr[3]是元素为int而大小为3的数组，而int arr1[3][3]是元素为int arr[3]的类型而大小为3的数组。接下来我们用一个示例和一幅图来理解多维数组在内存中的结构。

动手写6.4.3

```
01  #include <iostream>
02  using namespace std;
03
04  // 多维数组的理解
05  // Author: 零壹快学
06  int main() {
07      int arr1[3][3] = { {0, 1, 2},
08                         {3, 4, 5},
```

```
09                         {6, 7, 8} };
10        cout <<"arr1: "<< arr1 << endl;
11        for ( int i = 0; i < 3; i++ ) {
12              cout <<"arr1["<< i <<"]: "<< arr1[i] << endl;
13              for ( int j = 0; j < 3; j++ ) {
14                    cout << arr1[i][j] <<"";
15              }
16              cout << endl;
17        }
18        return 0;
19  }
```

动手写6.4.3打印了数组名和子数组名所代表的地址，运行结果如图6.4.3所示：

```
arr1: 0035F7F4
arr1[0]: 0035F7F4
0 1 2
arr1[1]: 0035F800
3 4 5
arr1[2]: 0035F80C
6 7 8
```

图6.4.3　多维数组的理解

我们可以用一幅图来形象展示二维数组在内存中的排列：

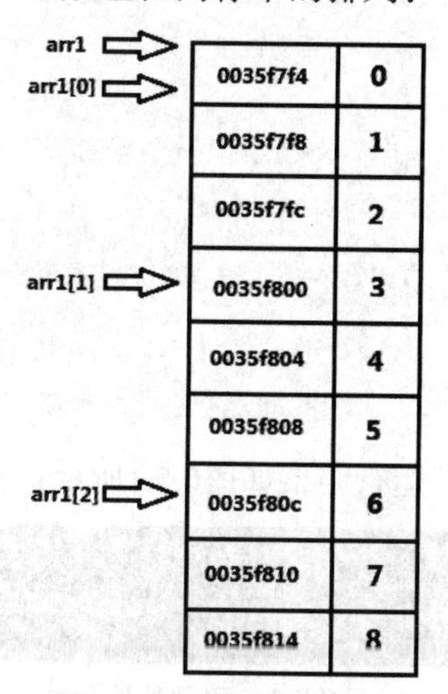

图6.4.4　图解多维数组

从图6.4.4中我们可以看到，二维数组在内存中其实也是线性排列的。arr1指向第一个元素，而每一行的子数组名则指向每一行的第一个元素，因此这样一个二维数组就相当于是一个元素比较大的普通数组，这个数组的每个元素就是子数组名代表的一维数组。此外，子数组名也可以像数组名那样当作地址赋值给指针。

6.5 引用

引用（Reference）是C++在C指针的基础上更新改进的一个概念。引用在使用的时候比指针方便，并且不需要考虑类似空指针的问题。不过我们并不能将它等同为指针，这两者在编程中的分工还是比较明确的。

6.5.1 引用的使用

引用的本质是一个变量的别名（Alias），因此它一定要与某个变量绑定。这就好像我们给小明起了一个别名叫阿明，那么我们此后任何时候提及阿明都自动与小明相关，而且也不会再指代别人；而阿明这个名字也不会是独立于任何人存在的，我们不可能提到阿明这个名字，却不知道我们在说谁。

动手写6.5.1

```
01  #include <iostream>
02  using namespace std;
03
04  // 引用的使用
05  // Author: 零壹快学
06  int main() {
07          int num = 3;
08          int &numRef = num;
09          cout <<"num是"<< num <<", numRef是"<< numRef << endl;
10          numRef = 4;
11          cout <<"num是"<< num <<", numRef是"<< numRef << endl;
12          return 0;
13  }
```

动手写6.5.1展示了引用的使用，运行结果如图6.5.1所示：

```
num是3, numRef是3
num是4, numRef是4
```

图6.5.1　引用的使用

我们可以看到，引用和指针在语法上的区别就是在创建的时候把“*”改成“&”。这里我们把numRef与num绑定，也就是说numRef就是num的别名，因此numRef的值与num相同；而当我们修改numRef的时候，我们实际也在修改num，这在运行结果中可以体现。如果我们不给numRef初始化，编译器将会报错。

此外，我们在使用引用的时候不需要像使用指针那样考虑解引用和取地址的操作，使用引用就跟使用变量一样直观。其实在一般的程序中我们并不会像动手写6.5.1这样使用引用，因为这给我们的程序带来的好处十分有限。在一般情况下引用都是用于函数的参数传递，我们将在下一章中讲解这一概念。

6.5.2　引用与指针的区别

引用与指针有如下两点区别：

1. 引用必须初始化为某个变量的别名，而指针却可以为空。

2. 修改引用时修改的是引用所代表的原变量的值，而修改指针时则是修改指针所指向的地址。

这两点区别中的第一点比较容易理解，接下来我们用一个示例讲解第二点：

动手写6.5.2

```
01  #include <iostream>
02  using namespace std;
03
04  // 引用与指针的比较
05  // Author: 零壹快学
06  int main() {
07          int num1 = 1;
08          int num2 = 2;
09          int &numRef = num1;
10          int *numPtr = &num1;
11
12          cout <<"numPtr指向"<< *numPtr << endl;
13          numPtr = &num2;
14          cout <<"修改后，numPtr指向"<< *numPtr << endl;
15
16          cout <<"numRef指代"<< numRef << endl;
17          numRef = num2;
18          cout <<"修改后，numRef指代"<< numRef << endl;
19          cout <<"num1现在是"<< num1 <<", num2现在是"<< num2 << endl;
20          return 0;
21  }
```

动手写6.5.2展示了引用和指针的第二个区别。运行结果如图6.5.2所示：

```
numPtr指向1
修改后，numPtr指向2
numRef指代1
修改后，numRef指代2
num1现在是2，num2现在是2
```

图6.5.2　引用和指针的比较

我们可以看到，指针numPtr一开始指向num1，而在赋值后指向了num2。引用numRef一开始也初始化为num1的别名，当我们尝试将num2赋值给它时，看起来像是让numRef指代num2，然而实际的行为却是将num1的值修改成了2。对于引用的这种不直观行为，其实我们只要记住一点：引用就是变量的别名，因此修改引用就仅仅是修改原始变量而已。

6.5.3　const引用

const引用是const变量的别名。由于const变量的值不能随意修改，而修改普通引用将会导致原变量的值改动，因此我们也需要一种专门用于const变量的引用。

动手写6.5.3

```
01  #include <iostream>
02  using namespace std;
03
04  // const引用
05  // Author: 零壹快学
06  int main() {
07          const float pi = 3.14f;
08          const float &piConstRef = pi;
09          float &piRef = pi;
10          return 0;
11  }
```

动手写6.5.3展示了const引用的初始化，以及将非const引用绑定到const变量的结果。编译该程序会导致如图6.5.3所示的编译错误：

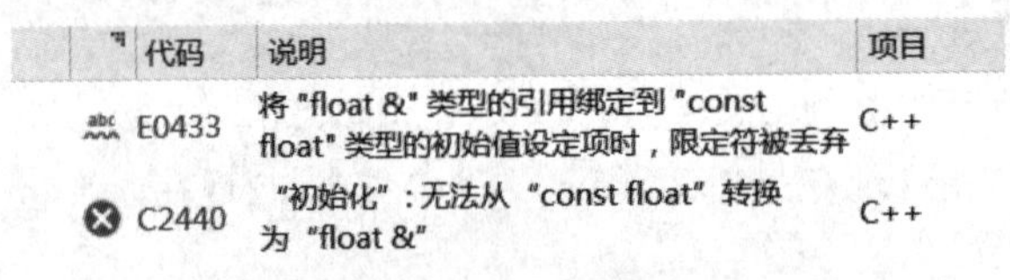

代码	说明	项目
E0433	将 "float &" 类型的引用绑定到 "const float" 类型的初始值设定项时，限定符被丢弃	C++
C2440	"初始化"：无法从 "const float" 转换为 "float &"	C++

图6.5.3　不能用非const引用绑定const变量

我们可以看到，非const引用是不能绑定到const变量的，这是因为非const引用可以随便修改，而如果我们使用const引用，不管是修改原变量pi还是const引用piConstRef，编译器都会报错。

6.6 小结

这一章介绍了C++中的几个重要概念：数组、指针和引用。数组是一串数据序列，数组名代表着首元素的地址，但是不能被修改。数组的类型和大小在创建时就是固定的。指针是存放内存地址的变量，可以用解引用操作获取地址中存放的数据。引用是变量的别名，必须从一开始就与变量绑定，不能凭空存在。在讲解了这些概念的基本语法和应用后，我们也介绍了一些特殊的情况，比如指针的指针、多维数组以及动态内存的分配。

6.7 知识拓展

6.7.1 C风格字符串

C++的string可以有效地进行字符串的各种操作，但是为了兼容C风格的字符串，还是提供了c_str()函数用来取得C风格的字符串。这也是在学习C++时有必要了解的一种数据类型。接下来，我们用一个示例来了解C风格字符串的初始化和需要注意的地方。

动手写6.7.1

```
01 #include <iostream>
02 using namespace std;
03
04 // C风格字符串
05 // Author: 零壹快学
06 int main() {
07         // 用字面量初始化，但是字面量是const的
08         // 之后str1不能修改
09         const char *str1 = "Hello";
10         cout <<"将str1的字符串结尾空字符转换成数字打印出来："<< (int)str1[5]
           << endl;
11         // C风格字符串一定要多一个'\0'
12         char charArr[6] = { 'w', 'o', 'r', 'l', 'd', '\0' };
13         char *str2 = charArr;
14         // C风格字符串也可以用cout打印，空字符'\0'不会显示
15         cout <<"打印str2："<< str2 << endl;
16         return 0;
17 }
```

动手写6.7.1展示了C风格字符串的使用，运行结果如图6.7.1所示：

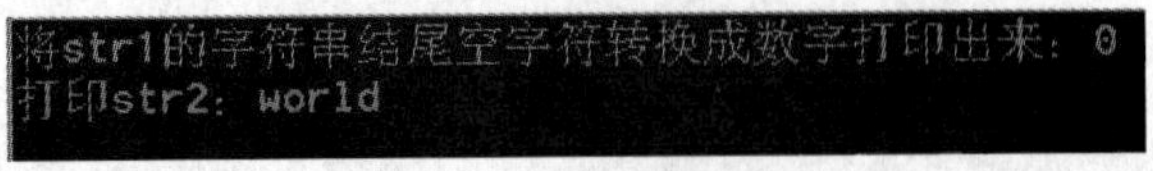

```
将str1的字符串结尾空字符转换成数字打印出来：0
打印str2：world
```

图6.7.1　C风格字符串

我们可以看到，C风格字符串就是一个字符char的指针，最后一定要多一个空字符“\0”，它的ASCII码数值是0。这个空字符在字面量或者打印C风格字符串的时候不会显示，但它的意义是相当重要的。

因为C风格字符串是一个指针，相当于只有开头字符地址的信息，我们并不知道这个字符串有多长，所以在各种操作中，我们需要通过判断当前字符是不是空字符来判定字符串是否结束，不然在读到字符串最后一个字符之后，程序会因为不知道字符串已经结束而继续读取后面内存中不相关的数据。这个空字符已经是最小的冗余了，一般的字符串类可能会存放字符串的长度，那就需要额外的数据了。

在C语言的stdio.h头文件中定义了很多处理C风格字符串的函数，在这里就不拓展介绍了。

6.7.2　栈与堆

在前面的内容中，我们介绍了动态分配内存的内容，这里我们再比较和总结一下栈和堆的异同。栈和堆都是内存中的一块有限区域，可以分配存放各种数据。

栈的内存是由系统自动分配给局部变量或函数参数的，并且紧密地朝着一个方向分配。我们可以把栈看成一个盒子，在里面放各种东西时，东西只能往上放。也就是说在局部变量定义的时候，系统把局部变量放到现有的其他数据的上面，到了作用域结束的时候把变量拿出来以销毁变量，接下来的局部变量又可以使用这块空间了。

堆的内存则是由程序员在程序中指定分配的。在使用了malloc()或new之后，系统会从堆中查找大小合适的空位，并将地址返回，数据就储存在那里。这有点像酒店，前台找到一个空房间后将房间的钥匙交给顾客，顾客就可以入住；而根据顾客的人数不同，前台也会寻找不同的房间分配给客人入住，如单人顾客将会住进大床房，而同一家庭的顾客会住进家庭房或套房。堆的内存分配不像栈，它是随机分配的。栈的有序也是因为栈中的数据有着跟作用域一样的层级结构，而堆由于是随机分配的，可能会出现小块的空缺，导致塞不下大块数据，这也就是碎片化的问题。

除了栈和堆之外，C++程序还有别的内存分区，它们在程序运行前都是确定的。数据区用来存放全局变量、静态变量和字面常量，其中初始化和未初始化的变量分别放在两个区域，而只读的常量或字符串字面量等放在只读区域。代码区则是用来存放各个函数体的二进制代码，在程序执行的时候从中获取指令。

6.7.3　动态多维数组

在前面的内容中我们介绍了动态一维数组的内存分配，既然我们已经讲解过多维数组，那么接下来就让我们学习一下二维数组的动态内存分配。在这里我们只讲解大小固定的数组的动态内存分配，不固定的情况会更复杂一点。

动手写6.7.2

```
01 #include <iostream>
02 using namespace std;
03 
04 // 动态分配二维数组
05 // Author: 零壹快学
06 int main()
07 {
08       const int dim = 3;
09       // 动态分配一维数组
10       // 然后将指针转成二维数组的指针
11       // 也就是指向一维数组的指针
12       int *ptr = new int[dim * dim];
13       int (*mat)[dim] = (int(*)[dim])ptr;
14       for ( int i = 0; i < dim; i++ ) {
15            for ( int j = 0; j < dim; j++ ) {
16                 mat[i][j] = i * dim + j;
17            }
18       }
19       for ( int i = 0; i < dim; i++ ) {
20            for ( int j = 0; j < dim; j++ ) {
21                 cout << mat[i][j] <<"";
22            }
23            cout << endl;
24       }
25       //释放内存时只需要操作一开始的一维数组指针就行
26       delete[] ptr;
27       return 0;
28 }
```

动手写6.7.2展示了二维数组内存的动态分配，运行结果如图6.7.2所示：

图6.7.2　动态二维数组的内存分配

动态分配多维数组的关键就是计算出整个数组的大小，然后分配一维内存。需要注意的是，在这里我们不能逐行分配，因为系统每次分配堆中的内存不一定会返回邻近的地址，这样分配出来的数组也不是真正的数组。而分配完内存后，我们所要做的就是把普通指针转换为指向n-1维数组的指针，这样这个指针就会有这些维度的信息了。

第7章 函数

函数（Function）是C++中的一个核心概念，在一些语言中类似的概念也叫作方法（Method）。我们之前讲过，计算机程序的核心组成是数据和指令，函数可以把这两者结合起来抽象成一个宏观的操作。前面介绍过的main()函数或者vector的push_back()都是函数。对于push_back()来说，它所做的操作就是把一个数据元素推入当前的vector。函数的实现中可能有许多语句或指令，也会额外声明很多局部的变量，但是对于这个函数的使用者来说，他并不需要关心函数的实现细节，只要知道函数可以做什么就行了。这就好像现实中的音乐播放器一样，我们接入输入数据源（如磁带、CD、手机）后就可以播放、暂停或是调整音量，而机器内部繁复的电路我们是看不见的。如果我们编程时不用函数，就好像摆弄裸露的电路板一样令人头疼。

7.1 函数简介

在这一节中，我们先介绍函数的定义及其各个组成部分。函数作为一个黑匣子，需要定义输入接口的个数和类型，也就是参数，对于收音机来说就是电源插头、天线以及按钮。函数也要定义输出内容的类型，对于收音机来说就是声音，一般的函数只输出一个值。定义完函数之后，在使用的时候我们要给定实际的输出，对于收音机来说就是把插头接到插座、将信号传到天线和按下播放按钮，完成这些操作之后收音机就会按照一系列看不见的原理输出声音，这也就是函数调用（Call）的过程。

7.1.1 函数的定义

我们在第3章中介绍了操作符，函数作为一种开发人员自定义的宏观操作，其组成元素也与操作符类似。操作符由符号本身、操作数和返回值结果组成，而函数也与此类似：符号对应着自定义的函数名，操作数对应着函数参数，而返回值结果对应着函数返回值。此外，函数定义还需要一个函数体来具体实现函数的操作。

动手写7.1.1展示了一个简单函数的定义。

动手写7.1.1

```
01  #include <iostream>
02  using namespace std;
03
04  // 函数定义
05  // Author: 零壹快学
06  int max(int a, int b) {
07          return ((a > b) ? a : b);
08  }
```

我们可以看到，在这个函数定义中，函数名是max，函数参数是a和b，它们的类型都是int。在这里，函数定义中的参数也叫作形式参数或形参（Parameter），在后面的章节中我们会讲解形参与实参的区别。此外，这个函数的返回值类型（Return Type）也是int。在括号中的参数列表之后紧跟着的就是被花括号包裹的函数体了。这个函数体中唯一的一个语句是返回语句，它将a和b中的最大值返回给了使用函数的外层语句。

在这里，函数体外的函数名、形参以及返回值的整体又称为函数签名（Function Signature）或者接口（Interface）。之前我们将函数与音乐播放器做类比，对于音乐播放器来说，接口就是用户可以互动或者看得见的部分，比如按钮、旋钮等。对于计算机科学来说，接口背后隐藏实现的思想是非常重要的，我们在后面讲解面向对象编程的时候也会反复强调这一点。

7.1.2 函数调用

在定义了函数之后，我们需要在实际应用中调用这个函数。调用函数时我们使用函数调用操作符“()”（Function Call Operator），并将实际的参数值，也叫实参（Argument），填入括号中。形参和实参的区别用数学中的概念来解释就非常易懂：对于y=kx+b这个函数来说，k和b这两个常量是在函数内部定义的局部变量，x是函数定义中的形参，而y是函数的返回值；而当我们把数值1代入公式的时候，函数调用的实际返回值就是k+b，在这里函数的实参就是1。

动手写7.1.2

```
01  #include <iostream>
02  using namespace std;
03
04  // 函数调用
05  // Author: 零壹快学
06  int max(int a, int b) {
07          return ((a > b) ? a : b);
08  }
09
```

```
10 int main() {
11         int a = 3;
12         int b = 4;
13         int c = max(a, b);
14         cout <<"a与b的最大值是："<< c << endl;
15         return 0;
16 }
```

动手写7.1.2展示了函数调用。运行结果如图7.1.1所示：

a与b的最大值是：4

图7.1.1 调用max()函数

我们可以看到，在调用max()函数的时候我们传入了实参a和b，而函数在返回的时候将返回值赋值给了c。

7.1.3 函数的作用域

函数体的定义是用花括号框起来的，这样我们自然会想到作用域的定义。函数作为程序中相对独立的一个有机体，也有自己的作用域。反过来说，如果函数没有作用域，其中定义的局部变量还会干扰外层的变量，这样就违背了函数隐藏实现的初衷。

动手写7.1.3

```
01 #include <iostream>
02 using namespace std;
03
04 // 函数局部作用域
05 // Author: 零壹快学
06
07 void printSomething() {
08         int something = 3;
09         {
10                 int something = 5;
11                 cout <<"在printSomething开头，something的值为："<<
               something << endl;
12         }
13         cout <<"在printSomething最后，something的值为："<< something << endl;
14 }
15
```

```
16 int main() {
17       // printSomething中这个变量定义不可见
18       int something = 4;
19       printSomething();
20       cout <<"在main函数中，something的值为："<< something << endl;
21       return 0;
22 }
```

动手写7.1.3展示了函数的局部作用域。运行结果如图7.1.2所示：

```
在printSomething开头，something的值为：5
在printSomething最后，something的值为：3
在main函数中，something的值为：4
```

图7.1.2　函数的局部作用域

我们可以看到，函数中也可以添加局部作用域块，而其中定义的局部变量会屏蔽函数一开始定义的同名变量。此外，在main()函数中调用printSomething前定义的局部变量在函数定义中不可见，这点与控制语句的情况不一样。

动手写7.1.4

```
01 #include <iostream>
02 using namespace std;
03
04 // 全局变量对函数的影响
05 // Author：零壹快学
06 int something = 5;
07
08 void printSomething() {
09       cout <<"在printSomething最后，something的值为："<< something << endl;
10 }
11
12 int main() {
13       printSomething();
14       cout <<"在main函数中，something的值为："<< something << endl;
15       return 0;
16 }
```

动手写7.1.4展示了全局变量对函数的影响，运行结果如图7.1.3所示：

```
在printSomething最后，something的值为：5
在main函数中，something的值为：5
```

图7.1.3　全局变量

我们可以看到，无论是在自定义函数printSomething中还是在main()函数中，全局变量都是可见的。

动手写7.1.5

```
01  #include <iostream>
02  using namespace std;
03
04  // 函数作用域的综合示例
05  // Author: 零壹快学
06  int something = 5;
07
08  void printSomething() {
09          cout <<"在printSomething开头，something的值为："<< something << endl;
10          int something = 3;
11          cout <<"在printSomething最后，something的值为："<< something << endl;
12  }
13
14  int main() {
15          cout <<"在main函数开头，something的值为："<< something << endl;
16          int something = 4;
17          printSomething();
18          cout <<"在main函数最后，something的值为："<< something << endl;
19          return 0;
20  }
```

动手写7.1.5展示了函数同时存在全局变量和局部变量的情况，运行结果如图7.1.4所示：

```
在main函数开头，something的值为：5
在printSomething开头，something的值为：5
在printSomething最后，something的值为：3
在main函数最后，something的值为：4
```

图7.1.4　函数作用域的综合示例

我们可以看到，printSomething()函数中声明的局部变量something屏蔽了同名的全局变量something，因此在声明something之后打印的结果就从5变成了3；而main()函数中的局部变量也屏蔽了全局变量，因此打印的结果也从一开始的5变成了4。这里需要注意的是，虽然main()函数调用了printSomething()，但是两个函数还是并列的关系，函数定义都处于全局作用域之下。

此外，printSomething()的返回值类型是void，我们会在7.1.5小节中讲解这一概念。

7.1.4 参数

函数的参数分为形参和实参两种，实参的个数必须与形参相同，而实参的类型也必须与形参相同，或者至少能进行隐式转换。一个函数也可以没有任何参数，这种情况下括号中就是空的。接下来我们来看一个错误调用函数的示例：

动手写7.1.6

```
01 #include <iostream>
02 using namespace std;
03
04 // 实参与形参不匹配
05 // Author: 零壹快学
06 void doSomething(int a) {
07 }
08
09 void doNothing() {
10 }
11
12 int main() {
13         doSomething();
14         doNothing(3);
15         return 0;
16 }
```

动手写7.1.6展示了实参数量与形参数量不匹配的情形，编译器会报出如图7.1.5所示的错误：

代码	说明	项目
E0165	函数调用中的参数太少	C++
E0140	函数调用中的参数太多	C++
C2660	“doSomething”：函数不接受 0 个参数	C++
C2660	“doNothing”：函数不接受 1 个参数	C++

图7.1.5 实参与形参不匹配

doSomething()函数需要一个参数而实际一个都没有传入，而doNothing()函数不需要任何参数却实际传入了一个参数，这两种情况都是编译器无法接受的。

如果需要更清晰地表达函数不需要参数的意思，我们可以简单地在括号中只写一个void作为参数列表，就像doNothing(void)这样。

7.1.5　返回值

对于每个函数，我们都需要指定它的返回值类型。之前我们已经展示过指定int类型返回值的方法，以及如何将返回值赋值给其他变量，这对其他变量类型来说也是一样的。

虽然一个函数可能会返回一个值，但是我们也不一定要用这个值，类似于“doSomething();”这样的语句也是没有问题的，只是有时候我们可能确实忘了使用函数的返回值了。如果函数没有返回值，我们也需要指定它的返回值类型为void，这样一来，我们在函数体中就不需要添加return语句了。

接下来我们来看几个错误使用返回值的示例。

动手写7.1.7

```
01  #include <iostream>
02  using namespace std;
03
04  // 错误使用返回值为void的函数
05  // Author: 零壹快学
06  void doNothing() {
07          return 1;
08  }
09
10  int main() {
11          int num = doNothing();
12          return 0;
13  }
```

动手写7.1.7展示了两种错误使用返回值为void的函数的情况，编译器会报出如图7.1.6所示的错误：

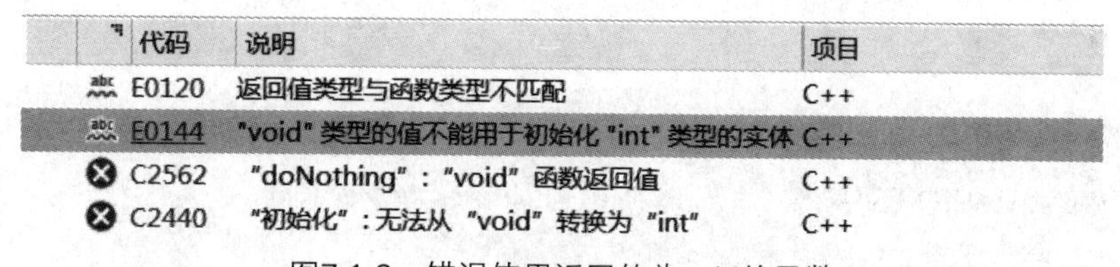

代码	说明	项目
E0120	返回值类型与函数类型不匹配	C++
E0144	"void" 类型的值不能用于初始化 "int" 类型的实体	C++
C2562	"doNothing"："void" 函数返回值	C++
C2440	"初始化"：无法从 "void" 转换为 "int"	C++

图7.1.6　错误使用返回值为void的函数

我们可以看到，在doNothing()函数定义的函数体中我们添加了return语句，这与void的返回值类型不匹配。而在main()函数中我们也将doNothing的返回值赋值给了num，这显然也是不行的。不过返回值为void的函数也可以用“return;”这样的语句提前退出函数，而不会返回任何实际数值。

动手写7.1.8

```
01 #include <iostream>
02 using namespace std;
03
04 // 返回值为void的函数中的提前返回
05 // Author: 零壹快学
06 void doNothingForOne(int num) {
07       if ( num == 1 ) {
08           return;
09       }
10       cout <<"num的值为: "<< num << endl;
11 }
12
13 int main() {
14        doNothingForOne(2);
15        doNothingForOne(1);
16        doNothingForOne(0);
17        return 0;
18 }
```

动手写7.1.8展示了返回值为void的函数的提前返回，运行结果如图7.1.7所示：

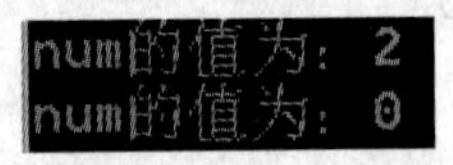

图7.1.7　返回值为void的函数的提前返回

我们可以看到，doNothingForOne()函数在参数为1的时候将会直接返回，而不执行后面的打印语句。这里的return只提供了跳转的功能，而并不会返回任何值。

动手写7.1.9

```
01 #include <iostream>
02 using namespace std;
03
04 // 错误使用返回值为int的函数
05 // Author: 零壹快学
06 int doSomething() {
07      int ret = 1;
08 }
09
```

```
10 int main() {
11         doSomething();
12         return 0;
13 }
```

动手写7.1.9展示了关于返回值为int的函数的错误，编译器会报出如图7.1.8所示的错误：

代码	说明	项目
C2562	"doNothing"："void"函数返回值	C++
C2440	"初始化"：无法从"void"转换为"int"	C++

图7.1.8 返回值为int的函数的错误

在函数定义中我们只定义了一个变量，但没有将其返回，由于函数的返回值类型不是void，这样编译器会报错。不过在main()函数中有些编译器会忽略没有返回值的情况而不报错。

7.1.6 静态局部对象

有的时候我们会希望有一种可以和函数绑定的变量，比如说当我们在函数行为之外还想统计函数调用次数的话，就需要一个计数器变量在每次调用函数的时候递增。

我们先来看看现有的方法是否适合解决这个问题：函数中的局部变量在每次函数返回之后都会销毁，因此不能作为计数器；全局变量和参数不会随着函数调用的生命周期变化，可以作为计数器，但是它们是全局可见的，这就意味着如果我们有10个这样的函数，就需要10个在函数外定义的计数器变量，这显然不符合函数隐藏实现的思想，还非常容易出错。

为了解决这一问题，C++引入了静态局部对象。这种对象不会随着函数返回而销毁，而是从程序开始到结束一直存在。它与全局对象的区别就是其只在函数的作用域中可见。

动手写7.1.10

```
01 #include <iostream>
02 using namespace std;
03
04 // 静态局部对象
05 // Author: 零壹快学
06 void printAndCnt(int num) {
07         static int cnt = 0;
08         cnt++;
09         cout <<"打印数字："<< num << endl;
10         cout <<"函数被调用了"<< cnt <<"次"<< endl;
11 }
12
```

```
13 int main() {
14       for ( int i = 0; i < 10; i += 2 ) {
15             printAndCnt(i);
16       }
17       return 0;
18 }
```

动手写7.1.10展示了静态局部对象的应用。运行结果如图7.1.9所示：

图7.1.9　静态局部对象

在函数定义中我们定义了一个静态局部变量cnt并初始化为0，它与普通局部变量的区别就是有一个static关键字。在main()函数的循环中我们一共调用了5次，而cnt也从0累加到了5。

7.2 参数传递

在上一节中我们介绍了函数的形参和实参，这一节我们将会详细介绍两者的区别以及参数传递（Argument Passing）。在参数传递的英文术语中，参数是argument，也就是实参，参数传递就是要把实参传递，或者说赋值给形参。如果不知道实参与形参的具体区别，是无法理解这其中的含义的。

形参本质上只是一个函数内部的局部变量，它声明在参数列表中，这只是表明在调用函数的时候，我们将会把第一个实参的值赋值给第一个形参。就好比在一家公司的某个柜台上有3个信封，3名员工将3份文件分别放入这3个信封内，之后工作人员会将文件送到预定的目的地，并会有人对相应信封中的文件进行再编辑。

所以简单来说，形参就是可以操作的容器，实参是要放进去的内容，而参数传递就是将实参按指定顺序分别放进几个容器中。

7.2.1 按值传递

C++的参数传递主要有3种方式：按值传递、指针传递和引用传递。它们的本质都跟变量、指针以及引用的初始化一样。首先，我们讲一下按值传递。

对于基本类型来说，按值传递就是简单地把实参的值赋值给形参。对于自定义对象来说，由于涉及拷贝赋值，会比较复杂，因此我们在面向对象的章节再进行讲解。

动手写7.2.1

```
01  #include <iostream>
02  #include <string>
03  using namespace std;
04
05  // 按值传递
06  // Author: 零壹快学
07  void printThings(int intNum, float floatNum, string str) {
08          cout <<"打印整数: "<< intNum << endl;
09          cout <<"打印浮点数: "<< floatNum << endl;
10          cout <<"打印字符串: "<< str << endl;
11  }
12
13  int main() {
14          int a = 3;
15          float b = 1.0f;
16          string str = "string";
17          printThings(a, b, str);
18          return 0;
19  }
```

动手写7.2.1展示了按值传递的应用，运行结果如图7.2.1所示：

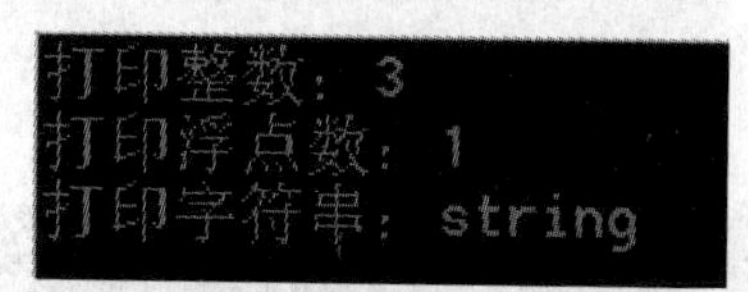

图7.2.1 按值传递

示例中的函数分别取3种类型的参数传递，对于整型和浮点型来说就是简单的赋值，而string由于是一种自定义对象，把它拷贝到形参时需要调用string重载的赋值运算符进行拷贝，在这里我们只需要理解为这样的拷贝会有额外的开销即可。按值传递也是本章大多数示例中会出现的情况。

7.2.2 指针传递

指针传递本质上和按值传递一样，只是将一般的对象换成了指针。由于自定义对象的大小可能会很大（如上一小节的string），赋值拷贝比较费时间，在这种情况下使用指针是非常高效的，因为它只需要传递地址大小的数据。不仅对于参数来说，而且在任何情况下我们都应该尽量使用自定义对象的指针。

另一个使用指针传递的情形是我们想要在函数中改变实参。我们先来看一个通过按值传递实现两个数字交换的示例：

动手写7.2.2

```
01 #include <iostream>
02 using namespace std;
03
04 // 按值传递实现swap
05 // Author: 零壹快学
06 void swap(int a, int b) {
07         int temp = a;
08         a = b;
09         b = temp;
10         cout <<"在交换函数末尾，a等于"<< a <<"，b等于"<< b << endl;
11 }
12
13 int main() {
14         int a = 3;
15         int b = 4;
16         cout <<"交换前，a等于"<< a <<"，b等于"<< b << endl;
17         swap(a, b);
18         cout <<"交换后，a等于"<< a <<"，b等于"<< b << endl;
19         return 0;
20 }
```

运行结果如图7.2.2所示：

```
交换前，a等于3，b等于4
在交换函数末尾，a等于4，b等于3
交换后，a等于3，b等于4
```

图7.2.2　按值传递实现swap

我们可以看到，在swap()函数的最后，形参a和b是成功交换的。那么为什么出了函数以后，a又变回3了呢？我们之前说过，形参本质上是作用域仅限于函数内部的局部变量，实参只是把值赋值或者说拷贝给形参，出了函数作用域后形参消失，而实参还是原来的样子。之前我们用文件和信封的例子来解释参数传递，其实例子中的每个员工都是把文件先复制了一份后再放进信封的，复制后的文件会被修改，然而原件却保持不变。这就是为什么main()函数中的a和b经过swap()函数之后并没有改变值。接下来我们再来看看使用指针实现数字交换的示例：

动手写7.2.3

```
01 #include <iostream>
02 using namespace std;
03 
04 // 指针传递实现swap
05 // Author: 零壹快学
06 void swap(int *pa, int *pb) {
07         int temp = *pa;
08         *pa = *pb;
09         *pb = temp;
10         cout <<"在交换函数末尾，a等于"<< *pa <<", b等于"<< *pb << endl;
11 }
12 
13 int main() {
14         int a = 3;
15         int b = 4;
16         cout <<"交换前，a等于"<< a <<", b等于"<< b << endl;
17         swap(&a, &b);
18         cout <<"交换后，a等于"<< a <<", b等于"<< b << endl;
19         return 0;
20 }
```

运行结果如图7.2.3所示：

图7.2.3 指针传递实现swap

这一次在swap结束之后，a和b也保留了交换后的结果，这是因为我们传递了地址，在函数中通过解引用操作将形参的地址修改成与实参的地址一样。还是拿信封和文件的例子来说明，这次员工们放入信封的是一个小纸条，上面写着电子版文件的网盘分享链接，这样在信封送给编辑者之后，工作人员通过链接得到并进行修改的文件就是原件了。

要注意指针传参本质上也是按值传递，只不过我们拷贝的不是整个文件，而是电子版文件的地址。这其中的区别希望读者可以反复消化理解。

7.2.3 引用传递

数字交换也可以通过引用传参实现：

动手写7.2.4

```
01 #include <iostream>
02 using namespace std;
03
04 // 引用传递实现swap
05 // Author: 零壹快学
06 void swap(int &a, int &b) {
07         int temp = a;
08         a = b;
09         b = temp;
10         cout <<"在交换函数末尾，a等于"<< a <<"，b等于"<< b << endl;
11 }
12
13 int main() {
14         int a = 3;
15         int b = 4;
16         cout <<"交换前，a等于"<< a <<"，b等于"<< b << endl;
17         swap(a, b);
18         cout <<"交换后，a等于"<< a <<"，b等于"<< b << endl;
19         return 0;
20 }
```

动手写7.2.4的运行结果与动手写7.2.3相同。我们可以看到，除了形参声明的时候需要加“&”符号以外，其余的地方都与之前按值传递的示例一样，这样我们就不需要考虑解引用和取地址的问题了。因此，在C++中使用引用传参是一种非常高效、简洁且不容易出错的方法。

需要注意的是，引用传参与按值传参和指针传参的不同之处在于，引用传参并没有复制值或者指针，在声明引用的时候我们只是声明了一个变量的别名，因此在这里引用的形参也只是实参的一个别名。

此外，指针和引用还能用来返回额外参数。我们知道函数定义中只能声明一个返回值类型，所以在我们需要多个返回值的时候就可以借助于指针和引用参数。当然我们要知道，一个拥有多个返回值的函数可能往往不是一个设计得很好的函数。

动手写7.2.5

```
01 #include <iostream>
02 using namespace std;
03
04 // 使用指针和引用参数返回额外返回值
05 // Author: 零壹快学
06 void getMinAndMax(int a, int b, int *min, int &max) {
07         *min = a < b ? a : b;
08         max = a > b ? a : b;
09 }
10
11 int main() {
12       int a = 3;
13       int b = 4;
14       int min = 0;
15       int max = 0;
16       getMinAndMax(a, b, &min, max);
17       cout <<"最大值为: "<< max << endl;
18       cout <<"最小值为: "<< min << endl;
19       return 0;
20 }
```

动手写7.2.5展示了如何使用指针和引用返回额外返回值。运行结果如图7.2.4所示：

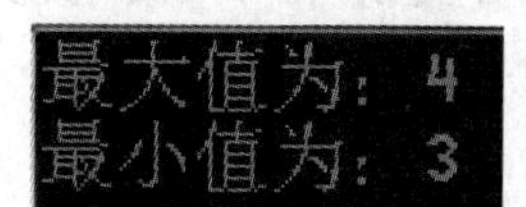

图7.2.4 返回多个返回值

我们可以看到，通过修改指针min所指的值，我们修改了实参min，而通过修改引用max则修改了它所代表的实参max。

7.2.4 const参数

在设计一个函数的时候，我们往往会先设计函数接口，因为接口直接表现出函数的使用方法。在知道了一个函数可以用来干什么和怎么用之后，我们才需要考虑函数的具体实现。而在设计接口的时候，经常会有一类函数只读取参数的数据，而不对其进行修改。比如上一小节中的getMinAndMax()，我们传入了a和b，但并没有对它们进行修改（这个例子如果把a和b改成指针类型会更好，因为按值传递的形参就算修改了，对实参也没有任何影响）。为了更好地在设计接口的时候就表现这层语义，并防止写函数实现的时候由于疏忽而忘记不能修改参数，我们可以使用const关键字修饰参数。由于按值传递的形参不会影响实参，因此const常用于指针和引用参数。但是为了语义清晰，也可以修饰普通变量以达到编码规范的目的。

动手写7.2.6

```
01  #include <iostream>
02  #include <string>
03  using namespace std;
04
05  // const引用参数
06  // Author: 零壹快学
07  char getLastChar(const string &str) {
08       // 把这行注释掉，程序就能正常运行
09       str[str.length() - 1] = 's';
10       return str[str.length() - 1];
11  }
12
13  int main() {
14       string str = "hello";
15       cout <<"字符串的最后一个字符为："<< getLastChar(str) << endl;
16       return 0;
17  }
```

动手写7.2.6展示了const引用参数的用法。由于函数中修改了字符串中的字符，违反了const语义，编译器就会报出如图7.2.5所示的错误：

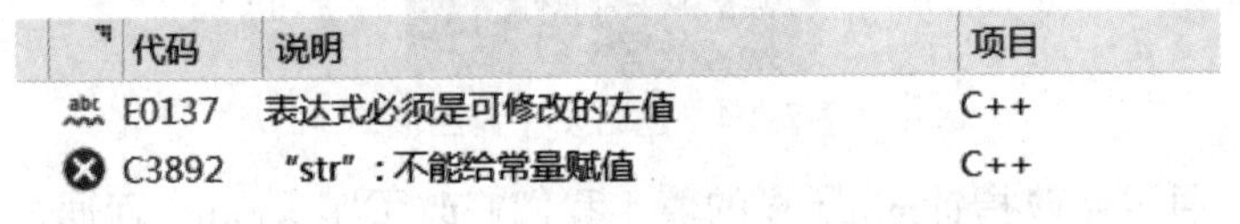

代码	说明	项目
E0137	表达式必须是可修改的左值	C++
C3892	“str”：不能给常量赋值	C++

图7.2.5　const引用参数

在这里，我们只需要把有问题的一行注释掉，程序就能正常运行了。const指针与const引用的用法类似，在这里我们就不再赘述。

7.2.5　数组参数

我们介绍了基本类型或对象、指针和引用的参数传递，然而还有一种数据类型被遗漏了，那就是数组。数组直接传参是一种十分特殊的情况，这是因为数组本身不能复制，所以在将实参复制到形参的过程中，数组名就自动转换成了指向第一个元素的指针。

动手写7.2.7

```
01  #include <iostream>
02  using namespace std;
03
04  // 数组参数
05  // Author: 零壹快学
06  void printArrAddr(int arrParam[5]) {
07       cout <<"arrParam的地址是: "<< arrParam << endl;
08  }
09
10  int main() {
11       int arr[5] = { 0, 1, 2, 3, 4 };
12       cout <<"arr的地址是: "<< arr << endl;
13       printArrAddr(arr);
14       return 0;
15  }
```

动手写7.2.7展示了一般的数组传参情况。运行结果如图7.2.6所示：

```
arr的地址是: 0044FB44
arrParam的地址是: 0044FB44
```

图7.2.6　数组传参

虽然示例中的函数看似是按值传递了数组，数组应该在别的地址上复制所有的元素，但在这里却只是自动将数组名转换成了指向第一个元素的指针，所以程序打印出了相同的地址。

在数组传参的时候，方括号中的数组大小其实具有一定的迷惑性，因为编译器在参数传递的时候并不会检查数组的大小，所以此时去掉方括号中的数字也是可以的。

动手写7.2.8

```
01  #include <iostream>
02  using namespace std;
03
04  // 数组参数大小不匹配的情况
05  // Author: 零壹快学
06
07  // 数组参数的大小可以为空
08  void printArrAddr(int arrParam[]) {
09       cout <<"arrParam的地址是: "<< arrParam << endl;
10  }
```

```
11
12  int main() {
13          int arr[5] = { 0, 1, 2, 3, 4 };
14          cout <<"arr的地址是: "<< arr << endl;
15          printArrAddr(arr);
16          return 0;
17  }
```

动手写7.2.8展示了数组参数大小不匹配的情况。这里不管arrParam后面数组大小是空白还是1或4，都不会有任何的问题。我们可以发现编译器忽略了数组的大小，而我们在编程的时候也不能假设传进来的数组一定具有形参所指定的大小，因此最不具有歧义的方式还是使用数组元素类型的指针，并同时另外传入数组的大小，如void printArrAddr(int *arrParam, int size)。

7.2.6 main()函数的参数

在之前的例子中，main()函数的参数列表一直是空的，其实main()函数也可以有参数。有参数的main()函数的格式是int main(int argc,char *argv[])，或者是int main(int argc,char **argv)。

在使用命令行程序的时候，我们往往会在程序名的后面接上用空格分隔的几个参数。比如在命令行中输入“myexe --help”，其中“myexe”是程序的名字，而“--help”则是一个参数。要注意main()函数的argc并不是第一个参数，而是参数的个数，后面的argv才是参数字符串的数组。下面我们来看一个示例：

动手写7.2.9

```
01  #include <iostream>
02  using namespace std;
03
04  // main()函数的参数
05  // Author: 零壹快学
06  int main(int argc,char **argv) {
07          int sum = 0;
08          for ( int i = 0; i < argc; i++) {
09                  // atoi函数将C风格字符串转换成数字
10                  sum += atoi(argv[i]);
11          }
12          cout <<"输入所有数字的总和为: "<< sum << endl;
13          return 0;
14  }
```

动手写7.2.9展示了使用main()函数的参数传入数字并求和的应用。运行这个程序需要通过命令行窗口在程序名后面加上参数，运行结果如图7.2.7所示：

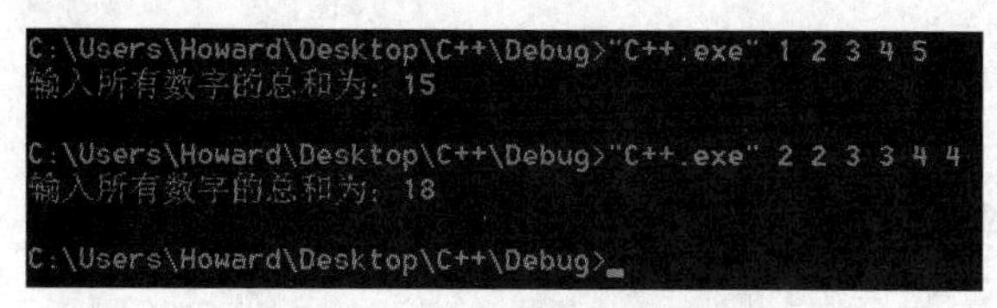

图7.2.7　main()函数的参数

我们可以看到，在该程序中我们用argc获取输入参数的个数，并将每个参数转换成数字累加到总和sum中。

函数返回值

由于函数的返回值至多只有一个，因此涉及的情况会比参数简单一些。

7.3.1　返回值或对象

返回值与按值传参一样都是赋值操作，只是传参是从外赋值到内，而返回值是从内赋值到外。由于在函数签名中声明了返回值类型，因此在函数调用端将返回值赋值给变量的时候，类型也需要匹配或者能够进行隐式转换。

要注意：对于函数返回值来说有两层的拷贝，而参数只有一层。比如当我们用“int a = foo(b);”来调用函数的时候，foo之中的return语句先把要返回的变量拷贝到foo(b)所代表的返回值的临时变量中，再把foo(b)拷贝到a。

之前我们展示了一个返回值完全不匹配的示例，那就是把函数返回值void赋值给基本类型的变量。接下来我们来看一个需要隐式转换的返回值的示例：

动手写7.3.1

```
01  #include <iostream>
02  using namespace std;
03
04  // 返回值的隐式转换
05  // Author: 零壹快学
06  int mad(int a, int b, int c) {
07          return a * b + c;
08  }
```

```
09
10 int main() {
11         float fa = 3.5;
12         float fb = mad(3, 4, 5);
13         cout <<"fb的值为: "<< fb << endl;
14         cout <<"fa + fb = "<< fa + fb << endl;
15         return 0;
16 }
```

动手写7.3.1展示了返回值的隐式转换，运行结果如图7.3.1所示：

```
fb的值为: 17
fa + fb = 20.5
```

图7.3.1　返回值的隐式转换

我们可以看到，mad()函数的返回值整数17在赋值给fb的时候就自动转换成了浮点数。

7.3.2　返回引用

函数的返回值也可以是引用类型，其目的就是传递同一个变量，而不只是拷贝。然而如果我们返回的是局部对象引用，由于局部对象在函数返回的时候会被销毁，它的引用也会变得无效。

动手写7.3.2

```
01 #include <iostream>
02 #include <string>
03 using namespace std;
04
05 // 返回局部对象的引用
06 // Author: 零壹快学
07 string &retLocal() {
08         string ret = "Hello";
09         string &retRef = ret;
10         return retRef;
11 }
12
13 int main() {
14         cout <<"retArg返回值是: "<<  retLocal() << endl;
15         return 0;
16 }
```

动手写7.3.2展示了返回局部对象的引用导致的问题。由于ret在函数返回时会被销毁，函数返回的引用将指向一个无效的对象，这会在运行时引发如图7.3.2所示的异常：

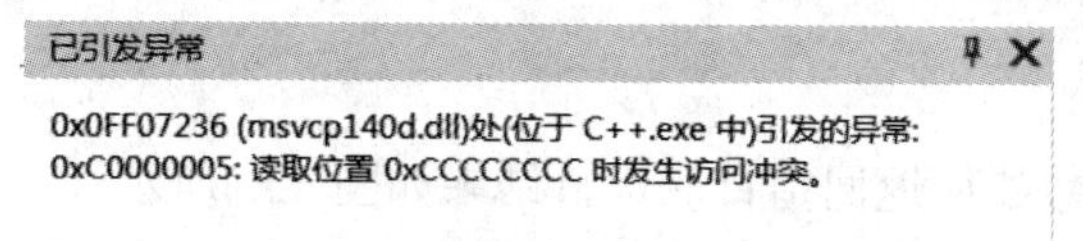

图7.3.2　返回局部对象的引用

7.3.3　返回指针

返回局部对象的指针也存在着与返回引用一样的问题。在一般情况下，函数返回指针都是返回动态分配的内存指针，因此在设计这样的函数时我们需要配套设计一个释放资源的函数，并提醒开发人员成对地调用这两个函数。

动手写7.3.3

```
01  #include <iostream>
02  using namespace std;
03
04  // 返回指针
05  // Author: 零壹快学
06  int *allocIntArr(int size) {
07          int *ret = (int*)malloc(size * sizeof(int));
08          return ret;
09  }
10
11  void releaseIntArr(int *intArr) {
12          delete intArr;
13  }
14
15  int main() {
16          int size = 5;
17          int *intArr = allocIntArr(size);
18          for ( int i = 0; i < size; i++ ) {
19                  intArr[i] = i;
20          }
21          for ( int i = 0; i < size; i++ ) {
22                  cout<<"打印数组第"<< i <<"个元素: "<< intArr[i] << endl;
23          }
```

```
24          releaseIntArr(intArr);
25          return 0;
26  }
```

动手写7.3.3 展示了函数如何返回指针。运行结果如图7.3.3所示：

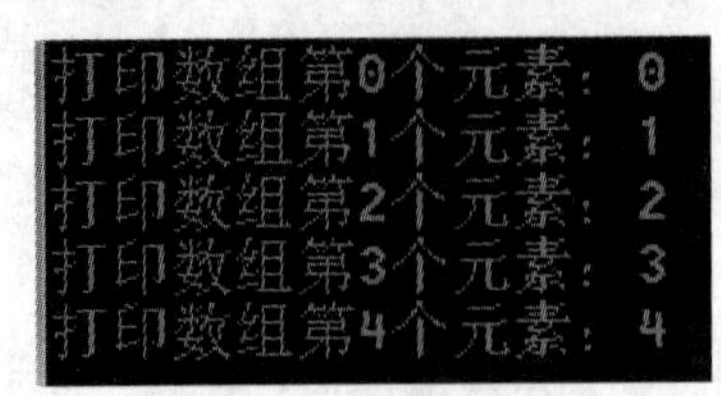

图7.3.3　返回指针

allocIntArr()这个函数会动态分配大小为size的整型数组，并返回指针；在程序使用完数组中的元素之后，又会调用releaseIntArr()释放内存。在这里我们也可以直接用delete，但是在复杂的情况下，releaseIntArr()中可能也会有额外的一些处理，比如使用循环释放动态多维数组的内存，或者打印一些统计调试信息等。

7.3.4　main()函数的返回值

在之前的示例中，我们都会在main()函数的结尾加上“return 0;”，那么这个返回值的作用是什么呢？我们知道函数的返回值是给函数调用端使用的，main()函数的调用端是操作系统，操作系统作为一个管理程序的程序，其本身在调用了用户程序之后，也要根据返回的状态值来统计一些数据或者进行一些操作。一般情况下，我们都会用0来表示程序的状态正常，而用其他正整数来表示程序的异常状态。

7.4　函数声明

函数和变量一样，定义和声明是可以分离的。我们一般将仅包含函数原型（或者函数签名）的函数声明集中放在头文件中成为用户需要查看的接口集合，因为没有函数实现，用户查看这样的头文件就很快捷了。此外，在链接的时候只包含头文件可以有效地避免函数重定义的问题。

7.4.1　函数声明与函数定义

在一个作用域中定义同一函数两次会导致函数重定义的问题。

动手写7.4.1

```
01  #include <iostream>
02  using namespace std;
03
```

```
04 // 函数重定义
05 // Author: 零壹快学
06 int max(int a, int b) {
07         return a > b ? a : b;
08 }
09 int max(int a, int b) {
10         return a >= b ? a : b;
11 }
12 int main() {
13         cout <<"a和b的最大值是: "<< max(3, 4) << endl;
14         return 0;
15 }
```

动手写7.4.1展示了函数重定义的问题，编译器会报出如图7.4.1所示的错误：

代码	说明	项目
C2084	函数 “int max(int,int)” 已有主体	C++
C2568	“<<”：无法解析函数重载	C++

图7.4.1　函数重定义

编译器报错是因为函数在这种情况下有两个定义的名字，参数与返回值类型都一样，编译器无法得知这样的函数在被调用的时候应该采用哪个函数体。不过如果定义在不同作用域中，外层的定义就会被屏蔽，也就不存在重定义的情况了。

函数声明就不会有这样的问题。与变量声明一样，函数的声明也可以与定义分离。一个文件中只要存在函数声明，编译器就知道在这个文件中的这个函数是可用的，然后在链接的时候会再去找其他文件中有没有这样的函数。

动手写7.4.2

```
01 #include <iostream>
02 using namespace std;
03
04 // 函数重复声明
05 // Author: 零壹快学
06 int max(int a, int b) {
07         return a > b ? a : b;
08 }
09 int max(int a, int b);
10 int max(int, int);
```

```
11  int main() {
12          cout <<"a和b的最大值是："<< max(3, 4) << endl;
13          return 0;
14  }
```

动手写7.4.2中的函数重复声明了，但程序可以正常运行。我们可以看到，函数声明与函数定义的区别就是没有函数体，并且也能省略形参的名字。但是为了程序的可读性，我们在设计时还是会加上形参的名字。

函数可以定义在另一个文件中：

动手写7.4.3

```
01  7.4.3.h:
02  // Author: 零壹快学
03  #pragma once
04  int max(int a, int b);
05
06  7.4.3.cpp:
07  // Author: 零壹快学
08  #include "7.4.3.h"
09  int max(int a, int b) {
10          return a > b ? a : b;
11  }
12
13  7.4.3_main.cpp:
14  #include <iostream>
15  #include "7.4.3.h"
16  using namespace std;
17
18  // 函数定义和声明不在同一个文件中
19  // Author: 零壹快学
20  int main() {
21          cout <<"a和b的最大值是："<< max(3, 4) << endl;
22          return 0;
23  }
```

在动手写7.4.3中我们用3个文件展示了函数定义和声明的分离。main()函数所在文件包含了7.4.3.h，所以max()的声明在main()函数中是可见的；而在链接的时候编译器会在7.4.3.cpp中找到函数的定义。感兴趣的读者可以尝试把函数定义注释掉，那样编译器就会因为找不到函数定义而报出如图7.4.2所示的错误：

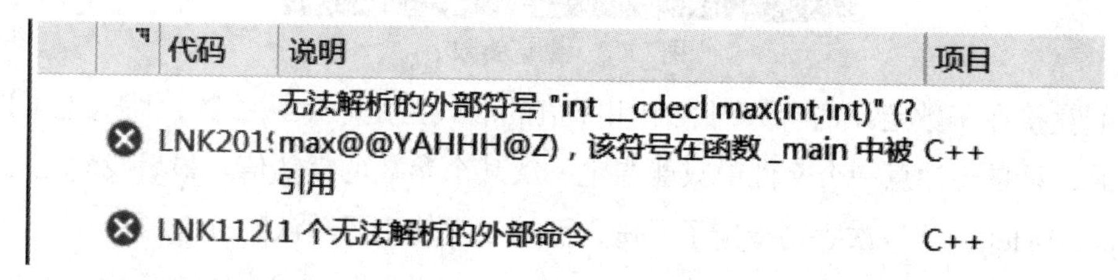

图7.4.2　找不到函数定义

虽然在7.4.3.cpp中也包含了7.4.3.h，但在这里我们只是遵循了习惯，并没有实际地用到7.4.3.h中的东西。当然，有时我们可能会在头文件中定义一些辅助变量或常量，那么在这种情况下就会用到了。

7.4.2　默认参数

在调用函数的时候我们都需要在参数列表中填写实参，这对于参数列表庞大的函数来说是巨大的工作量，而且有一些参数可能在大多数情况下都是一个同样的值，比如一个游戏的输入端在默认情况下都是键盘和鼠标，而在少数情况下会设置成游戏手柄。这样大量地重复填写相同的参数无疑是在代码中加入了许多冗余，也更容易出错。

为了解决这一问题，我们可以使用C++的默认参数，在函数声明的时候就指定函数默认的参数值，这样在函数调用时我们就可以省略一些默认参数的填写了。

动手写7.4.4

```
01  #include <iostream>
02  using namespace std;
03
04  // 默认参数
05  // Author: 零壹快学
06  void printDate(int day, int month = 12, int year = 2018) {
07      cout <<"今天的日期是: "<< year <<"年"<< month <<"月"<< day <<
        "日"<< endl;
08  }
09  int main() {
10      printDate(30, 11);
11      printDate(24);
12      return 0;
13  }
```

动手写7.4.4展示了默认参数的使用。运行结果如图7.4.3所示：

```
今天的日期是：2018年11月30日
今天的日期是：2018年12月24日
```

图7.4.3　默认参数

此处我们直接在函数定义的参数列表中用赋值的形式指定了默认参数，而这也可以是在函数声明中完成的，只是要注意一个文件中只能指定一次某个参数的默认值。最后我们在main()函数中调用了两次printDate()，第一次手动指定了月份，而第二次使用了默认的月份12月。

此外，我们可以看到默认参数只能存在于参数列表的末尾，这是因为在调用函数填写实参的时候，我们不能让前面的参数空着而只填后面的参数。

动手写7.4.5

```
01  #include <iostream>
02  using namespace std;
03
04  // 默认参数不在形参列表结尾
05  // Author: 零壹快学
06  void printDate(int day, int month = 12, int year) {
07      cout <<"今天的日期是："<< year <<"年"<< month <<"月"<< day <<
        "日"<< endl;
08  }
09  int main() {
10      printDate(30);
11      printDate(24);
12      return 0;
13  }
```

动手写7.4.5中默认参数不在形参列表的结尾，从而导致了如图7.4.4所示的编译错误：

代码	说明
E0306	默认实参不在形参列表的结尾
C2548	"printDate"：缺少参数 3 的默认参数
C2660	"printDate"：函数不接受 1 个参数
C2660	"printDate"：函数不接受 1 个参数

图7.4.4　默认参数不在形参列表结尾

7.4.3　内联函数

在之前的示例中我们写了许多只有一行的小函数，把这些操作写成函数可以提高程序的可读性和重用性，并且修改时也不需要到处都改。然而函数调用是有开销的，程序会暂时保存当前的一些状态，并跳转到函数的地址执行，这些内容在之后的“知识拓展”中会详细讲解。为了让这样的小函数写起来像是函数，编译后却像普通代码一样，我们可以在函数定义的前面加上inline关键字。这样的函数也叫作内联函数（Inline Function）。

动手写7.4.6

```
01  #include <iostream>
02  using namespace std;
03
04  // 内联函数
05  // Author: 零壹快学
06  inline int max(int a, int b) {
07          return a > b ? a : b;
08  }
09  int main() {
10          int a = 5;
11          int b = 2;
12          cout <<"a和b之中的最大值是: "<< max(a, b) << endl;
13          return 0;
14  }
```

动手写7.4.6展示了内联函数的定义。内联函数和普通函数的区别就是内联函数有inline关键字。需要注意的是，内联函数并不会保证在编译的时候展开成普通指令，这对编译器来说只是一种建议或提示而已，因此编译器可以选择忽略且不采纳该建议。

7.5 函数重载

设想一下，现在我们有一个判断两个整数是否相等的函数，然而在写完这个函数后不久我们又需要一个判断两个浮点数是否相等的函数。我们知道两个浮点数完全相等是很难做到的，因此我们一般会比较两个浮点数差的绝对值是否小于一个极小值。对于这两个功能相近，但实现不同，且参数类型也不同的函数来说，我们可以直接声明两个名字一样的函数并使用不同的参数类型，编译器并不会因此而认为这是函数重定义。

动手写7.5.1

```
01  #include <iostream>
02  using namespace std;
03
04  // 函数重载的概念
```

```
05 // Author: 零壹快学
06 bool isEqual(int a, int b) {
07         return a == b;
08 }
09
10 bool isEqual(float a, float b) {
11         return abs(a - b) < 0.00001; //随意指定一个极小值
12 }
13
14 int main() {
15         int a = 3;
16         int b = 3;
17         float fa = 3.0f;
18         float fb = 3.001f;
19         cout <<"两个整数";
20         if ( !isEqual(a, b) ) {
21                 cout <<"不";
22         }
23         cout <<"相等"<< endl;
24         cout <<"两个浮点数";
25         if ( !isEqual(fa, fb) ) {
26                 cout <<"不";
27         }
28         cout <<"相等"<< endl;
29         return 0;
30 }
```

动手写7.5.1展示了用这样的方法去声明两个函数的例子，这两个函数除了参数与实现不同外其他都一样。运行结果如图7.5.1所示：

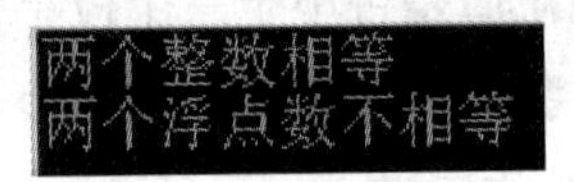

图7.5.1　函数重载

我们把这种合法声明名称相同的函数的做法称为函数重载（Function Overloading）。

7.5.1　函数重载的定义

在动手写7.5.1中我们展示了参数类型不同的重载函数。我们知道函数中有返回值，而参数也可以是const的，对于这些元素的区别，编译器会怎么处理呢？函数重载的严格定义到底是什么呢？

首先，函数重载发生在相同作用域中。内层作用域中重名函数的定义将会屏蔽外层函数定义。

动手写7.5.2

```
01  #include <iostream>
02  using namespace std;
03
04  // 函数屏蔽
05  // Author: 零壹快学
06  int add(int a, int b) {
07          return a + b;
08  }
09  int main() {
10      {
11              // 内层作用域的函数声明屏蔽了外层可用的函数定义
12              int add(int a, int b, int c);
13              int a = 4;
14              int b = 5;
15              cout <<"a + b = "<< add(a, b) << endl;
16      }
17      return 0;
18  }
19
20  int add(int a, int b, int c) {
21      return a + b + c;
22  }
```

动手写7.5.2展示了函数屏蔽，编译器会报出如图7.5.2所示的错误：

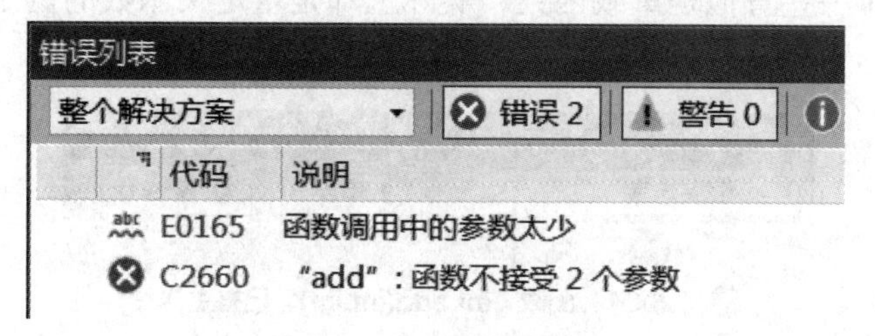

图7.5.2　函数屏蔽

我们可以看到，内层的函数声明屏蔽了外层的函数定义，编译器搜索到add的时候就不往外找了，所以尽管全局作用域中定义的函数的参数个数是对的，但编译器也只能找到不可用的函数。

现在我们知道，只有相同作用域中的函数才存在函数重载，而只有返回值不同的函数却不能算是重载函数。这是因为在调用函数的时候，不一定会体现出返回值是什么，有返回值的函数也可以不赋值给变量，所以编译器不知道该调用哪一个函数。

因此，重载函数一定是在同一作用域中形参表不同的函数，但是这里的不同要如何定义也是很微妙的。接下来，让我们看一个示例：

动手写7.5.3

```
01 #include <iostream>
02 using namespace std;
03
04 // 似是而非的函数重复定义
05 // Author: 零壹快学
06
07 // 默认实参不改变形参的性质
08 int add(int a, int b) { return 0; };
09 int add(int a, int b = 0) { return 0; };
10 // typedef不改变类型的实质
11 typedef int num;
12 int rcp(num a) { return 0; };
13 int rcp(int a) { return 0; };
14 // 非引用类型的形参
15 int neg(const int a) { return 0; };
16 int neg(int a) { return 0; };
17
18 int main() {
19     return 0;
20 }
```

动手写7.5.3展示了一些看似是重载函数，实际上却是重定义函数的例子，编译器会报出如图7.5.3所示的错误：

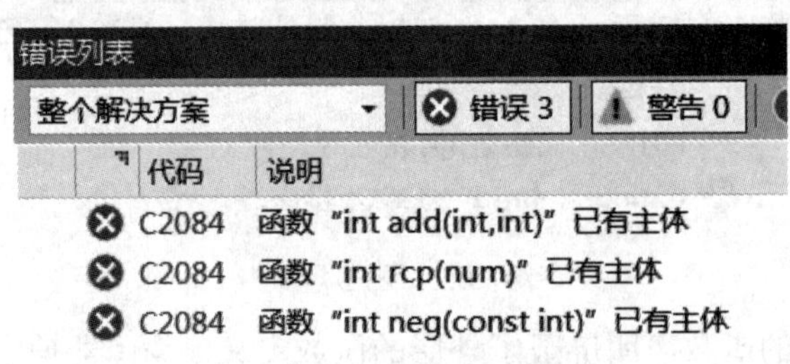

图7.5.3　似是而非的函数重定义

我们看到上述示例中几种列举的情况都是函数重定义，而非函数重载。不过要注意指针和引用加上const以后，就跟非const有区别了。

最后我们还要注意的一点是，main()函数永远只能有一个，而且不能进行重载。

7.5.2 重载解析简介

当我们定义好几个重载函数之后，在函数调用的时候编译器就需要负责找到一个与实参列表最匹配的重载版本。编译器找寻这样一个函数的过程也叫作重载解析（Overload Resolution）。重载解析是一个比较复杂的议题，为了写出更好的重载函数，我们有必要了解一些基本的规则。

首先，编译器在重载解析的过程中最终可能有3种结果：

1. 找到与实参最佳匹配的函数。
2. 没有找到匹配可用的函数，编译器报错。
3. 找到几个匹配的但匹配度不分上下的函数，编译器会报出二义性（Ambiguity）错误。

其次，重载解析的过程也有如下3个步骤：

1. 先找到所有当前作用域中可见的重名函数，也叫作候选函数。
2. 然后找到参数个数一致，并且参数类型一致或者可以隐式转换的可行函数。
3. 最后找到一个最佳匹配函数，匹配度是由有多少参数需要隐式转换来决定的，如果参数都不用转换，那么该函数肯定是最佳匹配函数。

这一系列的步骤可以画成比较直观的决策树图，如图7.5.4所示：

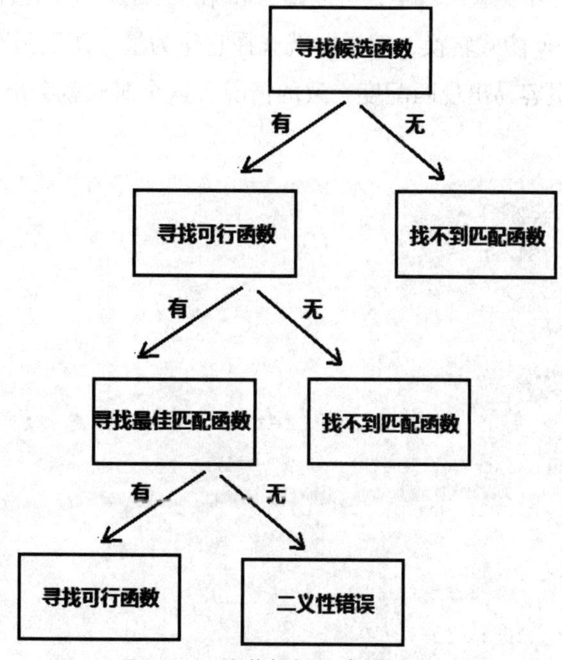

图7.5.4　重载解析的决策树表示

接下来，我们就来看一个可以说明编译器如何匹配函数的示例：

动手写7.5.4

```
01 #include <iostream>
02 using namespace std;
03
04 // 重载解析
05 // Author: 零壹快学
06 int add(int a, int b, int c) { return a + b + c; }
07 int add(int a, int b) { return a + b; }
08 float add(float a, float b) { return a + b; }
09
10 int main() {
11         float a = 3.5f;
12         float b = 4.5f;
13         cout <<"a + b = "<< add(a, b) << endl;
14         return 0;
15 }
```

动手写7.5.4可以用来说明重载解析的过程。首先，main()函数上方的3个函数都可见，而且都可以作为候选函数。由于调用时只有两个参数，第二或第三个版本的函数都可以。又因为实参类型是float，int版本的函数也可以隐式转换，所以第二和第三个版本的函数都是可行函数。最后，由于float版本的函数不需要任何隐式转换，编译器就选择它作为最佳匹配函数了。

在多个参数的情况下很容易出现匹配度一致的情况，这个时候就会出现二义性问题。

动手写7.5.5

```
01 #include <iostream>
02 using namespace std;
03
04 // 二义性匹配
05 // Author: 零壹快学
06 int add(int a, int b, int c) { return a + b + c; }
07 int add(int a, int b) { return a + b; };
08 float add(float a, float b) { return a + b; };
09
10 int main() {
11         float a = 3.5f;
12         int b = 4;
```

```
13          cout <<"a + b = "<< add(a, b) << endl;
14          return 0;
15  }
```

动手写7.5.5展示了二义性匹配的情况，编译时会产生如图7.5.5所示的错误：

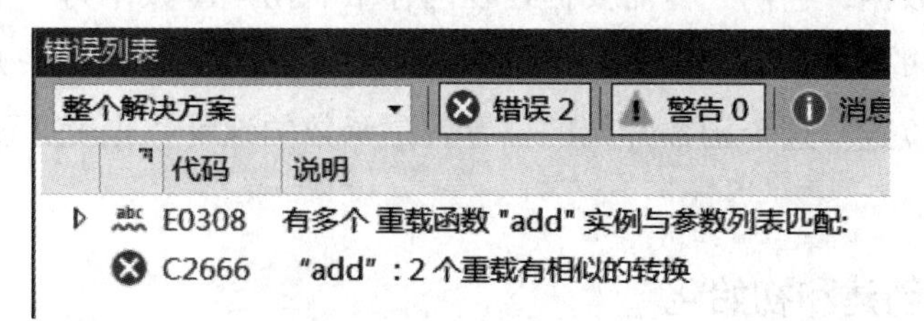

图7.5.5 二义性

我们可以看到，这个例子中函数的两个实参分别是int和float，所以整型和浮点型的两个版本的函数都要进行一个参数的隐式转换，由于匹配分不出优劣，编译时产生了错误。为了解决这个问题，我们可以显式地将实参转换成我们想要的类型，不管是float转成int，还是int转成float都可以。

动手写7.5.6

```
01  #include <iostream>
02  using namespace std;
03
04  // 解决二义性匹配
05  // Author: 零壹快学
06  int add(int a, int b, int c) { return a + b + c; }
07  int add(int a, int b) { return a + b; };
08  float add(float a, float b) { return a + b; };
09
10  int main() {
11          float a = 3.5f;
12          int b = 4;
13          cout <<"a + b = "<< add(a, (float)b) << endl;
14          return 0;
15  }
```

动手写7.5.6展示了如何解决二义性匹配。运行结果如图7.5.6所示：

```
a + b = 7.5
```

图7.5.6 解决二义性匹配

将整型b强制转换成float之后，重载解析就不会有问题了，程序得以顺利输出运算结果。

7.6 函数指针

在基本类型和用户自定义对象上都可以定义指针变量，函数也是可以支持指针的。我们知道程序的指令也是一种数据，它们一样需要储存在内存中。用户函数作为一个独立的模块，会放在与main()函数指令不同的地方，因此在调用函数的时候我们需要知道函数一开始的指令放在哪里，并让程序跳转到那个位置。这个函数开始的位置就是函数的地址，也就是函数入口，而函数指针指向的就是函数入口。

7.6.1 函数指针的创建和初始化

在介绍创建函数指针的语法之前，我们先要知道区分不同类型函数指针的方法。基本类型指针与类型名绑定，而与函数指针关联的除了函数的返回值类型以外，还有函数的所有参数类型和个数。一个指向只有一个参数的函数的指针是不能指向拥有两个参数的函数的。不过函数指针与函数名无关，这也跟基本类型指针是一样的。

动手写7.6.1

```
01  #include <iostream>
02  using namespace std;
03
04  // 函数指针的创建
05  // Author: 零壹快学
06  int min(int a, int b) {
07      return a < b ? a : b;
08  }
09
10  int main() {
11      int (*fpIntInt)(int, int);
12      fpIntInt = min;
13      int (*fpInt)(int);
14      fpInt = min;
15      return 0;
16  }
```

动手写7.6.1展示了函数指针的创建，由于一个参数的函数指针fpInt指向了两个参数的指针fpIntInt，编译器会报出如图7.6.1所示的错误：

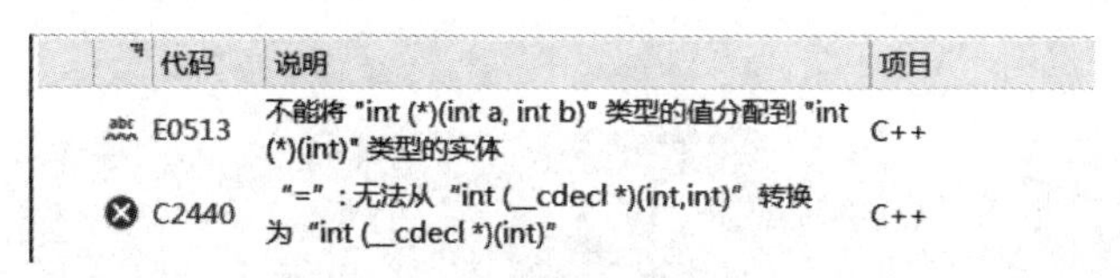

图7.6.1　函数指针的创建

我们可以看到，函数指针的创建语法与函数声明类似，但函数指针的创建要在指针名和星号外加上一个括号。这个括号是很有必要的，如果不加括号，创建fpInt的语句会被解读成创建一个返回值为int*的函数，函数名为fpInt。

上述示例中的两个函数指针的声明都比较烦琐，对于更复杂的函数指针而言更是如此。对于这种情况我们可以使用typedef来简化函数指针的定义，这样做还能复用一定类型的函数指针。

动手写7.6.2

```
01  #include <iostream>
02  using namespace std;
03
04  // 用typedef简化函数指针的定义
05  // Author: 零壹快学
06  int min(int a, int b) {
07          return a < b ? a : b;
08  }
09
10  int max(int a, int b) {
11        return a > b ? a : b;
12  }
13
14  int main() {
15        typedef int (*fpIntInt)(int, int);
16        fpIntInt fpMin = min;
17        fpIntInt fpMax = max;
18        return 0;
19  }
```

在动手写7.6.2中，我们在函数指针定义前加上了typedef来给复杂的函数指针类型取一个简单的类型名。在接下来的两行中，我们使用了同样的类型名fpIntInt声明了两个指向有着两个int参数并且返回值为int类型的函数指针，并分别指向了满足这样的函数类型的两个函数min()和max()。

7.6.2　函数指针的应用

函数指针的主要用途是调用函数。为什么要用函数指针来调用函数呢？这是因为函数指针可以赋值为不同的函数地址，这样在某个地点调用的函数可以是不确定的。

动手写7.6.3

```
01  #include <iostream>
02  #include <string>
03  using namespace std;
04
05  // 函数指针的应用
06  // Author: 零壹快学
07  int min(int a, int b) {
08          return a < b ? a : b;
09  }
10
11  int max(int a, int b) {
12          return a > b ? a : b;
13  }
14
15  int main() {
16          int a = 0;
17          int b = 0;
18          cout <<"请输入两个用空格间隔的数字: "<< endl;
19          cin >> a >> b;
20
21          string cmd = "";
22          cout <<"请输入要进行的操作命令min或者max: "<< endl;
23          cin >> cmd;
24
25          typedef int (*fpIntInt)(int, int);
26          fpIntInt fp = min;
27          if ( "min" == cmd ) {
28               fp = min;
29          } else if ( "max" == cmd ) {
30               fp = max;
31          } else {
32               cout <<"命令错误! "<< endl;
33
34          }
35          cout <<"结果为: "<< fp(a, b) << endl;
36          return 0;
37  }
```

动手写7.6.3展示了函数指针的应用，运行结果如图7.6.2所示：

```
请输入两个用空格间隔的数字:
6 8
请输入要进行的操作命令min或者max:
min
结果为: 6
```

图7.6.2　函数指针的应用

这个示例将会让用户输入两个整型数字，再输入一个命令以表示接下来要在两个数字上调用的函数。如果用户输入的命令是min，函数指针将会指向min的地址，然后程序就会调用min()函数。需要注意的是，虽然函数指针是指针，但是在使用的时候我们并不需要用解引用操作符。

函数指针的这种特性是非常强大的，很多计算机程序的思想和模式都会用到函数指针。

7.6.3　函数指针作为参数

函数指针作为一种数据类型，自然也可以作为参数传进其他的函数中。

动手写7.6.4

```
01  #include <iostream>
02  #include <string>
03  using namespace std;
04
05  // 函数指针作为参数
06  // Author: 零壹快学
07  typedef int(*binaryFp)(int, int);
08  int binaryOp(int a, int b, binaryFp binFp) {
09          cout <<"算数计算:"<< endl;
10          return binFp(a, b);
11  }
12  int add(int a, int b) {
13          return a + b;
14  }
15  int sub(int a, int b) {
16          return a - b;
17  }
18  int mul(int a, int b) {
19          return a * b;
20  }
```

```
21  int main() {
22          int a = 0;
23          int b = 0;
24          cout <<"请输入两个用空格间隔的数字："<< endl;
25          cin >> a >> b;
26
27          string cmd = "";
28          cout <<"请输入要进行的操作命令add、sub或mul："<< endl;
29          cin >> cmd;
30
31          typedef int (*fpIntInt)(int, int);
32          fpIntInt fp = NULL;
33          if ( cmd == "add" ) {
34                  fp = add;
35          } else if ( cmd == "sub" ) {
36                  fp = sub;
37          } else if ( cmd == "mul" ) {
38                  fp = mul;
39          } else {
40                  cout <<"命令错误！"<< endl;
41          }
42          cout <<"结果为："<< binaryOp(a, b, fp) << endl;
43          return 0;
44  }
```

动手写7.6.4展示了将函数指针作为参数传入函数的用法，运行结果如图7.6.3所示：

```
请输入两个用空格间隔的数字:
3 5
请输入要进行的操作命令add、sub或mul:
mul
算数计算:
结果为: 15
```

图7.6.3　函数指针作为参数

在这个示例中我们写了一个抽象的二元运算函数binaryOp()，需要传入一个指向具体二元算数操作的函数指针，然后在函数内使用函数指针调用函数。决定进行哪一种运算的方式与动手写7.6.3一样，都是靠用户输入。

7.6.4 函数指针作为返回值

函数指针也可以作为返回值使用，但这样使用的语法会比较麻烦，所以还是尽量使用typedef。

动手写7.6.5

```
01 #include <iostream>
02 using namespace std;
03
04 // 函数指针作为返回值
05 // Author: 零壹快学
06 int (*funcRetFp(int a, int b))(int, int) {
07      int(*fp)( int, int ) = NULL;
08      return fp;
09 }
10 typedef int(*binaryFp)(int, int);
11 binaryFp funcRetFpTypedef(int a, int b) {
12     binaryFp fp = NULL;
13     return fp;
14 }
15 int main() {
16     cout << funcRetFp(1, 2) <<""<< funcRetFpTypedef(1, 2) << endl;
17     return 0;
18 }
```

动手写7.6.5声明了两个返回值为函数指针的函数，它们是完全等价的。我们可以看到在使用了typedef之后，函数的定义变得直观易懂，而在没有使用typedef的时候我们必须要从内向外地阅读函数签名。对于int (*funcRetFp(int a, int b))(int, int)，外层括号内的funcRetFp(int a, int b)是函数名和参数，而括号外的则是返回函数指针的类型。

7.7 小结

在这一章中，我们介绍了C++中的一大重要概念——函数。函数可以将指令和数据聚集到一起并抽象成一个子过程，从而实现模块化编程。函数由返回值、函数名、参数列表和函数体组成，参数又分为形参和实参。函数的内部有自己的作用域，也可以定义局部变量和静态变量。函数参数的传递有按值、指针以及引用传递3种方式，而这3种方式也适用于返回值的传递。有着相同函数名但参数列表不同的函数叫作重载函数。重载函数在调用时有一套规则来匹配最佳重载版本。最后我们介绍了函数指针。我们可以利用函数指针灵活地在运行时确定要调用的函数。

7.8 知识拓展

7.8.1 递归函数

我们知道，在一个函数的内部我们也可以调用另外一个函数。那么这另外一个函数可不可以是当前函数自己呢？答案是可以，C++支持这样的循环调用，也叫作递归（Recursion）。

动手写7.8.1

```
01 #include <iostream>
02 using namespace std;
03
04 // 递归函数
05 // Author: 零壹快学
06 int addNum(int num, int numToAdd) {
07      if ( numToAdd <= 0 ) return num;
08      return 1 + addNum(num, numToAdd - 1);
09 }
10 int main() {
11      int num = 0;
12      int numToAdd = 0;
13      cout <<"请输入第一个数字："<< endl;
14      cin >> num;
15      cout <<"请输入第二个数字："<< endl;
16      cin >> numToAdd;
17      cout <<"addNum的结果为："<< addNum(num, numToAdd) << endl;
18      return 0;
19 }
```

动手写7.8.1展示了递归函数的语法。运行结果如图7.8.1所示：

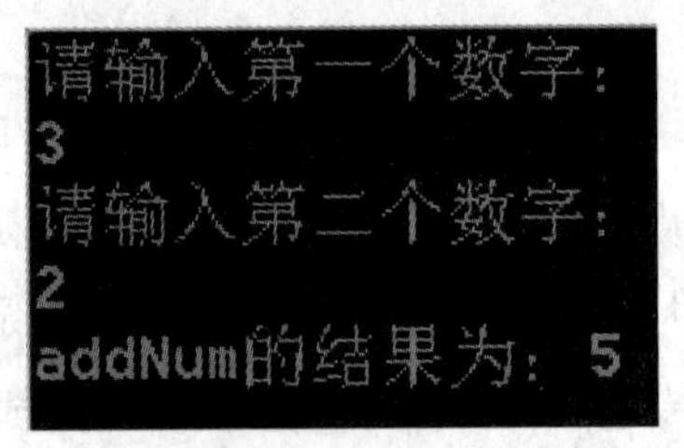

图7.8.1 递归函数

addNum()的作用非常简单，就是将两个数字相加。不过在这里我们是将要加上的numToAdd

拆分开来，每次加1，再把numToAdd减1代入下一层函数。比方说这里的例子是3和2，那么调用addNum()的步骤应该是这样的：

1. 第一次调用addNum(3, 2)，在返回之前再次调用addNum(3, 1)。
2. 进入addNum(3, 1)，在返回前再次调用addNum(3, 0)。
3. 进入addNum(3, 0)，由于0<=0，返回3。
4. 回到addNum(3, 1)，返回1+3。
5. 回到addNum(3, 2)，返回1+4，也就是5。

递归思想可以用来解决很多复杂的问题，它的关键在于分而治之，也就是把一个问题分解成许多小问题，比如示例中我们把“3+2”的问题分解成“3+1+1”，然后解决。在每一次进入更深一层递归函数的时候，当前函数都要放下正在进行的工作，也就是将本地变量、计算结果和函数状态存进栈里，当所有内层函数都执行完了以后再返回。由于栈是有限的，我们在递归函数中一定要有终止条件，不然可能就会像动手写7.8.2一样造成栈溢出（Stack Overflow）。

动手写7.8.2

```
01 #include <iostream>
02 using namespace std;
03
04 // 导致栈溢出的递归
05 // Author: 零壹快学
06 int infiniteAdd() {
07       return 1 + infiniteAdd();
08 }
09 int main() {
10       cout <<"infiniteAdd的结果为: "<< infiniteAdd() << endl;
11       return 0;
12 }
```

动手写7.8.2展示了栈溢出的例子，由于递归函数中没有终止条件，程序将会无限地将函数的状态推进栈中并调用新的函数，直到栈没有空间为止。在编译的时候，Visual Studio可以识别出这个递归函数存在风险。而当我们忽略警告并编译运行的时候，系统将会抛出异常，并且我们可以在“调用堆栈”窗口看到相当数量的对infiniteAdd()的调用：

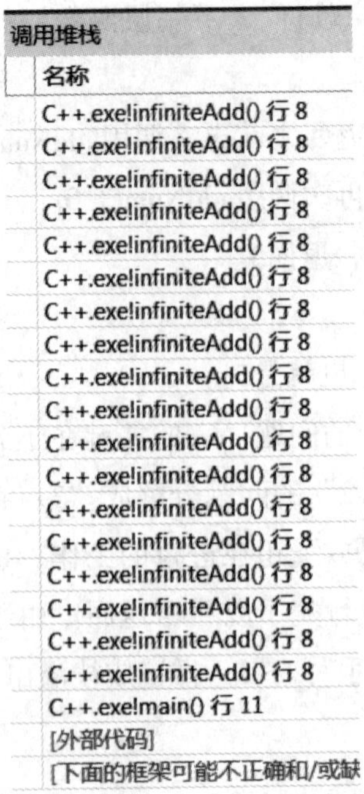

调用堆栈
名称
C++.exe!infiniteAdd() 行 8
C++.exe!infiniteAdd() 行 8
C++.exe!infiniteAdd() 行 8
C++.exe!infiniteAdd() 行 8
C++.exe!infiniteAdd() 行 8
C++.exe!infiniteAdd() 行 8
C++.exe!infiniteAdd() 行 8
C++.exe!infiniteAdd() 行 8
C++.exe!infiniteAdd() 行 8
C++.exe!infiniteAdd() 行 8
C++.exe!infiniteAdd() 行 8
C++.exe!infiniteAdd() 行 8
C++.exe!infiniteAdd() 行 8
C++.exe!infiniteAdd() 行 8
C++.exe!infiniteAdd() 行 8
C++.exe!infiniteAdd() 行 8
C++.exe!infiniteAdd() 行 8
C++.exe!infiniteAdd() 行 8
C++.exe!main() 行 11
[外部代码]
[下面的框架可能不正确和/或缺

图7.8.2　栈溢出

接下来，我们再看一个递归的应用实例来加深对它的理解：

动手写7.8.3

```
01 #include <iostream>
02 using namespace std;
03
04 // 爬楼梯
05 // Author: 零壹快学
06 int countWays(int n) {
07         if ( n == 1 ) return 1;
08         if ( n == 0 ) return 1;
09         return countWays(n - 1) + countWays(n - 2);
10 }
11 int main() {
12         int stairNum = 0;
13         cout <<"小强走台阶可以走一级，也可以走两级，"<< endl;
14         cout <<"请输入台阶数量："<< endl;
15         cin >> stairNum;
16         cout <<"小强走台阶有"<< countWays(stairNum) <<"种方法。"<< endl;
17         return 0;
18 }
```

动手写7.8.3展示了一个计算爬楼梯方法数的程序。运行结果如图7.8.3所示：

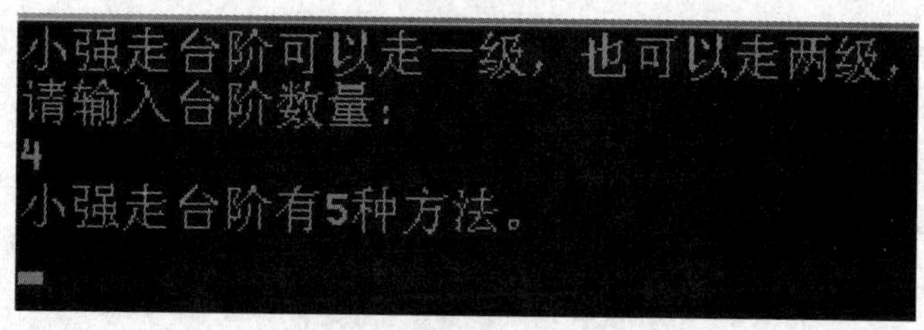

图7.8.3 爬楼梯程序输出

程序中的countWays()函数接受台阶数量n作为参数，并输出走台阶的方法数。函数先针对一级和零级台阶的特殊情况进行了单独处理并返回1，因为不可能有别的走法；随后程序就直接返回走一步之后剩下n−1级台阶的走法数countWays(n − 1)以及走两步之后剩下n−2级台阶的走法数countWays(n − 2)的和。接下来我们详细解释一下算法。

这个程序的问题很简单，但是实际思考起来却不太容易，特别是台阶数多的时候。的确，当台阶有十级的时候，走台阶的方法就已经有89种之多。面对这样一个问题，递归的思想是非常适用的，因为我们可以把这个问题分解成多个小的子问题。

就拿四级台阶来说，小强如果先走一级，那么就还有三级没走，如果先走两级，就还有两级没走；只剩两级台阶的时候，小强只有走一级和走两级两种选择。所以如果小强先走两级台阶就一共有2种走法，而先走一级的时候有几种走法则取决于走剩下三级台阶有多少走法。在这里我们不需要关心有多少种走法，因为我们可以简单地在countWays(4)里面调用countWays(3)。也就是说，要解决countWays(4)这个问题，由于小强只有2个选择，因此我们相当于要求出countWays(3)+countWays(2)。

7.8.2 可变参数

除了固定参数的函数之外，在C++中我们还可以定义参数个数可变的函数。这个功能继承自C语言，需要包含头文件<stdarg.h>。接下来让我们看一个示例：

动手写7.8.4

```
01 #include <iostream>
02 #include <stdarg.h>
03 using namespace std;
04
05 // 可变参数
06 // Author: 零壹快学
07 // 三点代表可变参数
08 float avg(int size, ...)
```

```
09  {
10          float sum = 0.0;
11          // 初始化可变参数列表
12          va_list valist;
13          va_start(valist, size);
14          // 用va_arg宏依次取得参数
15          for ( int i = 0; i < size; i++ ) {
16                      // 必须自己知道每一个参数的类型
17                      // 可变参数可以是不同类型的参数
18              sum += va_arg(valist, int);
19          }
20          // 清理内存
21          va_end(valist);
22          return (sum / size);
23  }
24  int main()
25  {
26          cout <<"求1 2 3 4 5的平均数: "<< avg(5, 1, 2, 3, 4, 5) << endl;
27          return 0;
28  }
```

动手写7.8.4展示了可变参数的应用，运行结果如图7.8.4所示：

```
求1 2 3 4 5的平均数: 3
```

图7.8.4　可变参数

我们可以看到，可变参数函数的第一个参数需要是参数的个数，后面用3个点来表示可变参数。在函数中我们需要创建可变参数列表va_list，并用va_start来初始化，然后我们就可以用va_arg使用参数了。在示例中，所有参数都是整型，所以直接把int传进va_arg。在实际设计中，我们也可以指定几种参数类型，只要与实参匹配就行。最后在用完可变参数之后，我们需要使用va_end来清理内存。

微信扫码解锁

· 视频讲解
· 拓展学堂

第 8 章

C++面向对象编程入门

C++与C最大的区别就是C++引入了面向对象编程。面向对象编辑是C++的核心组成，我们将会用两章的篇幅来加以讲解。本章将讲解类的基本概念以及组成类的成员变量和成员函数，还有一些基本的访问控制与继承的知识，这些知识将足够让我们写出一些基本的C++面向对象程序。而在下一章中我们会继续深入讲解复制构造函数、虚函数以及操作符重载等关于类的高级功能。

8.1 类的概念

在前面的章节中，我们已经讲解了一般程序的语法以及如何用函数将程序分成模块以方便阅读和理解。那么面向对象又是要做什么呢？这与函数又有什么关系？

8.1.1 数据抽象

之前我们介绍了许多基本数据类型，可以表示常用的数字与文字信息，也介绍了可以将相同数据类型串在一起的数组。很明显，就表示现实中的事物而言，这些类型是远远不够的。假设我们要在程序中记录一个学生的学号、名字、班级等信息，我们应该怎么做呢？

动手写8.1.1

```
01  #include <iostream>
02  #include <string>
03  using namespace std;
04
05  // 变量表示学生信息
06  // Author: 零壹快学
07  int main() {
08          int studentID = 5;
09          int studentClass = 1;
10          string studentName = "大宝";
```

```
11         cout <<"该学生的学号是: "<< studentID << endl;
12         cout <<"该学生的班级是: "<< studentClass << endl;
13         cout <<"该学生的名字是: "<< studentName << endl;
14         return 0;
15 }
```

动手写8.1.1展示了用变量名来联系相关的变量。运行结果如图8.1.1所示：

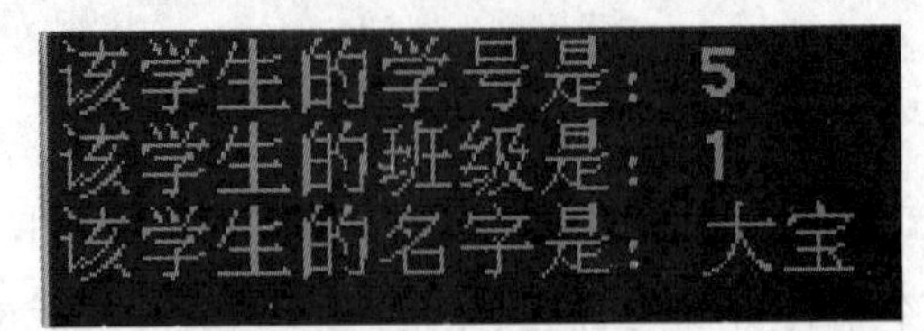

图8.1.1　相关联的变量名

虽然这样的做法直截了当，但是如果在需要多个学生信息的情况下，我们就不得不把变量名修改成student1ID，这样会非常不灵活，而且程序中的变量会相当多。

动手写8.1.2

```
01 #include <iostream>
02 #include <string>
03 using namespace std;
04
05 // 数组表示学生信息
06 // Author: 零壹快学
07 int main() {
08         int studentIDs[2] = { 5, 6 };
09         int studentClasses[2] = { 1, 1 };
10         string studentNames[2] = { "大宝", "小宝" };
11         for ( int i = 0; i < 2; i++ ) {
12                 cout <<"该学生的学号是: "<< studentIDs[i] << endl;
13                 cout <<"该学生的班级是: "<< studentClasses[i] << endl;
14                 cout <<"该学生的名字是: "<< studentNames[i] << endl;
15                 cout << endl;
16         }
17         return 0;
18 }
```

动手写8.1.2用几个数组实现了这一功能，运行结果如图8.1.2所示：

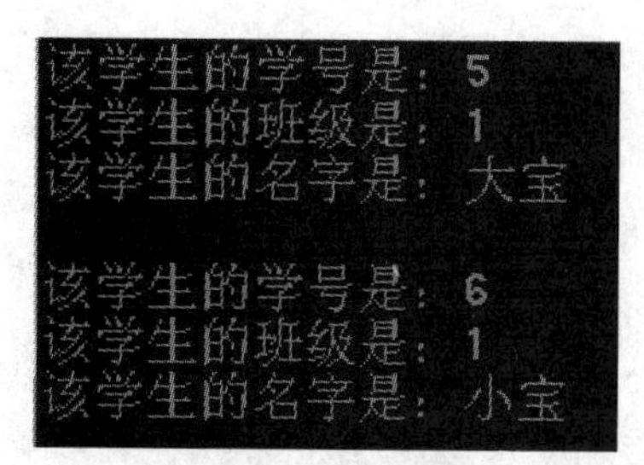

图8.1.2　数组实现

这个方法简化了多个学生的情况，我们可以用几个数组分别表示学生的每种属性。但是当属性增加的时候，我们还是要管理这些数组，而且也要注意每个数组的大小需保持一致（这里不需要担心学生数量动态增长的情况，只要简单地把数组改成vector就行了）。读者可能会想到可以使用二维数组，并用第二维来表示每种属性。但我们知道，C++的数组只能放相同类型的元素，如果只有学号和班级，我们可以使用存放数字的数组，但是名字就不行了。所以这个时候就需要有一种可以存储复合类型数据的数组，这种数组就是结构体（Struct）。我们先来看看结构体是怎么使用的。

动手写8.1.3

```
01 #include <iostream>
02 #include <string>
03 #include <vector>
04 using namespace std;
05
06 // 结构体的概念
07 // Author: 零壹快学
08 struct Student
09 {
10         int ID;
11         int classNum;
12         string name;
13 };
14 int main() {
15        vector<Student> students;
16        Student stu1;
17        stu1.ID = 5;
18        stu1.classNum = 1;
19        stu1.name = "大宝";
20        students.push_back(stu1);
```

```
21        Student stu2;
22        stu2.ID = 6;
23        stu2.classNum = 1;
24        stu2.name = "小宝";
25        students.push_back(stu2);
26        for ( int i = 0; i < 2; i++ ) {
27              cout <<"该学生的学号是："<< students[i].ID << endl;
28              cout <<"该学生的班级是："<< students[i].classNum << endl;
29              cout <<"该学生的名字是："<< students[i].name << endl;
30              cout << endl;
31        }
32        return 0;
33  }
```

动手写8.1.3展示了结构体的使用，其运行结果与动手写8.1.2的相同。我们在这里使用struct关键字定义了一个结构体，在其中放入任何数据类型的变量，就相当于一下子定义了好几个变量。

我们使用点号（.）来获取结构体中的成员，这样如果想定义几个学生，只需要一个包含Student结构体的数组就可以了，而且无须担心不同数组之间大小是否同步的问题。而在添加属性的时候，我们也可以简单地在数组的定义中添加一个成员。像这样将现实中的事物的关键信息抽取出来的过程就是数据抽象。在这里我们只抽取了属性，而事物还有各式各样的行为和相互之间的联系，这些我们会在后面的内容中一一讲述。

在定义了Student结构体后，我们多了一种新的数据类型可以操作，它可以当作函数的参数和返回值，或指针指向的对象。而在这些操作中我们都不需要关心这个结构体中有什么，只需要操作这个抽象的数据类型，这也体现了下一小节中封装的概念。

8.1.2　封装

封装的概念我们之前已经提过。所谓封装，其实就是隐藏细节，将一个复杂的装置封装在一个看不见的黑盒中，而只暴露出一些用户接口。生活中的各种家用电器往往就是依据封装的思想设计的，我们可以使用外壳上的各种按钮，在各种插口中插上电源或数据线，但是电器的内部我们一般都看不到，也不需要关心它到底是怎么运作的。之前介绍的函数也体现了封装。在使用函数的时候我们只需要关心参数类型、返回值以及函数的作用，而并不需要关心函数体内的代码。

在第5章中，我们介绍了vector和字符串，它们都是接下来的两章中将会介绍的类（Class），也就是C++面向对象编程的核心组成。类是一种自定义的类型，在使用的时候就像基本数据类型那样。类是C++在C的结构体之上进行扩展的新类型，它可以像结构体那样实现数据抽象，也可以使用访问控制符有效地实现封装。在类之中我们可以定义变量和函数，而它们都可以拥有不同的访问级别来隐藏实现细节。

对于vector来说，我们可以使用它的push_back()、pop_back()等函数，而不需要知道vector是用普通的数组实现，还是用其他的方式实现。而有关实现细节的函数和数据，由于是私有访问级别，从外界也不能访问，就可以有效防止用户在无意间破坏类的内部状态。

8.1.3　继承和多态

面向对象编程还有两个重要特性，那就是继承和多态。面向对象编程的目标是抽象地表示现实中的事物，既然如此，就也会出现分门别类的问题。现实中的事物之间普遍存在着共性，比如猫和虎同属于猫科动物，它们之间有着许多相似或相同的特性，抽象出来就是猫科动物的特点。在设计类的时候为了避免重复的数据和函数，我们就会使用继承来让类形成一个树形的层级结构。

继承也是为了实现多态而存在的。所谓多态，就是不同的类具有相似的行为，比如交通工具中的飞机和汽车都有加速的行为，但实现方式却不同。在C++中我们可以使用虚函数声明同名的函数，并在具体的飞机和汽车类中进行不同的实现，而最后能用一种方式调用这个函数。

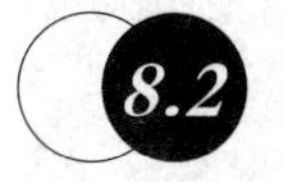

8.2 类的定义

面向对象的核心是类，它是C++在C语言原有结构体的基础之上扩展出来的概念，不仅增加了附属于类的成员函数，也增加了继承和虚函数等面向对象编程所需要的重要功能。从类创建出来的具体变量则叫作对象（Object）。对象可以看作是类的实例，每个对象占有着独立的内存空间，而类只是一个描述对象的抽象概念。对象和类可以理解为是糕点和做糕点的模具，糕点的形状都相同，但可能是不同材料做的。当然，有时我们也会将这两个术语混用。先来看一个简单的类定义。

动手写8.2.1

```
01  #include <iostream>
02  #include <string>
03  using namespace std;
04
05  // 类的定义
06  // Author: 零壹快学
07  class Champion
08  {
09  public:
10      Champion(int id,
```

```
11                          string nm,
12                          int hp,
13                          int mn,
14                          int dmg) {
15                  ID = id;
16                  name = nm;
17                  HP = hp;
18                  mana = mn;
19                  damage = dmg;
20          }
21          void attack(Champion &chmp) {
22                  chmp.takeDamage(this->damage);
23          }
24          void takeDamage(int incomingDmg) {
25                  HP -= incomingDmg;
26          }
27  private:
28          int ID;
29          string name;
30          int HP; //血量
31          int mana; //魔法值
32          int damage; //伤害值
33  };
```

动手写8.2.1展示了一个简单的类的定义。这个类定义了一般游戏中的英雄，在其中定义了名字、血量等必要的属性，并定义了两个函数：攻击attack()和掉血takeDamage()。在攻击其他英雄的时候，由参数传入的其他英雄会受到当前英雄伤害值的伤害，进而调用takeDamage()函数减少血量。具体的语法我们会在接下来的几个小节中一一讲解。

8.2.1 成员变量

类中可以定义各种成员变量，可以是基本数据类型，也可以是其他类的对象。它们的初始值需要在构造函数中指定，不然就会自动使用默认的初始值，在编程时可能会带来超出预期的结果。而在一个类的内部也可以再定义一个类，不过这个类的作用域将仅限于这个类中；如果是公有访问级别，可以使用作用域操作符“::”在外部访问。

所谓的访问级别就是在上述类定义中的public和private等关键字。private之下定义的那些成员变量一般仅限于类内部定义的成员函数访问，在main()函数以及其他使用类对象的函数中是不可见的，而public之下定义的成员可见。这也是为什么在attack()中我们要调用另一个英雄的takeDamage()函数，而不能直接修改他的HP（虽然也是在成员函数中访问，但是chmp是作为参数传进来的，而不是当前对象本身，因此对于chmp中定义的HP来说，attack()函数也算是类的外部）。

8.2.2 成员函数

类中定义的函数叫作成员函数（Member Function）。成员函数在调用的时候需要像读取或修改成员变量那样加上对象的名字作为前缀，例如myObj.doSomething()。

成员函数可以在类中定义，也可以在类的外部定义。如果要在类外定义成员函数，我们首先要在类中声明成员函数，然后在类外定义时在函数名前面加上类名和作用域操作符“::”。

动手写8.2.2

```
01 #include <iostream>
02 #include <string>
03 using namespace std;
04 
05 // 成员函数定义与声明的分离
06 // Author: 零壹快学
07 class Champion
08 {
09 public:
10       Champion(int id, string nm, int hp, int mn, int dmg);
11       void attack(Champion &);
12       void takeDamage(int incomingDmg);
13 private:
14       int ID;
15       string name;
16       int HP; //血量
17       int mana; //魔法值
18       int damage; //伤害值
19 };
20 Champion::Champion(int id,
21                           string nm,
22                           int hp,
23                           int mn,
24                           int dmg) {
25    ID = id;
```

```
26        name = nm;
27        HP = hp;
28        mana = mn;
29        damage = dmg;
30    }
31    void Champion::attack(Champion &chmp) {
32        chmp.takeDamage(this->damage);
33    }
34    void Champion::takeDamage(int incomingDmg) {
35        HP -= incomingDmg;
36    }
```

动手写8.2.2展示了成员函数定义和声明的分离。我们在类定义体之外定义了3个函数，在函数名之前加上了类名“Champion”和“::”以表示它们是成员函数。而且，定义体内的函数定义也去掉了函数体，加上了分号变成函数声明。函数声明不需要指明形参的名字，因此在attack()的声明中我们只写了“Champion &”。

定义在类内外的成员函数都属于类的内部，可以访问类中所有的成员变量。

成员函数可以是const的，而一般的函数没有这个功能。常量成员函数通过在参数列表后添加const关键字实现，并且在声明和定义中都必须有。常量成员函数不能修改本对象的成员变量。

动手写8.2.3

```
01    #include <iostream>
02    #include <string>
03    using namespace std;
04
05    // 常量成员函数
06    // Author: 零壹快学
07    class Time
08    {
09    public:
10        Time(int hr, int min, int sec) {
11            hour = hr;
12            minute = min;
13            second = sec;
14        }
15        oid printTime() const {
16            //把下面这一行注释掉的话，可以成功运行
```

```
17              second++;
18              cout <<"时间是: "<< hour <<"时"<< minute <<"分"<< second
                <<"秒"<< endl;
19          }
20  private:
21          int hour;
22          int minute;
23          int second;
24  };
25
26  int main() {
27          Time time(2, 32, 56);
28          time.printTime();
29          return 0;
30  }
```

动手写8.2.3展示了常量成员函数。printTime()是一个用const关键字修饰了的常量成员函数，在函数内不能修改类成员变量。由于我们无意中写了second++，编译将会报出如图8.2.1所示的错误：

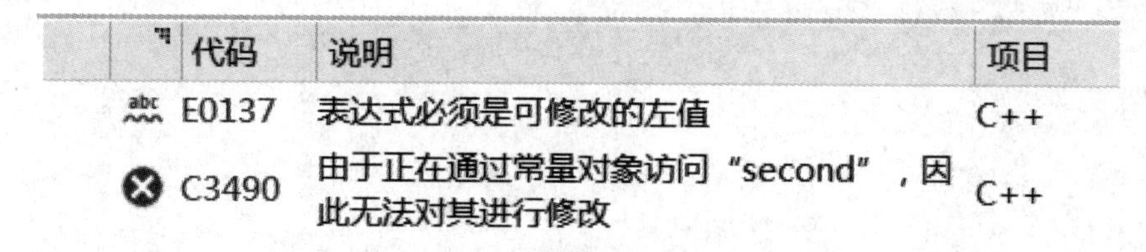

	代码	说明	项目
	E0137	表达式必须是可修改的左值	C++
	C3490	由于正在通过常量对象访问“second”，因此无法对其进行修改	C++

图8.2.1　常量成员函数

如果将这一行注释掉，程序就能顺利编译并且打印出时间了。

8.2.3　构造函数

动手写8.2.1中有一个与类同名的特殊的函数Champion()，这样的函数叫作构造函数（Constructor）。构造函数的主要功能是初始化类中的成员变量，它往往会在类实例化（也就是创建对象）的时候被自动调用。

构造函数支持重载，没有参数的构造函数也叫作默认构造函数（Default Constructor）。在没有自定义构造函数的时候，系统会提供一个预置的默认构造函数，相当于把所有成员变量都初始化为基本类型的默认值。

8.2.4　创建对象

一个具体的类与基本类型一样，都是一种类型。对象与基本类型的变量一样，也存在内存分配的问题，一般情况下会分配在栈上。下面我们来看一个示例：

动手写8.2.4

```
01 #include <iostream>
02 #include <string>
03 using namespace std;
04
05 // 对象的创建和使用
06 // Author: 零壹快学
07 class Champion
08 {
09 public:
10     Champion(int id, string nm, int hp, int mn, int dmg) {
11         ID = id;
12         name = nm;
13         HP = hp;
14         mana = mn;
15         damage = dmg;
16     }
17     void attack(Champion &chmp) {
18         chmp.takeDamage(this->damage);
19     }
20     void takeDamage(int incomingDmg) {
21         HP -= incomingDmg;
22     }
23     int getHP() {
24         return HP;
25     }
26 private:
27     int ID;
28     string name;
29     int HP; //血量
30     int mana; //魔法值
31     int damage; //伤害值
32 };
33 int main() {
34     Champion galen(1, "Galen", 800, 100, 10);
35     Champion ash(2, "Ash", 700, 150, 7);
```

```
36      cout <<"Ash的初始血量: "<< ash.getHP() << endl;
37      galen.attack(ash);
38      cout <<"Ash受到Galen攻击后的血量: "<< ash.getHP() << endl;
39      return 0;
40  }
```

动手写8.2.4展示了对象的创建和使用，运行结果如图8.2.2所示：

```
Ash的初始血量: 700
Ash受到Galen攻击后的血量: 690
```

图8.2.2 对象的创建和使用

我们可以看到，在定义对象的时候，类的名字被当作类型名使用，而对象名后面的括号中则是构造函数的参数。如果没有参数，那么我们将会调用自定义或系统预设的默认构造函数。创建了对象以后，我们就可以访问公共的成员变量或调用公共的成员函数了，这两者都需要使用成员访问运算符“.”。

使用类的指针访问成员变量或函数的语法与上面的示例不太一样。

动手写8.2.5

```
01  #include <iostream>
02  #include <string>
03  using namespace std;
04  
05  // 用指针访问对象成员
06  // Author: 零壹快学
07  class Champion
08  {
09  public:
10      Champion(int id, string nm, int hp, int mn, int dmg) {
11          ID = id;
12          name = nm;
13          HP = hp;
14          mana = mn;
15          damage = dmg;
16      }
17      void attack(Champion &chmp) {
18          chmp.takeDamage(this->damage);
19      }
```

```
20      void takeDamage(int incomingDmg) {
21              HP -= incomingDmg;
22      }
23      int getHP() {
24              return HP;
25      }
26  private:
27      int ID;
28      string name;
29      int HP; //血量
30      int mana; //魔法值
31      int damage; //伤害值
32  };
33  int main() {
34      Champion galen(1, "Galen", 800, 100, 10);
35      Champion ash(2, "Ash", 700, 150, 7);
36      cout <<"Ash的初始血量："<< ash.getHP() << endl;
37      Champion *chmpPtr = &galen; // 指向Champion的指针
38      (*chmpPtr).attack(ash);
39      chmpPtr->attack(ash);
40      cout <<"Ash受到Galen攻击后的血量："<< ash.getHP() << endl;
41      return 0;
42  }
```

动手写8.2.5展示了使用指针访问对象成员的方法。我们可以看到，我们可以先解引用再使用普通的点符号，也可以直接使用指针专用的成员访问符“->”，这两者的语义是等价的。

动手写8.2.6

```
01  #include <iostream>
02  using namespace std;
03
04  // 类定义后紧跟对象声明
05  // Author：零壹快学
06  class MyClass
07  {
08  public:
09      MyClass() {
```

```
10              a = 1;
11         }
12         int getA() {
13              return a;
14         }
15  private:
16         int a;
17  } myclass;
18
19  int main() {
20         cout <<"a的值是: "<< myclass.getA() << endl;
21         return 0;
22  }
```

动手写8.2.6展示了直接在类定义后面紧跟对象声明的用法，这也解释了为什么在类定义后需要分号，不然就不能算是一个声明语句。示例的运行结果如图8.2.3所示：

a的值是：1

图8.2.3 类定义后紧跟对象声明

8.2.5 this指针

此外，成员函数访问成员时有一个隐含的指针变量this。它的类型是指向当前实例的指针，指向的是调用成员函数的对象。

动手写8.2.7

```
01  #include <iostream>
02  using namespace std;
03
04  // this指针的显式使用
05  // Author: 零壹快学
06  class MyClass
07  {
08  public:
09         MyClass(int a, int b) {
10              this->a = a;
11              this->b = b;
12         }
```

```
13          int getA() {
14                  return this->a;
15          }
16  private:
17          int a;
18          int b;
19  };
20  int main() {
21          MyClass myclass(2, 3);
22          cout <<"a的值是: "<< myclass.getA() << endl;
23          return 0;
24  }
```

动手写8.2.7展示了this指针的显式使用，运行结果如图8.2.4所示：

a的值是：2

图8.2.4 this指针的显式使用

this指针对于myclass来说就是它自己的地址，而对其他对象来说是其他对象的地址。通过使用this指针，我们可以在构造函数中给参数使用与成员变量相同的名字而不会混淆。在类的成员函数中访问成员变量其实都是默认隐式地使用了this指针。在getA()中的“return this->a;”写成“return a;”也是等价的。不过有时我们也确实需要用this指针来取得整个对象本身。

动手写8.2.8

```
01  #include <iostream>
02  using namespace std;
03
04  // this指针作为返回值
05  // Author: 零壹快学
06  class MyClass
07  {
08  public:
09      MyClass(int a, int b) {
10          this->a = a;
11          this->b = b;
12      }
13      MyClass *getAddr() {
14          return this;
15      }
```

```
16        MyClass getCopy() {
17            return *this;
18        }
19        int getA() {
20            return a;
21        }
22 private:
23        int a;
24        int b;
25 };
26 int main() {
27        MyClass myclass(2, 3);
28        MyClass *ptr = myclass.getAddr();
29        cout <<"a的值是: "<< ptr->getA() << endl;
30        MyClass copy = myclass.getCopy();
31        cout <<"a的值是: "<< copy.getA() << endl;
32        return 0;
33 }
```

动手写8.2.8展示了this指针作为返回值的使用。运行结果如图8.2.5所示：

图8.2.5　this指针作为返回值

在这个示例中，我们用一个函数返回了对象的地址，而用另一个函数通过返回this指针的解引用结果返回对象本身，也就是对象的一个副本。

8.2.6　类和结构体的区别

在C语言的时代，结构体还没有构造函数和成员函数这些面向对象的元素，而在C++设计出了类以后，结构体与类的区别就只剩下默认的访问控制符了。这是因为在C++向前兼容的时候，C语言结构体中的变量都是直接访问的，所以结构体的默认访问控制符是public，而类的则是private。

动手写8.2.9

```
01 #include <iostream>
02 using namespace std;
03
04 // struct和class的默认访问控制符
```

```
05 // Author: 零壹快学
06 class MyClass
07 {
08         // 加上public程序可以运行
09 //public:
10         MyClass(int a, int b) {
11                 this->a = a;
12                 this->b = b;
13         }
14         int a;
15         int b;
16 };
17 struct MyStruct {
18         MyStruct(int a, int b) {
19                 this->a = a;
20                 this->b = b;
21         }
22         int a;
23         int b;
24 };
25 int main() {
26         MyClass myclass(2, 3);
27         MyStruct mystruct(2, 3);
28         cout <<"a的值是: "<< myclass.a << endl;
29         cout <<"a的值是: "<< mystruct.a << endl;
30         return 0;
31 }
```

动手写8.2.9展示了结构体和类的默认访问控制符的区别。编译器会报出如图8.2.6所示的错误：

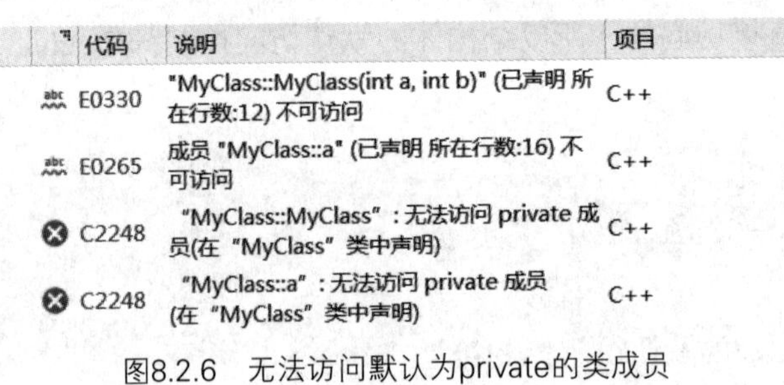

代码	说明	项目
E0330	"MyClass::MyClass(int a, int b)" (已声明 所在行数:12) 不可访问	C++
E0265	成员 "MyClass::a" (已声明 所在行数:16) 不可访问	C++
C2248	"MyClass::MyClass"：无法访问 private 成员(在"MyClass"类中声明)	C++
C2248	"MyClass::a"：无法访问 private 成员(在"MyClass"类中声明)	C++

图8.2.6　无法访问默认为private的类成员

由于类的默认访问控制符是private，因此我们无法访问任何没有被修饰的成员，在加上public以后，程序才可以正常运行。

从编程风格上来说，一般结构体都用来表示比如三维坐标、日期等比较简单的复合数据类型，直接访问其数据成员，因此默认的访问控制符都是public。而类的数据成员往往是private的，需要用函数来访问它们。

8.3 构造函数

在上一节中，我们简要介绍了构造函数，而在这一节中我们将会详细讲解构造函数的不同形态、默认构造函数和一些注意事项。

8.3.1 默认构造函数

一般的构造函数都会有参数用来初始化类的成员，而默认构造函数是没有参数的构造函数。在创建对象的时候如果对象名后面不加括号，那么系统就会调用默认构造函数。

动手写8.3.1

```
01  #include <iostream>
02  using namespace std;
03
04  // 默认构造函数
05  // Author: 零壹快学
06  class Time
07  {
08  public:
09      Time() {
10          hour = 0;
11          minute = 0;
12          second = 0;
13      }
14      int hour;
15      int minute;
16      int second;
17  };
18  int main() {
19      Time time;
20      cout <<"时间是: "<< time.hour <<"时"<< time.minute <<"分"<< time.
        second <<"秒"<< endl;
21      return 0;
22  }
```

动手写8.3.1展示了默认构造函数的应用，运行结果如图8.3.1所示：

时间是：0时0分0秒

图8.3.1　默认构造函数

我们可以看到，Time类的构造函数没有参数，也就是一个默认构造函数。我们在声明对象time的时候没有加参数列表，就像声明一个未初始化的变量那样，系统在这个时候就会自动调用默认构造函数。一般情况下，我们会用默认构造函数制定一些类成员的默认值，就像C++中基本数据类型的默认值一样。

如果一个类没有任何构造函数，系统就会自动生成一个默认构造函数，这个构造函数遵循着基本数据类型的默认初始化规则。但在一些编译器下，声明不带参数却没有默认构造函数的对象有可能会直接报错。

8.3.2　重载构造函数

构造函数在重载的时候也满足一般函数的重载规则。

动手写8.3.2

```
01 #include <iostream>
02 using namespace std;
03
04 // 重载构造函数
05 // Author: 零壹快学
06 class Area
07 {
08 public:
09     Area(int a, int b) {
10         area = a * b;
11     }
12     Area(int a) {
13         area = a * a;
14     }
15     int getArea() { return area; }
16 private:
17     int area;
18 };
19 int main() {
20     int a = 3;
21     int b = 4;
```

```
22          int c = 5;
23          Area area1(a, b);
24          Area area2(c);
25          cout <<"边长为"<< a <<"和"<< b <<"的长方形面积为："<< area1.getArea()
            << endl;
26          cout <<"边长为"<< c <<"的正方形面积为："<< area2.getArea() << endl;
27          return 0;
28  }
```

动手写8.3.2展示了构造函数的重载和根据实参来选择构造函数的情况，运行结果如图8.3.2所示：

```
边长为3和4的长方形面积为：12
边长为5的正方形面积为：25
```

图8.3.2 构造函数重载

在这个示例中，我们实现了两个版本的方形面积的构造函数，由于调用时实参个数不同，编译器可以很容易地找到相应的版本。

8.3.3 初始化列表

在上一小节中我们展示了一个构造函数的示例，那个构造函数与普通的函数类似，类成员的初始化工作都在函数体中使用赋值进行。然而对于这一种特殊的构造函数来说，我们也可以使用初始化列表来初始化。

动手写8.3.3

```
01  #include <iostream>
02  using namespace std;
03
04  // 初始化列表
05  // Author: 零壹快学
06  class Time
07  {
08  public:
09      Time(int hr, int min, int sec) : hour(hr), minute(min),
        second(sec) {}
10      int getHour() { return hour; }
11      int getMinute() { return minute; }
12      int getSecond() { return second; }
13  private:
14      int hour;
```

```
15        int minute;
16        int second;
17    };
18    int main() {
19        Time time(12, 24, 36);
20        cout <<"时间是: "<< time.getHour() <<"时"
21            << time.getMinute() <<"分"
22            << time.getSecond() <<"秒"<< endl;
23        return 0;
24    }
```

动手写8.3.3展示了初始化列表的使用。初始化列表位于参数列表和函数体之间，以一个冒号“:”开始，并用逗号隔开数个类似调用构造函数的初始化表达式。其实在实际编程中，我们也可以使用类似的语法对基本数据类型的变量进行初始化。

动手写8.3.4

```
01    #include <iostream>
02    using namespace std;
03
04    // 类似构造函数的变量初始化
05    // Author: 零壹快学
06    int main() {
07        int num(5);
08        float fnum(3.4);
09        char ch('h');
10        bool bval(false);
11        return 0;
12    }
```

初始化列表看似与在函数体中赋值的形式等价，其实却不然。

动手写8.3.5

```
01    #include <iostream>
02    using namespace std;
03
04    // 初始化列表的调用顺序
05    // Author: 零壹快学
06    class B
```

```
07 {
08 public:
09      B() {
10           cout <<"B的构造函数被调用!"<< endl;
11           num = 0;
12      }
13 private:
14      int num;
15 };
16 class A
17 {
18 public:
19      A(B bb) {
20           cout <<"A的构造函数被调用!"<< endl;
21           num = 0;
22           b = bb;
23      }
24 private:
25      B b;
26      int num;
27 };
28 int main() {
29       B b;
30       cout <<"创建A的对象之前! "<< endl;
31       A a(b);
32       return 0;
33 }
```

动手写8.3.5中展示了默认构造函数在初始化列表省略时也会被调用的情况。运行结果如图8.3.3所示：

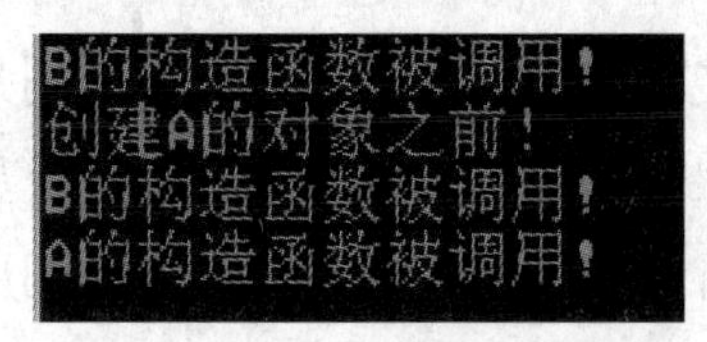

图8.3.3　初始化列表的调用顺序

由于A中包含了一个B的对象，在进入A构造函数的函数体之前，虽然并没有初始化列表，但系统还是会自动调用B的默认构造函数，因此结果中才会出现A构造函数被调用之前的那一句。

鉴于系统潜在的这一行为，我们应该尽量使用初始化列表，这是因为如果在函数体中再赋值的话，会有调用默认构造函数、执行其中语句等一系列不必要的开销。

此外，还有一些必须使用初始化列表的情况。

动手写8.3.6

```
01  #include <iostream>
02  using namespace std;
03
04  // 必须使用初始化列表的情况
05  // Author: 零壹快学
06  class B
07  {
08  public:
09  private:
10          int num;
11  };
12  class A
13  {
14  public:
15          A(int num) : b(), numRef(num), num(num) {
16          }
17  private:
18          B b;
19          int &numRef;
20          const int num;
21  };
22  int main() {
23          A a(2);
24          return 0;
25  }
```

动手写8.3.6展示了几种必须使用初始化列表的情况，分别是常量成员、引用成员和没有默认构造函数的类成员。前两种情况很好理解，引用成员和常量成员的普通变量在声明的时候就需要初始化；而第三种情况是因为没有显式的默认构造函数可以调用，而用初始化列表在很多情况下都是显式调用拷贝构造函数（此内容会在下一章中介绍）。

8.4 析构函数

既然类有特殊的用来初始化的构造函数，那么类又是否有一种用来收尾或者释放内存的函数呢？当然有，这种函数就是析构函数（Destructor）。

8.4.1　析构函数的语法

我们先通过一个示例来了解一下析构函数的语法和用法：

动手写8.4.1

```
01 #include <iostream>
02 using namespace std;
03 
04 // 析构函数
05 // Author: 零壹快学
06 class MyClass
07 {
08 public:
09         MyClass(int a, int b) : a(a), b(b) { cout <<"构造函数被调用！"<<
           endl; }
10         ~MyClass() { cout <<"析构函数被调用！"<< endl; }
11         void printAB() {
12                 cout <<"a的值是："<< a <<"，b的值是："<< b << endl;
13         }
14 private:
15         int a;
16         int b;
17 };
18 int main() {
19         MyClass myclass(2, 3);
20         myclass.printAB();
21         return 0;
22 }
```

动手写8.4.1展示了析构函数的语法。运行结果如图8.4.1所示：

图8.4.1　析构函数的语法

析构函数与构造函数一样也与类的名称相同，不同的是析构函数要在函数名前加一个波浪符号“~”。我们可以看到对象myclass在main()函数中被创建，所以它是分配在栈上的，在main()函数结束的时候将会被自动销毁，而此时对象的析构函数也会被调用，因此我们才能在输出窗口看到最后一行文字。

一般情况下，析构函数都是被自动调用的。显式调用析构函数属于C++的高级内容，就不在本书中进行讨论了。

8.4.2 动态分配对象内存

我们之前讲过使用new和delete管理动态内存分配的示例，这对于类的实例来说也是一种最佳实践。在使用new的时候系统会自动调用构造函数，而在使用delete的时候系统会自动调用析构函数。

动手写8.4.2

```
01  #include <iostream>
02  using namespace std;
03
04  // 动态分配对象内存
05  // Author: 零壹快学
06  class MyClass
07  {
08  public:
09      MyClass(int a, int b) : a(a), b(b) { cout <<"构造函数被调用! "
        << endl; }
10      ~MyClass() { cout <<"析构函数被调用! "<< endl; }
11      void printAB() {
12          cout <<"a的值是: "<< a <<", b的值是: "<< b << endl;
13      }
14  private:
15      int a;
16      int b;
17  };
18  int main() {
19      MyClass *ptr = new MyClass(2, 3);
20      ptr->printAB();
21      delete ptr;
22      ptr = new MyClass(6, 5);
23      ptr->printAB();
```

```
24        delete ptr;
25        return 0;
26 }
```

动手写8.4.2展示了使用new和delete动态管理内存的情况。运行结果如图8.4.2所示：

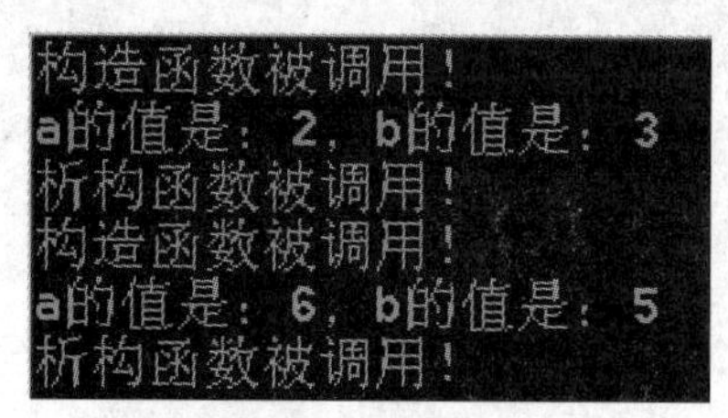

图8.4.2 动态分配对象内存

我们可以看到，在每次使用new的时候构造函数都会被调用，而在每次使用delete的时候析构函数则会被自动调用。

动手写8.4.3

```
01 #include <iostream>
02 using namespace std;
03
04 // 类内部动态内存分配
05 // Author: 零壹快学
06 class MyClass
07 {
08 public:
09        MyClass(int size) : size(size) {
10            arr = new int[size];
11            for ( int i = 0; i < size; i++ ) {
12                   arr[i] = i;
13            }
14       }
15       ~MyClass() { delete[] arr; }
16       void printArr() {
17             for ( int i = 0; i < size; i++ ) {
18                    cout << arr[i] <<"";
19             }
20             cout << endl;
21      }
22 private:
```

```
23          int *arr;
24          int size;
25  };
26  int main() {
27          MyClass obj(5);
28          obj.printArr();
29          return 0;
30  }
```

动手写8.4.3展示了构造函数、析构函数中使用动态分配的情况，运行结果如图8.4.3所示：

```
0 1 2 3 4
```

图8.4.3　类内部动态内存分配

虽然在类的内部使用了动态内存分配，但由于对象创建在栈上，因此析构函数会被自动调用，用户不需要担心类内部是否有内存泄漏。而类的设计者只需要保证内存在析构函数中被安全释放就行了，这也体现了类的封装性。

8.5 类的作用域

一个类的创建界定了一块独一无二的作用域。两个类之中可以声明重名的成员函数和变量而不相冲突，这是因为在大多数情况下我们都是通过类的对象来访问类成员的，既然类的对象原来就知道是什么类型的，通过obj.doSomething()的形式调用函数是不会相冲突的。不过例外也会存在，为了避免类作用域的冲突问题，我们需要学习作用域操作符的用法，并了解名字查找的规则。

8.5.1　作用域操作符

在8.2.2小节中，我们已经展示过在类定义体之外定义成员函数时需要使用作用域操作符。这是因为类定义的花括号框住的区域在类的作用域中，不需要使用作用域操作符，而在这之外定义的成员函数位于全局作用域中，我们可以在同一个地方定义两个类的重名函数，所以这时就需要用作用域操作符来区分。

动手写8.5.1

```
01  #include <iostream>
02  using namespace std;
03
04  // 使用作用域操作符
05  // Author: 零壹快学
```

```
06 class A
07 {
08 public:
09       A() {}
10       static int num;
11 private:
12 };
13 int A::num = 2;
14 int num = 3;
15 int main() {
16       cout <<"A::num的值为: "<< A::num << endl;
17       cout <<"num的值为: "<< num << endl;
18       return 0;
19 }
```

动手写8.5.1展示了在外部使用一个类中定义的静态成员时需要使用作用域操作符。运行结果如图8.5.1所示：

```
A::num的值为: 2
num的值为: 3
```

图8.5.1　使用作用域操作符

我们可以看到，在全局作用域中我们定义了两个num，没有“A::”的就只是普通的全局变量，而另一个含有“A::”的是类的静态成员变量，在类定义中就先声明了一次。关于类的静态成员变量我们会在下一节中具体介绍，在这里我们只需要关注这两个num之间使用作用域操作符的区别。

动手写8.5.2

```
01 #include <iostream>
02 using namespace std;
03
04 // 使用其他类的成员
05 // Author: 零壹快学
06 class B
07 {
08 public:
09       B() { }
10       static void printB() { cout <<"print B!"<< endl; }
11 };
```

```
12 class A
13 {
14 public:
15       A() {}
16       void printB() { B::printB(); }
17 private:
18       int num;
19 };
20
21 int main() {
22       A a;
23       a.printB();
24       return 0;
25 }
```

动手写8.5.2展示了在一个类中使用另一个类的成员。运行结果如图8.5.2所示：

```
print B!
```

图8.5.2 使用其他类的成员

我们可以看到，通过使用作用域操作符，我们可以很轻易地使用另一个类的成员函数，而不存在类与类之间明显的边界，只要求我们需要访问的成员处于合法的访问权限即可。

8.5.2 名字查找

在使用变量或者调用函数的时候，编译器都需要确定当前变量名或函数名对应的声明到底是哪一个，因为复合语句、函数、类等会引入各种各样的作用域。在大型程序中，如果没有处理好声明的先后顺序或大量使用同样的名字，很可能会使程序陷入莫名其妙的、找不到声明或重定义的问题，因此我们有必要简要地了解一下名字查找的规则。

对于一般没有类的情况而言，名字查找的顺序是从内到外。如果有几个嵌套的作用域（不论是复合语句还是函数），编译器在遇到一个名字的时候就会从当前语句开始在当前作用域中往前查找声明（注意：当前作用域的当前语句后面声明的名字不会被搜到），如果查找不到，就会一层层地向外搜索。

动手写8.5.3

```
01 #include <iostream>
02 using namespace std;
03
04 // 名字查找
```

```
05 // Author: 零壹快学
06 int main() {
07         bool cond = true;
08         int a = 2;
09         if ( cond ) {
10                 cout <<"a的值是: "<< a << endl;
11                 int a = 3;
12         }
13         return 0;
14 }
```

动手写8.5.3展示了一般情况下的名字查找。运行后，a打印出来的值是2而不是3。我们可以看到，尽管a=3在内层的作用域中声明了，但并没有在a使用前声明，所以编译器会直接搜索外层作用域以找到a=2的声明，甚至在没有a=2的声明的情况下，会因为找不到a的声明而直接报错（这里不是定义而是声明，请回忆一下声明的变量是可以在其他文件中定义的）。

对于类定义中的名字查找来说，情况就稍稍复杂一点了。我们先看一个示例：

动手写8.5.4

```
01 // 类定义中的名字查找
02 // Author: 零壹快学
03 class A
04 {
05 public:
06         A() { num = 0; }
07         NUM getNum() { return num; }
08         typedef int NUM;
09 private:
10         int num;
11 };
12 int main() {
13         A a;
14         a.getNum();
15         return 0;
16 }
```

动手写8.5.4展示了类定义中名字查找的情况，编译器会产生如图8.5.3的错误：

图8.5.3　类定义中的名字查找

我们可以看到编译器找不到NUM，因为类型名NUM声明在了getNum()的后面，这是可以理解的。但是我们又会发现，作为返回值的成员变量num也是定义在后面的，可为什么编译器没有对这个情况报错呢？

这是因为类定义在编译的时候会先编译声明部分，也就是跳过函数体，所以返回值类型的名字查找规则依然与普通情况一样。在编译完声明之后，才会开始编译定义，这也是因为有些函数的定义在类定义之内，有些则在外面，而且成员函数访问所有类成员也是可以理解的。因此在编译完类声明之后，成员函数就能看到所有的其他成员，这时返回num的语句就不会出错了。

总的来说，类定义中的查找规则分为2种：各声明的查找规则与普通规则一样，先往前找同一作用域的声明，再向外寻找；而成员函数定义的查找规则则是先找函数作用域中的名字，再找类定义中的名字，最后向外找外层作用域中的名字。

正因如此，成员函数中的名字是会屏蔽类成员的。下面我们来看一个示例：

动手写8.5.5

```
01  #include <iostream>
02  using namespace std;
03
04  // 屏蔽类成员
05  // Author: 零壹快学
06  class Area
07  {
08  public:
09          Area(int width, int height) {
10                  // 用this指针避免同名屏蔽
11                  this->width = width;
12                  this->height = height;
13          }
14          // 函数作用域内的参数将同名成员变量屏蔽
```

```
15         int getArea(int width, int height) { return width * height; }
16 private:
17         int width;
18         int height;
19 };
20 int main() {
21         Area area(3, 4);
22         cout <<"长方形面积为: "<< area.getArea(5, 6) << endl;
23         return 0;
24 }
```

动手写8.5.5展示了成员函数参数对类成员变量的屏蔽，运行结果如图8.5.4所示：

```
长方形面积为: 30
```

图8.5.4 屏蔽类成员

我们可以看到，属于成员函数getArea()作用域的两个参数由于名字查找的先后顺序而屏蔽了同名的成员变量，最后打印出来的面积是参数的乘积而不是一开始的构造函数两个值的乘积。要避免这个问题可以修改参数的名字，或像构造函数那样使用this指针来消除歧义。

8.6 类的静态成员

在之前的内容中我们介绍过函数中的静态变量，它与函数内的局部变量的不同之处在于静态变量的生命周期是贯穿整个程序的，而不是一次的函数调用；而它与全局变量的不同之处在于静态变量的作用域仅限于函数内部，只有在函数内部才是可见的。在一个类中我们也可以定义这样的静态成员，分为类的静态成员变量和类的静态成员函数两种。

8.6.1 类的静态成员变量

类的静态成员变量与函数的静态变量类似，其生命周期与类（而不是具体的对象）绑定。静态成员变量的作用域也是类，也就是在类的所有实例对象中都可见。

动手写8.6.1

```
01 #include <iostream>
02 using namespace std;
03
04 // 类的静态成员变量
05 // Author: 零壹快学
```

```
06 class Product
07 {
08 public:
09        Product(float price) : price(price) {}
10        float getPrice() {
11              return discountRate * price;
12        }
13 private:
14        float price;
15        static float discountRate;
16 };
17
18 float Product::discountRate = 0.85;
19
20 int main() {
21        Product camera(2299.99);
22        cout <<"相机的最终价格为: "<< camera.getPrice() << endl;
23        Product tv(1199.99);
24        cout <<"电视机的最终价格为: "<< tv.getPrice() << endl;
25        return 0;
26 }
```

动手写8.6.1展示了类的静态成员变量的应用及特性，运行结果如图8.6.1所示：

```
相机的最终价格为: 1954.99
电视机的最终价格为: 1019.99
```

图8.6.1　类的静态成员变量

我们可以看到，通过使用静态成员变量定义了一个商品对象之间通用的折扣率变量，只需要初始化一次，在该类的各个实例对象的getPrice()函数中就都能使用，并且之后还可以改变这个数值。很明显，如果我们用一般成员变量，这样的修改就要在所有对象中都进行一遍。静态成员变量的初始化就像定义全局变量那样，要在全局作用域中进行，这是因为静态成员变量的声明周期是全局的，先于任何类对象的创建。在初始化静态成员变量的时候我们需要省略static关键字，还需要加一个类的限定符“Product::”。

那为什么不能用全局变量来实现这样的功能呢？这是因为使用全局变量就意味着抛弃了变量的作用域，我们除了要面临管理大量变量的问题外，还丧失了访问权限，连区分的变量也可以被随便修改，这大大破坏了封装性（我们可以看到动手写8.6.1中的静态变量是私有的，所以除了初始化之外的修改还必须通过成员函数来实现）。

8.6.2 类的静态成员函数

类中也可以定义静态成员函数，静态成员函数也是作用于类，而不是作用于具体的对象。为了说明这一概念，我们可以想象一个学生类的例子。每个学生的姓名、成绩等属性都是根据具体对象而各不相同，但它们也共享所有学生都有的一些东西。比如我们想要有一个函数可以生成新生的学号，那么这个函数就最好是静态的，它可以访问最新的学号并加1后返回。这里学号的信息是一个类整体的信息，而不像学生成绩那样，学生A的成绩与学生B的成绩毫无关联。下面我们来看看这样一个示例：

动手写8.6.2

```
01 #include <iostream>
02 #include <string>
03 using namespace std;
04
05 // 类的静态成员函数
06 // Author: 零壹快学
07 class Student
08 {
09 public:
10      Student(int id, string name) : id(id), name(name) {}
11      static int generateId() {
12              return globalID++;
13      }
14      string getName() {
15              return name;
16      }
17      int getId() {
18              return id;
19      }
20 private:
21      string name;
22      int id;
23      static int globalID;
24 };
25
26 int Student::globalID = 1;
```

```
27
28  int main() {
29      Student stu1(Student::generateId(), "小宝");
30      cout << stu1.getName() <<"的学号为: "<< stu1.getId() << endl;
31      Student stu2(Student::generateId(), "大宝");
32      cout << stu2.getName() <<"的学号为: "<< stu2.getId() << endl;
33      return 0;
34  }
```

动手写8.6.2展示了类的静态成员函数的应用。运行结果如图8.6.2所示：

图8.6.2　类的静态成员函数

在调用静态成员函数的时候，我们需要加上类的限定符，否则如果两个类拥有重名的函数我们将无法区分。比较容易判断一个函数是否应该设计成静态成员函数的一个办法就是，从含义上思考这个函数如果由具体的对象调用是否合理。此处生成学号这样的事情很明显是不可能让某个学生自己做的，同理还有计算平均分等。

注意类的静态成员函数中只能访问类的静态成员变量和其他静态成员函数，一般的成员变量和函数是不能访问的（也包括this指针），因为它只是一个作用域限于类的函数，调用时并没有和任何一个具体的对象关联。

8.6.3　类的常量静态成员

我们知道，类的数据成员或者说类的成员变量需要在构造函数中初始化，而类的静态数据成员需要在类的外部初始化。我们可以使用const static关键字来声明一种类的常量静态成员变量，并且可以直接在类的定义体中初始化。

动手写8.6.3

```
01  #include <iostream>
02  #include <string>
03  using namespace std;
04
05  // 类的常量静态成员
06  // Author: 零壹快学
07  class Student
08  {
09  public:
10      Student(string nm, int sc) : name(name) {
```

```
11          if ( sc > fullScore ) {
12                  cout <<"分数超出满分，自动调节成100！"<< endl;
13                  score = fullScore;
14          } else {
15                  score = sc;
16          }
17      }
18      string getName() {
19          return name;
20      }
21      int getScore() {
22          return score;
23      }
24  private:
25      string name;
26      int score;
27      const static int fullScore = 100;
28  };
29
30  int main() {
31      Student stu1("小宝", 97);
32      cout << stu1.getName() <<"的成绩为："<< stu1.getScore() << endl;
33      Student stu2("大宝", 105);
34      cout << stu2.getName() <<"的成绩为："<< stu2.getScore() << endl;
35      return 0;
36  }
```

动手写8.6.3展示了类的常量静态成员变量，运行结果如图8.6.3所示：

```
的成绩为：97
分数超出满分，自动调节成100！
的成绩为：100
```

图8.6.3　类的常量静态成员

在本示例中我们定义了一个表示满分的const static成员fullScore，并在类定义中就完成了初始化，在构造函数的时候我们会将它与参数中的分数做对比，并将超过满分的分数截为满分。

8.7 继承

面向对象编程中的一种重要思想是继承。继承可以省略类之间共同的部分，并使用户可以采用相同的方式在不同类之中实现不相同但却类似的行为。

8.7.1 什么是继承?

面向对象编程是一套将现实事物抽象化的方法论，而现实事物互相之间都是充满联系的。其中一种重要的关系就是“是一种”（Is-a）的关系。车、飞机和船都是交通工具，而车又分为汽车、火车和自行车等，汽车中有两门、四门的区别，也有奥迪、宝马等不同品牌，这样的分类就形成了一种树形结构，就像动物的分类体系一样。

在面向对象编程中，这种“是一种”的关系也叫作继承（Inheritance）。四门轿车和两门轿车对于普遍的汽车来说就是派生类（Derived Class）继承了基类（Base Class）。派生类共享着基类的成员变量和函数，比如引擎、轮子、刹车、加速等，而派生类之间又各自有着不同的特性，比如车门的数量。而对于电动车和汽车来说，它们的加速行为则有不同的实现。

继承往往有着庞大复杂的树形结构，这种结构也叫作继承层次（Inheritance Hierarchy）。

8.7.2 继承实例

讲了那么多理论和术语，我们还是要看看C++中关于继承的实际语法：

动手写8.7.1

```
01  // 继承实例
02  // Author: 零壹快学
03  // 交通工具
04  class Vehicle
05  {
06  public:
07      Vehicle() { numPassengers = 0; }
08      void move() {}
09  protected:
10      int numPassengers; // 乘客数量
11  };
12  // 飞机
13  class Airplane : public Vehicle
14  {
15  public:
```

```
16        Airplane() {}
17 };
18 // 有轮交通工具
19 class WheeledVehicle : public Vehicle
20 {
21 public:
22        WheeledVehicle() {}
23 };
24 // 汽车
25 class Car : public WheeledVehicle
26 {
27 public:
28        Car() {}
29 };
30 // 自行车
31 class Bicycle : public WheeledVehicle
32 {
33 public:
34        Bicycle() {}
35 };
36 int main() {
37        return 0;
38 }
```

动手写8.7.1展示了一个简单的3层继承层级。所有的类都从交通工具继承而来，而有轮交通工具之下又衍生出了汽车和自行车。如果要用图片的形式来表现这样的继承关系，如图8.7.1所示：

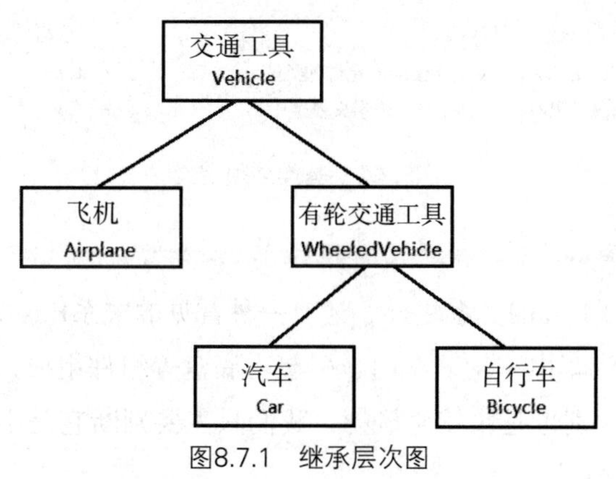

图8.7.1　继承层次图

我们可以在示例中看到，继承的语法由两部分组成：一是紧跟在类名和冒号“:”后面的访问控制符，二是基类的名字。要注意这里的基类可以不止一个，可以是用逗号分隔的一个基类列表（这个情形在“知识拓展”的多重继承中会讲到，现在我们只关注单个基类的情形）。这里的访问控制符与修饰类成员类似，在语义上又稍有不同，后面我们也会进行介绍。

只需要访问权限允许，一个类在继承了某个基类以后就可以无须声明地使用基类的成员了。在这里我们用了一个在继承中广泛使用的访问控制符protected，这使我们在派生类的WheeledVehicle、Car和Bicycle中都可以使用基类的成员numPassengers。

动手写8.7.2

```
01  // 基类必须已定义
02  // Author: 零壹快学
03  // 基类
04  class Base;
05  // 派生类
06  class Derived : public Base
07  {
08  public:
09          Derived() {}
10  protected:
11          int a;
12  };
13  int main() {
14          return 0;
15  }
```

很显然，派生类派生的基类也需要是已经明确定义了的。动手写8.7.2展示了基类只声明却未定义的情况，此种情况下编译器会报出如图8.7.2所示的错误：

代码	说明	项目
E0070	不允许使用不完整的类型	C++
C2504	“Base”：未定义基类	C++

图8.7.2　基类必须定义

8.7.3　Is-a和Has-a

在面向对象编程中除了Is-a的关系之外，还有一种常见的关系Has-a，也就是包含关系。我们还是拿车的例子打比方，汽车由车轮、车门、引擎、底盘等组件组成，我们可以说汽车包含了这些组件，这和Is-a关系的区别也是比较明显的，我们只需要判断它是不是另一个类的元素就可以了。下面我们来看一个示例：

动手写8.7.3

```
01 #include <vector>
02 using namespace std;
03
04 // Is-a和Has-a
05 // Author: 零壹快学
06 // 交通工具
07 class Vehicle
08 {
09 public:
10       Vehicle() { numPassengers = 0; }
11       void move() {}
12 protected:
13       int numPassengers; // 乘客数量
14 };
15 // 轮子
16 class Wheel
17 {
18 public:
19       Wheel() { size = 14; }
20 private:
21       int size;
22 };
23 // 引擎
24 class Engine
25 {
26 public:
27       Engine() { capacity = 2000; }
28 private:
29       int capacity; // 排量
30 };
31 // 汽车
32 class Car : public Vehicle
33 {
34 public:
35       Car() {}
```

```
36 protected:
37         vector<Wheel> wheels;
38         Engine engine;
39 };
40 int main() {
41         return 0;
42 }
```

动手写8.7.3展示了Has-a关系和Is-a关系的区别。我们可以看到，汽车和交通工具的关系是Is-a的关系，而汽车Car和轮子Wheel以及引擎Engine的关系则是Has-a的关系。此外，对于Has-a的关系，我们一般还会区分是一对一还是一对多。比如，汽车的轮子在这里用一个vector存放，这就是一对多的关系，也就是一辆汽车有多个轮子。

8.7.4 派生类与基类的转换

我们知道，派生类的对象可以直接访问基类的成员，这是因为派生类实际上是包含基类的，而基类的成员将会排列在靠前的位置。如果这时候要将派生类转换成基类，派生类自己的成员将会被截掉。

动手写8.7.4

```
01 #include <iostream>
02 #include <vector>
03 using namespace std;
04 
05 // 派生类到基类的转换
06 // Author: 零壹快学
07 // 基类
08 class Base
09 {
10 public:
11         Base() { b = 0; }
12 protected:
13         int b;
14 };
15 // 派生类
16 class Derived : public Base
17 {
```

```
18 public:
19       Derived() { d = 0; }
20       int d;
21 };
22 int main() {
23       vector<Base> baseVec;
24       Base base;
25       Derived derived;
26       cout <<"derived的大小为："<< sizeof(derived) << endl;
27       baseVec.push_back(base);
28       baseVec.push_back(derived);
29       cout <<"放入vector的derived的大小为："<< sizeof(baseVec.back()) << endl;
30       // baseVec.back().d 不存在，derived已被截断
31       return 0;
32 }
```

动手写8.7.4展示了将派生类放进基类的容器中的情况。运行结果如图8.7.3所示：

图8.7.3　派生类到基类的转换

我们可以看到，派生类在放进基类的容器时发生了强制转换，大小从8变成了4，也就是基类中一个成员变量的大小。这个时候我们就无法访问派生类的成员d了，因为这个对象当前的类型是Base。

动手写8.7.4中所表现的基类与派生类的关系可用图8.7.4来表示：

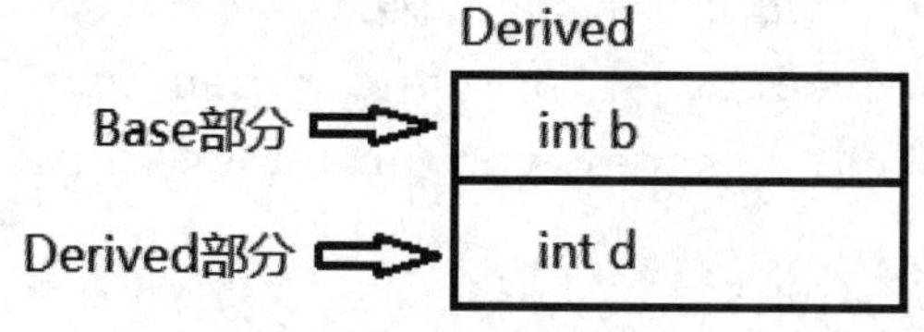

图8.7.4　派生类的结构

基类作为派生类的一部分存在，两部分唯一占用空间的就是两个整型的成员变量。

派生类可以转换为基类，那么基类是不是能够反过来转换为派生类呢？答案是既可以又不可以。因为派生类肯定拥有基类的内容，所以可以转换为基类；而基类却不具备派生类的成员，所以不能直接转换为派生类。但是我们可以用指向基类的指针指向派生类，然后在确定当前类的类型时将基类指针转换成派生类的指针。这样讲有些抽象，我们还是来看一个示例：

动手写8.7.5

```
01  #include <iostream>
02  using namespace std;
03
04  // 基类指针到派生类指针的转换
05  // Author: 零壹快学
06  // 基类
07  class Base
08  {
09  public:
10        Base() { b = 0; }
11  protected:
12        int b;
13  };
14  // 派生类
15  class Derived : public Base
16  {
17  public:
18        Derived() { d = 0; }
19        int d;
20  };
21  int main() {
22        Derived derived;
23        Base *basePtr = &derived;
24        cout <<"basePtr指向的对象的大小为: "<< sizeof(*basePtr) << endl;
25        Derived *derivedPtr = (Derived *)basePtr;
26        cout <<"d的值为: "<< derivedPtr->d << endl;
27        return 0;
28  }
```

动手写8.7.5展示了从基类指针到派生类指针的转换。运行结果如图8.7.5所示：

```
basePtr指向的对象的大小为: 4
d的值为: 0
```

图8.7.5　基类指针到派生类指针的转换

示例先将一个派生类赋值给了基类指针，然后又将基类指针强制转换回派生类指针。我们可以看到，在这个过程中派生类是没有丢失自己的成员的，在这个情况下我们知道对象属于什么类型，就可以安全地进行转换。但在实际编程中，这样的做法还是十分危险的，除非我们给类的每个对象一个标识符以标识它们的类型。需要注意的是，这个basePtr指向的对象大小是4而不是8，这是因为系统在这个时候只有指针的类型信息，还是把这个对象当成了基类，计算其大小时也是按照基类的大小计算，我们只需要记住它还保留了派生类的成员即可。

我们在实际编程中应该尽量使用指针来操作对象，这也是后面实现多态所需要的。在讲解多态的时候我们会介绍一种更安全的转换函数dynamic_cast。

8.7.5　继承下的构造析构函数

对于派生类来说，基类的构造函数也应该像成员的类对象那样被显式调用，因为不同的派生类可能会调用不同版本的基类构造函数，只是之前的几个示例中我们都省略了，让系统自动调用了默认构造函数。此外，继承下的析构函数的调用顺序也是很有趣的。接下来让我们看一个示例：

动手写8.7.6

```
01 #include <iostream>
02 using namespace std;
03
04 // 继承下的构造析构函数
05 // Author: 零壹快学
06 // 基类
07 class Base
08 {
09 public:
10     Base(int bb) : b(bb) { cout <<"基类的构造函数被调用！"<< endl; }
11     ~Base() { cout <<"基类的析构函数被调用！"<< endl; }
12 protected:
13     int b;
14 };
15 // 派生类
16 class Derived : public Base
17 {
18 public:
19     Derived(int bb, int dd) : Base(bb), d(dd) { cout <<"派生类的构
       造函数被调用！"<< endl; }
20     ~Derived() { cout <<"派生类的析构函数被调用！"<< endl; }
21 protected:
22     int d;
23 };
```

```
24  int main() {
25          Derived derived(1, 3);
26          return 0;
27  }
```

动手写8.7.6展示了继承下的构造析构函数的调用顺序。运行结果如图8.7.6所示：

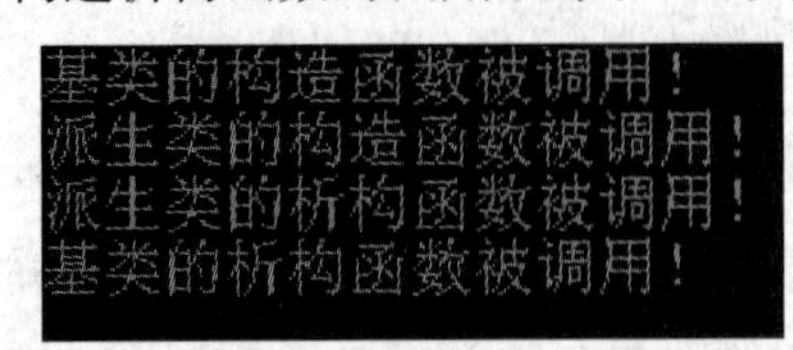

图8.7.6　继承下的构造析构函数的调用顺序

我们可以看到基类Base出现在了派生类的初始化列表中，并且我们用派生类构造函数的参数显式调用了基类构造函数。构造函数的调用顺序是很容易理解的，就算没有初始化列表，系统也会在派生类构造函数的函数体前调用基类的默认构造函数。那么为什么析构函数的顺序是反着的呢？我们先反过来看，如果基类声明了一个动态数组，而派生类在这个动态数组的每个元素上又声明了几个动态数组，那么在释放的时候我们当然要先释放每个元素上的动态数组，再释放基类的动态数组，而不是反过来进行，否则我们会直接删除了整个数组，元素上的动态数组的内存就无从释放了。换句话说，派生类的成员对基类可能有依赖关系，因此在释放资源的时候我们也要先释放派生类的成员，解决这层依赖关系，而不是釜底抽薪，从而导致意想不到的错误。

这也可以用栈的思想进行类比，构造函数相当于入栈，而在局部作用域中定义对象也确实是将内存分配到栈上。我们把基类构造完放到栈中之后，再把派生类构造完放到栈中，由于从栈中取元素的时候只能从最顶上开始，类似地，在释放内存的时候也需要先调用派生类的析构函数释放内存，再调用基类的析构函数。

8.8 访问控制

在之前的章节中已经出现了public、private和protected这3个表明访问控制的访问控制符，它们可以同时修饰类的成员和继承的基类。在这一节中我们将会详细讲解这几个访问控制符的异同以及如何应用访问控制更好地实现高封装性。

8.8.1　用户

在讲解访问控制符的使用之前，我们先来讲一下程序设计中用户（User）的概念。在谈到程序的时候，我们看到“用户”这个词的第一反应也许就是应用程序的使用者，他首先是一个人，其次是一个没有专业知识的非程序员。然而，这个词在程序设计中的意义却远比这个印象要广。“User”这个单词在英语中本来就不仅限于指人，而是指任何使用某个客体的主体，只是它的语义在翻译过程中变成特指了。

因此，用户可以是应用程序的用户、调用系统API的应用程序、使用库函数的程序员或者程序，甚至是访问一个类的另一个类。只要有访问或者使用的概念，就有用户。

对于面向对象编程来说，为了设计出封装性良好的类，我们需要明确每一个类成员潜在的用户，并指定这些类成员的访问权限。一个类的用户可以是类自己的成员、使用类的外界代码、类的派生类。

8.8.2 访问控制和封装

良好的封装性在于暴露出应该暴露的用户接口，并且隐藏私有的实现细节。如果要设计一个手机的类，我们需要公开手机的home键、调节音量的按钮等可以供用户互动的组件。我们可以用public修饰这些组件，或者提供间接操作函数，比如长按、短按等。对于需要隐藏的电路板和相机等组件来说，我们就需要使用private或者protected来修饰。在一开始设计一个类并决定类大概有哪些成员的时候，我们就要明确这些成员是要暴露还是要隐藏。

一般情况下类的数据成员都是要隐藏的，至于基本的查看、添加、删除、修改等操作，我们可以为每一个数据成员写出不同的接口函数。类的接口函数也就是用户函数，它总是用public来修饰的，而一些有关实现细节的辅助函数（Helper Function）就需要用private或者protected来隐藏了。

比如我们要用手机拍照，那么类肯定要给外界提供一个拍照的接口函数。但是我们知道，手机摄影还涉及很多硬件底层的细节和后期图像处理等，我们不可能把所有的代码都写在一个拍照函数之中，那样的话函数的体积将会非常大，并且非常难以维护。在这种情况下，我们往往会写很多小的辅助函数（比如滤镜），用来提高代码的维护性和可读性。调用拍照函数的用户并不需要知道这些辅助函数的存在，所以我们可以直接用private或protected来隐藏这些函数。

8.8.3 修饰成员的访问控制符

访问控制符可以用来修饰类的数据成员或者成员函数。

public修饰符使得成员全局可见。

private修饰符使得成员只在类的内部或友元（在下一章中会介绍）中可见，也就是只有该类中定义的函数才能访问private修饰的变量或函数。

protected修饰符使得成员在具有private的特性之外还可以被该类的派生类访问。

图8.8.1形象地说明了3种访问控制符的关系：

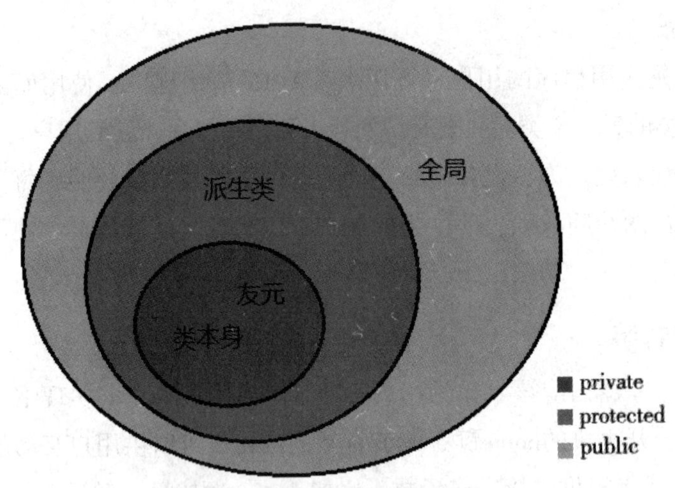

图8.8.1 3种访问控制符的包含关系

我们可以看到，这3种访问控制符限定的访问范围是相互包含的。

我们来看一个示例：

动手写8.8.1

```
01  // 访问控制符
02  // Author: 零壹快学
03  // 基类
04  class Base
05  {
06          int a;
07  public:
08          Base() : a(0), b(0), c(0), d(0) { }
09          int getA() { return a; }
10          int b;
11  protected:
12          int c;
13  private:
14          int getD() { return d; }
15          int d;
16  };
17  // 派生类
18  class Derived : public Base
19  {
20  public:
21          Derived() : Base(), e(0) { }
```

```
22          int getC() { return c; }
23  private:
24          int e;
25  };
26  int main() {
27          Derived derived;
28          int result = derived.b + derived.getA() + derived.getC();
29          return 0;
30  }
```

动手写8.8.1展示了各个访问控制符的特性：

◇ 访问控制符可以修饰多行成员，基类的构造函数、getA()和b都被public修饰了。

◇ 在访问控制符出现之前也可以声明成员，它将使用struct或class的默认访问控制符public或private。在这里a是private的，我们只能在类中访问。

◇ public的b、getA()和getC()可以在类外部和派生类中访问，而protected的c也可以在派生类中访问。

8.8.4　修饰基类的访问控制符

在派生类开头的基类列表（或者说派生列表）中，我们会在派生类继承的基类前加上一个访问控制符，这个访问控制符可以进一步限制基类成员在派生类中呈现的访问权限。表8.8.1总结了基类的成员访问级别在经过派生时，被访问控制符进一步限制后的结果。

表8.8.1　修饰基类的访问控制符的效果

成员访问级别 / 基类访问级别	Private	Protected	Public
Public	Private	Protected	Public
Private	Private	Private	Private
Protected	Private	Protected	Protected

在公有继承（Public Inheritance）的情况下，基类成员的访问级别会被原封不动地照搬。

在私有继承（Private Inheritance）的情况下，基类成员的访问级别会全部变成Private。

在保护继承（Protected Inheritance）的情况下，基类成员中Public的成员将会变成Protected，而其余不变。

我们可以把这样的结果简单地看作是基类访问级别与成员访问级别取最小值的结果。由于公有继承的情况非常直观，接下来我们就分别用两个示例来展示私有继承和保护继承的行为。

动手写8.8.2

```
01 // 私有继承
02 // Author: 零壹快学
03 // 基类
04 class Base
05 {
06 public:
07      Base() : a(0), b(0), c(0) { }
08      int a;
09 protected:
10      int b;
11 private:
12      int c;
13 };
14 // 派生类
15 class Derived : private Base
16 {
17 public:
18      Derived() { d = a + b + c; } // c无法在派生类中访问
19 private:
20      int d;
21 };
22 //派生类的派生类
23 class Derived1 : public Derived
24 {
25 public:
26      Derived1(){}
27      int getA() { return a; }
28      int getB() { return b; }
29 };
30 int main() {
31      Derived1 derived1;
32      return 0;
33 }
```

动手写8.8.2展示了私有继承对派生类的派生类所带来的影响。编译该程序时会报出如图8.8.2所示的错误：

代码	说明
E0265	成员 "Base::c" (已声明 所在行数:17) 不可访问
E0265	成员 "Base::a" (已声明 所在行数:13) 不可访问
E0265	成员 "Base::b" (已声明 所在行数:15) 不可访问
C2248	"Base::c"：无法访问 private 成员(在"Base"类中声明)
C2247	"Base::a"不可访问，因为"Derived"使用"private"从"Base"继承
C2248	"Base::b"：无法访问 无法访问的 成员(在"Base"类中声明)

图8.8.2　私有继承

派生类Derived采用了私有继承，所以所有基类成员在Derived中都变成了私有成员。因为c在基类中已经是私有成员了，所以在Derived中不能被访问；而a和b相当于变成了在Derived中声明的私有变量，所以能被Derived访问，却不能被它的派生类Derived1访问。这里的概念有些复杂，但我们只要记住一点，那就是私有继承和保护继承不会影响基类，只会影响派生类中的基类成员。对于b来说，如果Derived是公有继承的，那么b会保持protected的特性，而在Derived1中也能被访问；但现在私有继承在Derived的这一继承层次改变了b的访问权限，从而使b在Derived之下的继承层次中一律拥有private的访问权限。

接下来我们再看保护继承：

动手写8.8.3

```
01 // 保护继承
02 // Author: 零壹快学
03 // 基类
04 class Base
05 {
06 public:
07         Base() : a(0), b(0), c(0) { }
08         int a;
09 protected:
10         int b;
11 private:
12         int c;
13 };
14 // 派生类
15 class Derived : protected Base
16 {
17 public:
18         Derived() { d = a + b + c; } // c无法在派生类访问
19 private:
```

```
20        int d;
21  };
22  //派生类的派生类
23  class Derived1 : public Derived
24  {
25  public:
26        Derived1(){}
27        int getA() { return a; }
28        int getB() { return b; }
29  };
30  int main() {
31        Derived1 derived1;
32        derived1.a;
33        return 0;
34  }
```

动手写8.8.3展示了保护继承对派生类的派生类所带来的影响。编译该程序时会报出如图8.8.3所示的错误：

代码	说明
E0265	成员 "Base::c" (已声明 所在行数:17) 不可访问
E0265	成员 "Base::a" (已声明 所在行数:13) 不可访问
C2248	"Base::c"：无法访问 private 成员(在 "Base" 类中声明)
C2247	"Base::a" 不可访问，因为 "Derived" 使用 "protected" 从 "Base" 继承

图8.8.3 保护继承

保护继承将基类的public成员转化为派生类中的protected成员，所以在Derived1中可以访问a，但是在外界的main()函数中却不行。而b得以继续保持protected的访问权限，在Derived1中可以被访问。

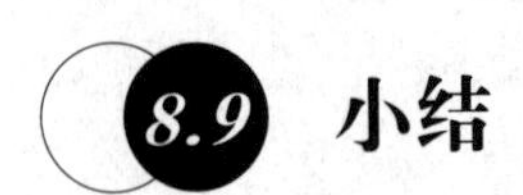

8.9 小结

本章是面向对象编程的入门章节，详细介绍了一些基本、必备的设计类的要素，例如成员函数与变量、构造函数和析构函数、访问控制符以及类的静态成员。此外，本章也用大量生活中的例子来解释了面向对象编程的几大原则和特性，并介绍了继承的用法。

8.10 知识拓展

8.10.1 类的大小

在第3章中我们讲解过sizeof的用法，并用它获得了许多基本数据类型的大小。在学习了类的基本知识以后，我们也可以来了解一下自定义类型的大小，从而了解C++中类在内存中的存储细节。

动手写8.10.1

```
01 #include <iostream>
02 using namespace std;
03
04 // 类的大小
05 // Author: 零壹快学
06 class MyClass {
07 public:
08         MyClass() {
09                 int i = 0;
10                 float f = 0.0f;
11         };
12         int getI() {
13                 return i;
14         }
15         int getF() {
16                 return f;
17         }
18 private:
19         int i;
20         float f;
21         // 静态变量实际是全局变量，不占对象空间
22         static int staNum;
23 };
24 int MyClass::staNum = 2;
25 int main() {
26         MyClass myClass;
27         cout <<"myClass的大小为："<< sizeof(myClass) << endl;
28         return 0;
29 }
```

动手写8.10.1展示了自定义类型的大小。运行结果如图8.10.1所示：

```
myClass的大小为: 8
```

图8.10.1 类的大小

我们可以看到，在创建的类的对象中，真正占据栈的空间的只有2个成员变量，分别为4个字节。静态成员变量实际上与全局变量一起存在于全局数据区，而成员函数则与其他函数一样存在于代码区。

动手写8.10.2

```
01 #include <iostream>
02 using namespace std;
03
04 // 空类的大小
05 // Author: 零壹快学
06 class MyClass {
07 public:
08         MyClass() {};
09 private:
10 };
11 int main() {
12         MyClass myClass;
13         cout <<"myClass的大小为: "<< sizeof(myClass) << endl;
14         return 0;
15 }
```

动手写8.10.2展示了没有数据的空类的大小。运行结果如图8.10.2所示：

```
myClass的大小为: 1
```

图8.10.2 空类的大小

这个结果可能有些令人意外，但是仔细想想也是合理的。在使用类的指针的时候（包括this），每个对象都需要独立的地址，如果类的大小为0，那么排在一起的几个空类的地址都是一样的，我们又怎么知道它们各自是谁呢?

除此之外，我们知道有些数据类型的大小要小于4个字节，而计算机的系统都是按一定大小传输数据的，32位系统是4字节，而64位系统是8字节。如果对象在32位系统内存中的地址不是4的倍数，那本来拿一次的数据可能需要分两次来拿，这样会影响程序的效率，所以类或结构体在这种情况下会自动填充（Padding），使得其大小成为4的倍数。下面让我们来看一看Visual Studio的实际行为：

动手写8.10.3

```
01  #include <iostream>
02  using namespace std;
03
04  // 填充
05  // Author: 零壹快学
06  struct MyStruct1 {
07          bool b1;
08          bool b2;
09          int i1;
10  };
11  struct MyStruct2 {
12          bool b1;
13          int i1;
14          bool b2;
15  };
16  struct MyStruct3 {
17          bool b1;
18          short s1;
19  };
20  int main() {
21          MyStruct1 s1;
22          MyStruct2 s2;
23          MyStruct3 s3;
24          cout <<"MyStruct1的大小为: "<< sizeof(s1) << endl;
25          cout <<"MyStruct2的大小为: "<< sizeof(s2) << endl;
26          cout <<"MyStruct3的大小为: "<< sizeof(s3) << endl;
27          return 0;
28  }
```

动手写8.10.3展示了类或结构体的自动填充。运行结果如图8.10.3所示：

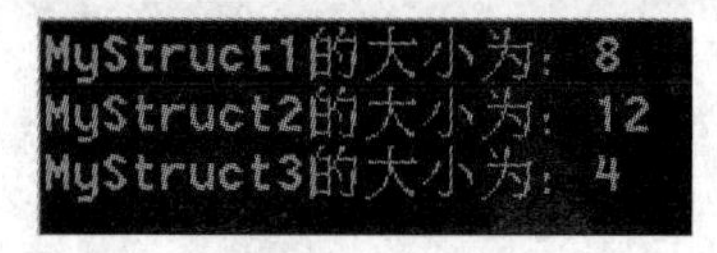

图8.10.3　填充

当我们尝试在类中以不同顺序排列变量的时候，会发现类的大小其实都是不尽相同的。第一种情况，MyStruct1中的两个布尔连在一起，如果后面没有变量，编译器会自动填充2个字节；而现在后面还有一个整型i1，整型跨越了两个4字节，在读取整型的时候需要取两个4字节（2字节称为字，即word；4字节称为双字，即Dword），因此编译器在这种情况下也会在i1填充2个字节，从而使i1在下一个字开始。第二种情况，MyStruct2中由于两个布尔类型被整型i1隔开，我们需要进行两次填充，第一次填3个字节让i1在下一个字开始，而第二次则是填3个字节让结构体在第三个字的结尾结束。第三种情况，MyStruct3中由于short只有2个字节，因此只需要填充1个字节让MyStruct3的大小等于4字节。

8.10.2 多重继承

我们在前面介绍了继承的语法和多层继承体系的概念。当时举的例子都是一个或多个派生类从一个基类中派生，继承体系呈现出一种树形结构。然而这并不是继承的全貌，C++还支持多重继承（Multiple Inheritance），也就是说一个派生类可以从多个基类中派生。多重继承使得继承更加灵活，但同时也带来了一些问题，特别是当一个类D派生自B和C，而B和C又同时继承自A的时候：

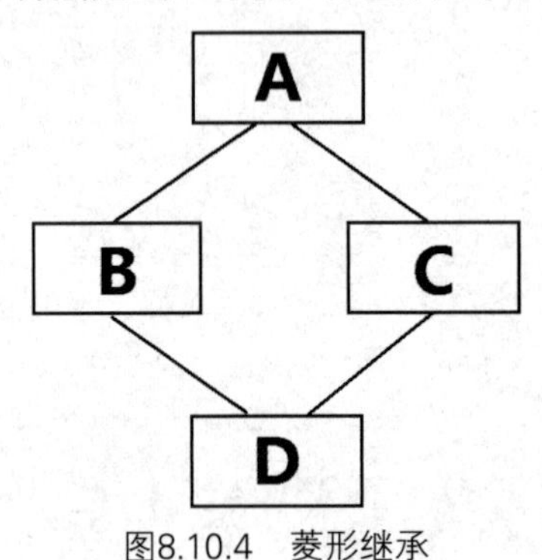

图8.10.4 菱形继承

如图8.10.4所示，这种菱形继承的情况会导致D可能同时拥有两份来自A的内容，从而带来许多的问题，具体内容我们先不予以讲解。

动手写8.10.4

```
01  #include <iostream>
02  using namespace std;
03
04  // 接口式的多重继承
05  // Author: 零壹快学
06
07  // 辅助
08  class Support {
09  public:
10          Support() {}
```

```
11        void heal() { cout <<"发动治疗技能！"<< endl; }
12        void accelerate() { cout <<"发动加速技能！"<< endl; }
13 };
14 // 战士
15 class Fighter {
16 public:
17        Fighter() {}
18        void meleeAttack() { cout <<"发动近战攻击！"<< endl; }
19 };
20 // 弓箭手
21 class Archer {
22 public:
23        Archer() {}
24        void rangedAttack() { cout <<"发动远程攻击！"<< endl; }
25 };
26 // 大boss什么都会
27 // 多重继承的每个基类可以给定不同的访问控制符
28 class Boss : public Support, public Fighter, public Archer {
29 public:
30        // 构造函数需要初始化所有基类
31        Boss(): Support(), Fighter(), Archer() {}
32        void dodge() { cout <<"发动闪避！"<< endl; }
33        void block() { cout <<"发动格挡！"<< endl; }
34 };
35 int main() {
36        Boss shiro;
37        shiro.rangedAttack();
38        shiro.accelerate();
39        shiro.meleeAttack();
40        shiro.dodge();
41        shiro.meleeAttack();
42        shiro.block();
43        shiro.heal();
44        return 0;
45 }
```

动手写8.10.4展示了多重继承的应用。运行结果如图8.10.5所示：

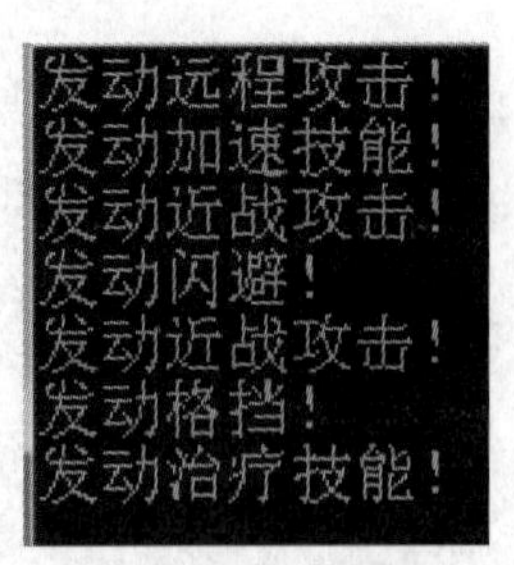

图8.10.5　多重继承

这是一种非菱形的多重继承的方式，也可以说是接口式的多重继承。我们在创建Boss类的时候让其同时继承了好几种职业的技能，这些技能在主函数中都能使用。在创建了这些接口式的基类之后，我们就可以排列组合拼出新的类，这样就实现了代码的高灵活性和高复用性。

8.10.3　显式构造函数

一般的构造函数在需要隐式转换的情况下可能会被自动调用。我们来看一个示例：

动手写8.10.5

```
01  #include <iostream>
02  using namespace std;
03
04  // 隐式转换自动调用构造函数
05  // Author: 零壹快学
06  class MyClass {
07  public:
08          MyClass(int n) : num(n) {}
09          int getNum() { return num; }
10  private:
11          int num;
12  };
13  int main() {
14          MyClass my = 5;
15          cout <<"my中num的值为："<< my.getNum() << endl;
16          return 0;
17  }
```

动手写8.10.5中把5直接赋值给了my，而5并不是MyClass类型的，所以会发生隐式转换。由于MyClass的构造函数正好就接受一个整数，因此这被编译器解读为它是可以顺利用来隐式转换的构造函数，从而将my中的num赋值为5。

如果我们不喜欢这种隐藏的构造函数调用，也可以使用explicit关键字来声明显式构造函数，这样声明出来的构造函数只能被显式调用，而不能用在隐式转换中。

动手写8.10.6

```
01 #include <iostream>
02 using namespace std;
03
04 // 显式构造函数
05 // Author: 零壹快学
06 class MyClass {
07 public:
08         explicit MyClass(int n) : num(n) {}
09         int getNum() { return num; }
10 private:
11         int num;
12 };
13 int main() {
14         MyClass my = 5;
15         cout <<"my中num的值为: "<< my.getNum() << endl;
16         return 0;
17 }
```

动手写8.10.6展示了显式构造函数的作用。由于构造函数被explicit关键字声明成了显式构造函数，同样地将5赋值给my会导致出现如图8.10.6所示的编译错误：

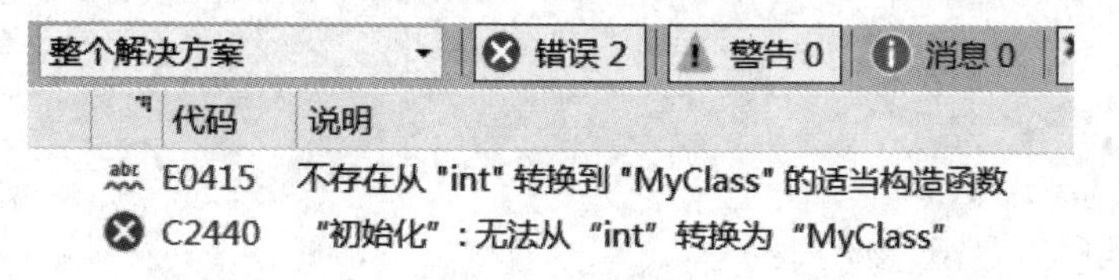

图8.10.6　显式构造函数导致编译错误

8.10.4　可变数据成员

在这一章中我们介绍过类的const成员函数，也就是不能在其中改变类成员的函数。但如果有的类成员就是会时刻改变，就算在const函数中也需要改变呢？比如我们有一个商品类，用户会经常查看这个商品的信息，这自然不会改变商品类的信息数据；但是我们想用一个计数器统计每个商品被查看的次数（注意是每个而不是每种，所以静态变量不适用），这个计数器就算在理应是const的查看信息函数中也是需要改变的，这个时候我们就可以把这样的变量声明成mutable成员。声明带mutable关键字的变量在任何情况下都能改变。下面我们来看一个示例：

动手写8.10.7

```
01 #include <iostream>
02 #include <string>
03 using namespace std;
04
05 // 可变数据成员
06 // Author: 零壹快学
07 class Product {
08 public:
09        Product(int i, string n, int p, int w) : id(i), name(n),
          price(p), weight(w) { views = 0; }
10        void checkInfo() const {
11              cout <<"查看商品信息: "<< endl;
12              cout <<"商品号: "<< id << endl;
13              cout <<"商品名: "<< name << endl;
14              cout <<"价格: "<< price <<"元"<< endl;
15              cout <<"重量: "<< weight <<"克"<< endl;
16              cout <<"查看次数: "<< ++views << endl;
17              cout << endl;
18        }
19 private:
20        int id;
21        string name;
22        int price;
23        int weight;
24        mutable int views;
25 };
26 int main() {
27        Product prod1(1, "辣条", 3, 50);
28        Product prod2(2, "辣条", 3, 50);
29        prod1.checkInfo();
30        prod2.checkInfo();
31        prod1.checkInfo();
32        prod1.checkInfo();
33        return 0;
34 }
```

动手写8.10.7展示了可变数据成员的应用。运行结果如图8.10.7所示：

图8.10.7　可变数据成员

我们可以看到商品的查看次数views被mutable关键字声明成了可变数据成员，因此在const成员函数中我们也能够改变views，而如果修改其他数据就会产生编译错误。

第9章 C++面向对象编程进阶

上一章中我们已经介绍了设计一个类所必需的一些要素，如构造函数、成员等。这一章我们将继续讲解更多关于面向对象编程和类的知识点，让读者加深理解。

9.1 复制控制

在上一章中我们介绍了构造函数，这其中有带参数的，也有不带参数的默认构造函数。在实际应用中，我们会遇到许多使用同类型对象初始化新对象的情况，而且由于C++中的按值传参、按值返回、赋值等语言特性，我们需要妥当地处理关于类的复制问题。类的复制看似简单，却非常容易出错。我们把关于类复制的复制构造函数和赋值操作符重载等统称为复制控制。

9.1.1 复制构造函数

在很多情况下，C++程序都需要复制一个变量，例如按值传递参数的时候，或者返回非引用、非指针的返回值的时候。在这些情况下，如果变量是基本数据类型，编译器会直接复制变量的值到新的临时变量中去；而如果变量是类对象，编译器就会使用现有对象的成员数据重新构造出一个临时对象，这样的构造函数就叫作复制构造函数（Copy Constructor）。我们先来看一个示例：

动手写9.1.1

```
01 #include <iostream>
02 using namespace std;
03
04 // 复制构造函数
05 // Author: 零壹快学
06 class MyClass {
07 public:
08         MyClass(int aa) : a(aa) {}
09         MyClass(const MyClass &myclass) : a(myclass.a) {
```

```
10              cout <<"MyClass的拷贝构造函数被调用! "<< endl;
11          }
12  private:
13          int a;
14  };
15  MyClass test(MyClass myclass) {
16          cout <<"test函数开始执行! "<< endl;
17          return myclass;
18  }
19  int main() {
20          MyClass myclass1(2);
21          cout <<"显式调用复制构造函数! "<< endl;
22          MyClass myclass2(myclass1);
23          cout <<"test函数调用前! "<< endl;
24          test(myclass2);
25          cout <<"test函数调用后! "<< endl;
26          MyClass myclassArr[3] = { myclass1, myclass1, myclass2 };
27          return 0;
28  }
```

动手写9.1.1展示了复制构造函数的语法和使用场景。运行结果如图9.1.1所示：

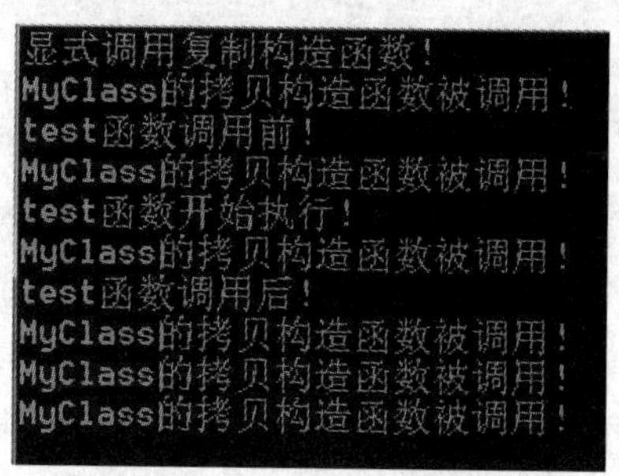

图9.1.1 复制构造函数

在本示例中，我们可以看到MyClass的复制构造函数一共被调用了6次：

◇ 第一次是对myclass1传参的显式调用。

◇ 第二次发生在test函数体之前，也就是按值传参的时候。

◇ 第三次发生在test函数体调用结束之前，也就是按值返回的时候。

◇ 最后3次发生在使用初始化列表初始化数组的时候，每一个元素的初始化都调用了一次复制构造函数（对vector等容器也适用）。

这些基本覆盖了系统自动调用复制构造函数的大多数情况。

我们接着来看复制构造函数的语法。在MyClass中复制构造函数的参数类型是“const MyClass &myclass”，可为什么是const呢？这是因为复制并不需要改变原来的对象，我们只是拿它当作范本而已，所以这里用const来防止程序员意外修改原值。那又为什么是引用呢？我们可以从以下示例中看看使用按值传参会发生什么。

动手写9.1.2

```
01 #include <iostream>
02 using namespace std;
03
04 // 按值传参的复制构造函数
05 // Author: 零壹快学
06 class MyClass {
07 public:
08         MyClass(int aa) : a(aa) {}
09         MyClass(const MyClass myclass) : a(myclass.a) {
10                cout <<"MyClass的复制构造函数被调用！"<< endl;
11         }
12 private:
13         int a;
14 };
15 int main() {
16         MyClass myclass1(2);
17         cout <<"显式调用复制构造函数！"<< endl;
18         MyClass myclass2(myclass1);
19         return 0;
20 }
```

如动手写9.1.2展示的那样，按值传参的复制构造函数会导致出现如图9.1.2所示的编译错误：

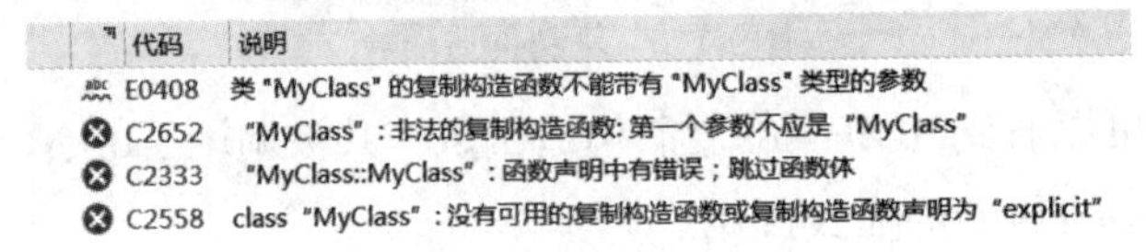

代码	说明
E0408	类 "MyClass" 的复制构造函数不能带有 "MyClass" 类型的参数
C2652	"MyClass"：非法的复制构造函数：第一个参数不应是 "MyClass"
C2333	"MyClass::MyClass"：函数声明中有错误；跳过函数体
C2558	class "MyClass"：没有可用的复制构造函数或复制构造函数声明为 "explicit"

图9.1.2 复制构造函数按值传参

这样的结果是很好理解的。因为按值传参的复制构造函数在参数传递的时候会再次调用复制构造函数，也就是说如果复制构造函数是按值传参就会无限循环下去。

9.1.2 合成的复制构造函数

由于存在着好几种自动隐式调用复制构造函数的情况，因此在没有编写自定义复制构造函数的时候，编译器也会自动合成出默认的复制构造函数。

动手写9.1.3

```
01  #include <iostream>
02  using namespace std;
03  
04  // 合成的复制构造函数
05  // Author: 零壹快学
06  class MyClass {
07  public:
08          MyClass(int aa, int bb) : a(aa), b(bb) {}
09          void printValues() {
10                  cout <<"a的值为: "<< a << endl;
11                  cout <<"b的值为: "<< b << endl;
12          }
13  private:
14          int a;
15          int b;
16  };
17  MyClass test(MyClass myclass) {
18          return myclass;
19  }
20  int main() {
21          MyClass myclass1(2, 4);
22          myclass1.printValues();
23          cout <<"调用test! "<< endl;
24          test(myclass1).printValues(); //让test返回的副本对象调用函数
25          return 0;
26  }
```

动手写9.1.3展示了编译器自动合成复制构造函数的行为。运行结果如图9.1.3所示：

图9.1.3　合成的复制构造函数

MyClass的定义中没有声明任何复制构造函数，然而test()函数在传参和返回的时候需要复制构造函数，所以在这个时候编译器就会自动合成一个。我们可以看到，myclass1()和test()的返回值的成员值完全一样，因此复制是成功的。

然而，我们也必须注意：系统合成的复制构造函数只能进行最基本的行为，也就是复制所有的成员；如果成员有类对象，就调用它的复制构造函数，或者合成一个。我们并不能完全依赖这样的函数，这是因为当类中有指针的时候，合成的复制构造函数只会复制指针的值，也就是地址，而不会复制指针指向的对象。

动手写9.1.4

```
01 #include <iostream>
02 using namespace std;
03
04 // 浅复制
05 // Author: 零壹快学
06 class Component {
07 public:
08     Component(int v) : val(v) {}
09     int getVal() { return val; }
10 private:
11     int val;
12 };
13 class MyClass {
14 public:
15     MyClass(Component cp, Component *cpPtr) : comp(cp),
       compPtr(cpPtr) {}
16     void print() {
17         cout <<"comp的val值为: "<< comp.getVal() << endl;
18         cout <<"compPtr的地址为: "<< compPtr << endl;
19         cout <<"compPtr指向对象的val值为: "<< compPtr->getVal() << endl;
20     }
21 private:
22     Component comp;
23     Component *compPtr;
24 };
25 MyClass test(MyClass myclass) {
26     return myclass;
27 }
28 int main() {
29     Component comp1(1);
```

```
30          Component comp2(3);
31          MyClass myclass1(comp1, &comp2);
32          myclass1.print();
33          cout <<"调用test! "<< endl;
34          test(myclass1).print();
35          return 0;
36  }
```

动手写9.1.4展示了合成的复制构造函数对于指针的局限性。运行结果如图9.1.4所示：

```
comp的val值为：1
compPtr的地址为：0025FBB8
compPtr指向对象的val值为：3
调用test!
comp的val值为：1
compPtr的地址为：0025FBB8
compPtr指向对象的val值为：3
```

图9.1.4　浅复制

我们可以看到，合成的复制构造函数对于指针只是简单地复制了地址，而两个对象中compPtr地址相同，指向的都是同一个对象。这样不仅没有达到复制的效果，而且如果compPtr指向的对象是动态分配，系统在调用第二次析构函数的时候将会发现compPtr指向的对象已经被释放，从而发生异常。我们通常把这种仅仅复制指针地址的复制叫作浅复制。

有浅复制，那就必然有深复制。接下来就让我们看看如何使用自定义的复制构造函数来实现动态分配下的深复制。

动手写9.1.5

```
01  #include <iostream>
02  using namespace std;
03
04  // 深复制
05  // Author: 零壹快学
06  class Component {
07  public:
08          Component(int v) : val(v) {}
09          int getVal() { return val; }
10  private:
11          int val;
12  };
```

```
13  class MyClass {
14  public:
15          MyClass(Component cp, Component *cpPtr) : comp(cp),
            compPtr(cpPtr) {}
16          MyClass(const MyClass &myclass) : comp(myclass.comp) {
17                  this->compPtr = new Component(*myclass.compPtr);
18          }
19          ~MyClass() {
20                  delete compPtr;
21          }
22          void print() {
23                  cout <<"comp的val值为: "<< comp.getVal() << endl;
24                  cout <<"compPtr的地址为: "<< compPtr << endl;
25                  cout <<"compPtr指向对象的val值为: "<< compPtr->getVal() << endl;
26          }
27  private:
28          Component comp;
29          Component *compPtr;
30  };
31  MyClass test(MyClass myclass) {
32          return myclass;
33  }
34  int main() {
35          Component comp1(1);
36          Component comp2(3);
37          MyClass myclass1(comp1, &comp2);
38          myclass1.print();
39          cout <<"调用test! "<< endl;
40          test(myclass1).print();
41          return 0;
42  }
```

动手写9.1.5展示了深复制。运行结果如图9.1.5所示：

```
comp的val值为: 1
compPtr的地址为: 0022FEB4
compPtr指向对象的val值为: 3
调用test!
comp的val值为: 1
compPtr的地址为: 007758A8
compPtr指向对象的val值为: 3
```

图9.1.5　深复制

我们可以看到，深复制的例子比浅复制的例子多了一个自定义的MyClass复制构造函数和析构函数。在这个函数中，对于comp我们还是调用了编译器给Component合成的复制构造函数；而对于compPtr来说，我们不再单纯地复制指针的地址，而是重新动态分配了一个新的Component，并在析构函数中释放。这种做法保证了compPtr指向的对象也是新的副本，在运行结果中它指向的地址也与要复制的对象中的不同，并且我们在由复制构造函数创建出的对象中独立管理了动态分配的内存。或许这两个例子还不能最直观地表现浅复制和深复制的区别，那我们来看一幅图：

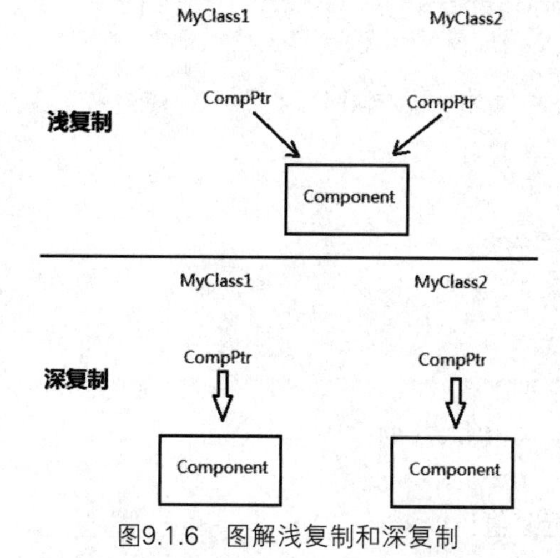

图9.1.6　图解浅复制和深复制

我们可以看到，深复制真正做到了对象中所有成员的复制，我们可以在这之间画一条清晰的分隔线。而浅复制复制出的对象与之前的成员还有些藕断丝连，我们并不能将两者用线分隔开来。

最后，如果Component里也有指针，我们也需要重写Component的复制构造函数，原理与MyClass的类似。这个过程需要一直持续到没有指针的成员对象为止。

9.1.3　重载赋值操作符

在讲解什么是重载赋值操作符之前，我们先来看一个示例：

动手写9.1.6

```
01  #include <iostream>
02  using namespace std;
03
04  // 对象的赋值
05  // Author: 零壹快学
06  class Component {
07  public:
08          Component(int v) : val(v) {}
```

```
09          int getVal() { return val; }
10  private:
11          int val;
12  };
13  class MyClass {
14  public:
15          MyClass(Component cp) : comp(cp) {}
16          void print() {
17                  cout <<"comp的val值为："<< comp.getVal() << endl;
18          }
19  private:
20          Component comp;
21  };
22  int main() {
23          Component comp1(1);
24          MyClass myclass1(comp1);
25          myclass1.print();
26          cout <<"进行赋值！"<< endl;
27          Component comp2(2);
28          MyClass myclass2(comp2);
29          myclass2 = myclass1;
30          myclass2.print();
31          return 0;
32  }
```

动手写9.1.6展示了对象的赋值。运行结果如图9.1.7所示：

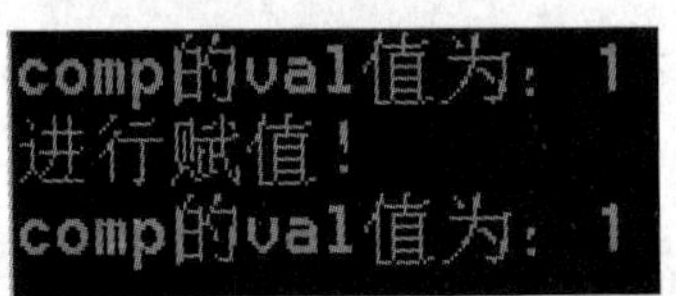

图9.1.7　对象的赋值

我们可以看到，在main()函数中，我们用赋值操作符“=”把myclass1赋值给了myclass2。对于基本数据类型来说赋值操作就是将右值给到左值，而对于对象来说就是把所有成员的值复制到左值的对象中去。这一行为与复制构造函数类似，我们也要考虑是否需要深复制。而它们之间的区别在于复制构造函数发生在对象生命周期的一开始，给予对象的是初始值，而赋值操作符则是一项一项地覆盖重写对象原有的成员值。

此外，一些读者可能会对操作符的重载感到奇怪，觉得好像重载就是函数的特性。其实操作符也可以看作是一种函数，都是可以在类中重载的，毕竟把用户自定义类型当作基本类型一样相加相减，也是十分便利直观（本书在一开始就有关于字符串相加的内容介绍），在后面的一个小节中我们会详细介绍这一特性。

接下来就让我们来看看赋值操作符重载具体是如何实现的。

动手写9.1.7

```
01  #include <iostream>
02  using namespace std;
03
04  // 赋值操作符重载
05  // Author: 零壹快学
06  class Component {
07  public:
08          Component(int v) : val(v) {}
09          int getVal() { return val; }
10  private:
11          int val;
12  };
13  class MyClass {
14  public:
15          MyClass(int val) {
16                  compPtr = new Component(val);
17          }
18          ~MyClass() {
19                  delete compPtr;
20          }
21          MyClass& operator=(const MyClass &rhs) {
22                  *compPtr = *rhs.compPtr;
23                  return *this;
24          }
25          void print() {
26                  cout <<"comp的val值为: "<< compPtr->getVal() << endl;
27                  cout <<"compPtr的值为: "<< compPtr << endl;
28          }
29  private:
30          Component *compPtr;
31  };
```

```
32 int main() {
33         MyClass myclass1(1);
34         myclass1.print();
35         MyClass myclass2(2);
36         myclass2.print();
37         cout <<"进行赋值! "<< endl;
38         myclass2 = myclass1;
39         myclass2.print();
40         return 0;
41 }
```

动手写9.1.7展示了赋值操作符重载，运行结果如图9.1.8所示：

```
comp的val值为: 1
compPtr的值为: 005E5878
comp的val值为: 2
compPtr的值为: 005E56B0
进行赋值!
comp的val值为: 1
compPtr的值为: 005E56B0
```

图9.1.8　赋值操作符重载

在一开始，myclass2的comp的val值是2，在赋值之后变成了与myclass1相同的1，而compPtr的地址不变。这一点与复制构造函数有些不同，因为赋值时是赋值给一个本来就存在的对象，所以也没必要重新分配内存，而只需要按成员逐个赋值，并对指针指向的成员对象的成员也重复赋值操作即可。在这里由于Component没有指针，我们在赋值的时候（"*compPtr = *rhs.compPtr;"）直接使用了它合成的赋值操作符，就像合成的复制构造函数那样。

最后，我们再看一个特殊的示例：

动手写9.1.8

```
01 #include <iostream>
02 using namespace std;
03 
04 // 赋值操作符表示的初始化
05 // Author: 零壹快学
06 class Component {
07 public:
08         Component(int v) : val(v) {}
09         int getVal() { return val; }
10 private:
11         int val;
12 };
```

```
13 class MyClass {
14 public:
15         MyClass(Component cp) : comp(cp) {}
16         MyClass(const MyClass &myclass) : comp(myclass.comp) {
17              cout <<"复制构造函数"<< endl;
18         }
19         MyClass& operator=(const MyClass &rhs) {
20              cout <<"赋值操作符"<< endl;
21              comp = rhs.comp;
22              return *this;
23         }
24         void print() {
25              cout <<"comp的val值为: "<< comp.getVal() << endl;
26         }
27 private:
28         Component comp;
29 };
30 int main() {
31         Component comp(1);
32         MyClass myclass1(comp);
33         myclass1.print();
34         cout <<"进行赋值! "<< endl;
35         MyClass myclass2 = myclass1;
36         myclass2.print();
37         return 0;
38 }
```

动手写9.1.8展示了一个看似是赋值，实际上却是复制构造函数的示例。运行结果如图9.1.9所示：

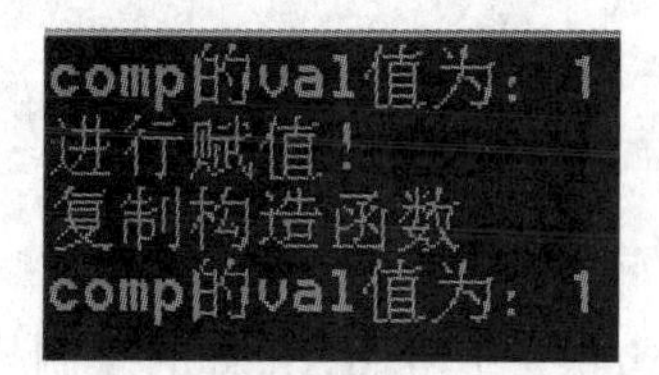

图9.1.9　赋值操作符表示的初始化

这个示例与之前讲变量初始化时的一种格式类似，myclass2并没有调用带一般参数的构造函数，而是直接经由赋值运算符自动调用了复制构造函数。

9.1.4 禁止复制

有的时候我们不想让对象在函数中按值传递，以免造成无休止的复制，影响程序的效率。这个时候我们就可以通过把复制构造函数设置为private的方式达到这一目的。

动手写9.1.9

```
01 #include <iostream>
02 using namespace std;
03
04 // 禁止复制
05 // Author: 零壹快学
06 class Component {
07 public:
08       Component(int v) : val(v) {}
09       int getVal() { return val; }
10 private:
11       int val;
12 };
13 class MyClass {
14 public:
15       MyClass(Component cp) : comp(cp) {}
16 private:
17       MyClass(const MyClass &myclass) : comp(myclass.comp) {
18             cout <<"复制构造函数"<< endl;
19       }
20       Component comp;
21 };
22 int main() {
23       Component comp(1);
24       MyClass myclass1(comp);
25       MyClass myclass2(myclass1);
26       return 0;
27 }
```

动手写9.1.9展示了禁止复制的方法。在把MyClass的复制构造函数设为private以后，就不能使用myclass1来初始化myclass2了。此时编译程序会报出如图9.1.10所示的错误：

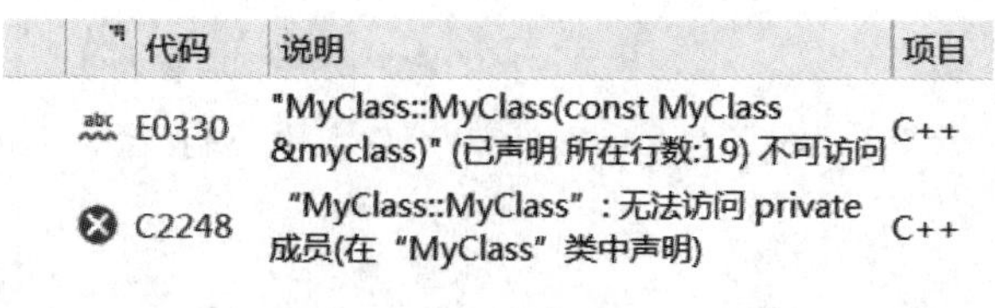

	代码	说明	项目
abc	E0330	"MyClass::MyClass(const MyClass &myclass)" (已声明 所在行数:19) 不可访问	C++
✖	C2248	"MyClass::MyClass"：无法访问 private 成员(在"MyClass"类中声明)	C++

图9.1.10　禁止复制

9.2 虚函数与多态

多态（Polymorphism）是面向对象编程中极为重要的一个特性。所谓多态，就是为不同数据类型的实体提供统一接口。换句话说，就是不同的类可以共享一个函数，但是各自实现不同。之前我们说过不同的交通工具有不同的加速方法，而各自的实现原理却各不相同，有的靠电，有的靠燃料，发动机的工作方式也都不一样，但总体而言都是可以套用一个函数的。

为了实现这样的功能，首先我们需要继承，在交通工具的基类中声明加速函数，然后在飞机、汽车等不同的派生类中给予不同实现。然而这样还不够，基类和派生类的同名函数会有函数隐藏的问题，为了实现多态，我们还需要使用虚函数。接下来就让我们详细学习虚函数和多态。

9.2.1　虚函数

我们先来建立一个直观的感觉，看一看虚函数是如何实现多态的。

动手写9.2.1

```
01  #include <iostream>
02  using namespace std;
03
04  // 虚函数的应用
05  // Author: 零壹快学
06  // 交通工具
07  class Vehicle
08  {
09  public:
10          Vehicle() {}
11          virtual void move() { cout <<"交通工具行驶"<< endl; }
12  };
13  // 飞机
14  class Airplane : public Vehicle
15  {
16  public:
```

```
17          Airplane() {}
18          virtual void move() { cout <<"飞机飞行"<< endl; }
19  };
20  // 汽车
21  class Car : public Vehicle
22  {
23  public:
24          Car() {}
25          //virtual关键字在派生类中可省略
26          /*virtual*/ void move() { cout <<"汽车行驶"<< endl; }
27  };
28  int main() {
29          Vehicle *vehicle = new Airplane();
30          vehicle->move();
31          delete vehicle;
32          vehicle = new Car();
33          vehicle->move();
34          delete vehicle;
35          return 0;
36  }
```

动手写9.2.1展示了虚函数的应用。运行结果如图9.2.1所示：

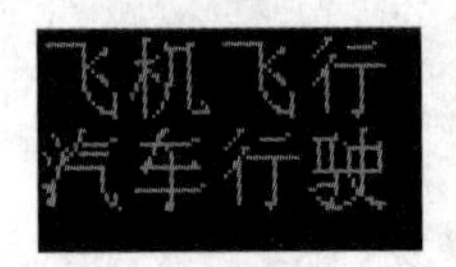

图9.2.1　虚函数的应用

在本示例的main()函数中，我们定义了一个指向基类的指针，并把新分配内存的派生类的地址赋值给它。由于我们在基类中给move()函数加了virtual（虚拟的）关键字，我们可以直接使用基类指针调用派生类中实现的虚函数版本，在运行结果中打印出来的不是“交通工具行驶”，而是“飞机飞行”和“汽车行驶”。有了这一特性以后，我们可以在程序运行的时候根据用户的输入给基类指针绑定不同的派生类，以产生不同的行为，这也叫作动态绑定（Dynamic Binding）。

此外，virtual关键字在派生类中可以省略，编译器会自动将相同函数签名的派生类成员函数也识别为虚函数，但为了可读性还是加上它比较好。然而，基类中的virtual关键字却是必要的，如果遗漏了，就不能达到上述示例的效果了。

动手写9.2.2

```
01 #include <iostream>
02 using namespace std;
03 
04 // 没有virtual关键字的情况
05 // Author: 零壹快学
06 // 交通工具
07 class Vehicle
08 {
09 public:
10         Vehicle() {}
11         void move() { cout <<"交通工具行驶"<< endl; }
12 };
13 // 飞机
14 class Airplane : public Vehicle
15 {
16 public:
17         Airplane() {}
18         void move() { cout <<"飞机飞行"<< endl; }
19 };
20 // 汽车
21 class Car : public Vehicle
22 {
23 public:
24         Car() {}
25         void move() { cout <<"汽车行驶"<< endl; }
26 };
27 int main() {
28         Vehicle *vehicle = new Airplane();
29         vehicle->move();
30         delete vehicle;
31         vehicle = new Car();
32         vehicle->move();
33         delete vehicle;
34         return 0;
35 }
```

动手写9.2.2展示了基类中没有用virtual关键字的情况。运行结果如图9.2.2所示：

```
交通工具行驶
交通工具行驶
```

图9.2.2　没有virtual关键字的情况

如果基类没有用virtual关键字，在调用move()的时候就只会调用基类的move()。这是为什么呢？实际上虚函数的位置与普通函数不同，虚函数位于类的开头，所以在类型转换的时候不存在被截取的问题。派生类的虚函数版本在其中会覆盖基类的虚函数版本，而派生类的普通成员函数位于派生类额外的一块内存中，在赋值地址给基类的指针时，派生类转换成了基类，所以基类指针看不见派生类的move()，而只会调用自己的move()。

除了virtual关键字之外，使用虚函数也需要基类的指针或引用，而不是基类本身。我们来看一看不用指针的情况：

动手写9.2.3

```
01  #include <iostream>
02  using namespace std;
03
04  // 不用指针的情况
05  // Author: 零壹快学
06  // 交通工具
07  class Vehicle
08  {
09  public:
10          Vehicle() {}
11          virtual void move() { cout <<"交通工具行驶"<< endl; }
12  };
13  // 飞机
14  class Airplane : public Vehicle
15  {
16  public:
17          Airplane() {}
18          void move() { cout <<"飞机飞行"<< endl; }
19  };
20  // 汽车
21  class Car : public Vehicle
22  {
23  public:
```

```
24         Car() {}
25         void move() { cout <<"汽车行驶"<< endl; }
26 };
27 int main() {
28         Airplane airplane;
29         Vehicle vehicle = (Vehicle)airplane;
30         vehicle.move();
31         Car car;
32         vehicle = (Vehicle)car;
33         vehicle.move();
34         return 0;
35 }
```

动手写9.2.3展示了不用指针调用虚函数的情况，运行结果与动手写9.2.2的相同，都是只调用了基类的move()。这是因为在转换派生类为Vehicle并赋值或初始化vehicle的过程中，派生类的虚函数并不会跟着复制过来，因此Vehicle只能调用自己的版本。这其中涉及虚函数的实现原理，但是我们只要记住基类本身不能调用派生类的虚函数这一规则就行了。

9.2.2 函数隐藏

我们在上一小节中展示了虚函数的应用。通过使用基类的指针，我们就可以调用不同派生类中实现不同的同名虚函数。这个时候基类的虚函数版本是被隐藏的，我们需要使用作用域操作符“::”才能访问基类中被隐藏的函数。

动手写9.2.4

```
01 #include <iostream>
02 using namespace std;
03
04 // 调用被隐藏的基类函数
05 // Author: 零壹快学
06 // 交通工具
07 class Vehicle
08 {
09 public:
10         Vehicle() {}
11         virtual void move() { cout <<"交通工具行驶"<< endl; }
12         void printName() { cout <<"交通工具"<< endl; }
13 };
```

```
14 // 飞机
15 class Airplane : public Vehicle
16 {
17 public:
18         Airplane() {}
19         void move() { cout <<"飞机飞行"<< endl; }
20         void printName() { cout <<"飞机"<< endl; }
21 };
22 // 汽车
23 class Car : public Vehicle
24 {
25 public:
26         Car() {}
27         void move() { cout <<"汽车行驶"<< endl; }
28         void printName() { cout <<"汽车"<< endl; }
29 };
30 int main() {
31         Airplane airplane;
32         airplane.Vehicle::printName();
33         Vehicle *vehiclePtr = &airplane;
34         vehiclePtr->Vehicle::move();
35         Car car;
36         car.Vehicle::printName();
37         vehiclePtr = &car;
38         vehiclePtr->Vehicle::move();
39         return 0;
40 }
```

动手写9.2.4展示了调用基类版本虚函数和普通成员函数的方法。运行结果如图9.2.3所示：

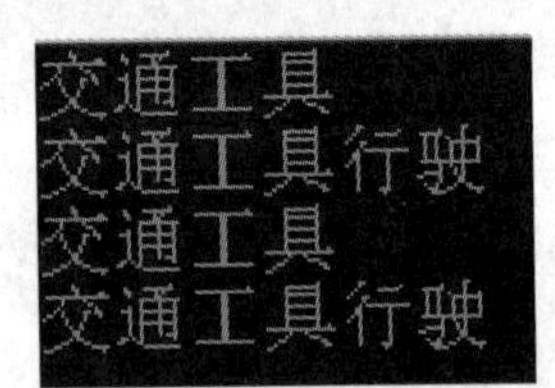

图9.2.3　调用被隐藏的基类函数

我们可以看到，不管是指向派生类的指针还是派生类对象本身，在加上基类名和作用域操作符的时候调用的都是基类中的同名版本。

9.2.3　纯虚函数

在现实中，我们往往会将事物的共性抽象出来并命名，例如交通工具就是抽象了飞机和汽车等物体的共性后命名的概念，它实际上并不能独立存在。在说起人的时候我们至少会有一个模糊的形象，等到需要具体化时才会分男人、女人、老人和小孩。而我们在提到交通工具的时候也是连它的形状都不能确定，只知道它能移动和载人载物。

所以，在实际编程中我们不会创建出这样一个抽象的类对象，并给予图像图形。在面向对象设计的时候，我们并不想实现虚函数在基类中的版本，既然不创建对象分配内存，我们也没有使用虚函数的机会。

对于这种情况，我们可以简单地把基类虚函数的函数体空着。但是如果程序员不小心创建了基类对象，没有行为的虚函数就会导致异常，而且非常难调试：

动手写9.2.5

```
01  #include <iostream>
02  using namespace std;
03
04  // 不实现抽象的类的虚函数
05  // Author: 零壹快学
06  // 交通工具
07  class Vehicle
08  {
09  public:
10          Vehicle() {}
11          virtual void move() {}
12  };
13  // 飞机
14  class Airplane : public Vehicle
15  {
16  public:
17          Airplane() {}
18          void move() { cout <<"飞机飞行"<< endl; }
19  };
20  // 汽车
21  class Car : public Vehicle
22  {
23  public:
24          Car() {}
```

```
25        void move() { cout <<"汽车行驶"<< endl; }
26  };
27  int main() {
28        Airplane airplane;
29        Vehicle *vehiclePtr = &airplane;
30        vehiclePtr->move();
31        Vehicle vehicle;
32        vehiclePtr = &vehicle;
33        vehiclePtr->move();
34        return 0;
35  }
```

动手写9.2.5展示了基类虚函数实现空缺可能带来的问题，运行结果如图9.2.4所示：

```
飞机飞行
```

图9.2.4　基类虚函数实现空缺

当我们不小心创建了Vehicle类的对象时，由于虚函数没有实现，我们只能在输出窗口看到一行输出。接下来，我们就必须花时间来调试这一问题。

为了让面向对象设计的语义更加清晰，以及避免动手写9.2.5中的情况，C++提供了纯虚函数（Pure Virtual Function）这一特性。我们先来看一下示例：

动手写9.2.6

```
01  #include <iostream>
02  using namespace std;
03
04  // 纯虚函数
05  // Author: 零壹快学
06  // 交通工具
07  class Vehicle
08  {
09  public:
10        Vehicle() {}
11        virtual void move() = 0;
12  };
13  // 飞机
14  class Airplane : public Vehicle
```

```
15 {
16 public:
17         Airplane() {}
18         void move() { cout <<"飞机飞行"<< endl; }
19 };
20 // 汽车
21 class Car : public Vehicle
22 {
23 public:
24         Car() {}
25         void move() { cout <<"汽车行驶"<< endl; }
26 };
27 int main() {
28         Airplane airplane;
29         Vehicle *vehiclePtr = &airplane;
30         vehiclePtr->move();
31         Vehicle vehicle;
32         vehiclePtr = &vehicle;
33         vehiclePtr->move();
34         return 0;
35 }
```

动手写9.2.6展示了实例化带有纯虚函数的基类的效果。编译器会报出如图9.2.5所示错误：

图9.2.5 纯虚函数

在基类的虚函数签名后面加上“= 0”，这样就把虚函数声明为纯虚函数。这样做的目的有两点：第一点是跳过函数实现，第二点是将该类声明为抽象类（Abstract Class）。一旦一个类成为了抽象类，由于它并不是完整实现的，少了虚函数的实现，我们就不能实例化，也就是不能创建抽象类的实例。这样的抽象类往往只是提供了一个类的说明，就像产品简介一样，而我们实际使用的还是产品，也就是派生类。

9.2.4 虚析构函数

我们知道，析构函数会在对象的生命周期的最后被自动调用。那么当基类指针指向带有虚函数的派生类的时候，派生类的析构函数是否也会被自动调用呢？让我们来看一个示例：

动手写9.2.7

```
01  #include <iostream>
02  using namespace std;
03
04  // 派生类的非虚析构函数
05  // Author: 零壹快学
06  // 交通工具
07  class Vehicle
08  {
09  public:
10          Vehicle() {}
11          ~Vehicle() { cout <<"Vehicle的析构函数被调用! "<< endl; }
12          virtual void move() = 0;
13  };
14  // 飞机
15  class Airplane : public Vehicle
16  {
17  public:
18          Airplane() {}
19          ~Airplane() { cout <<"Airplane的析构函数被调用! "<< endl; }
20          void move() { cout <<"飞机飞行"<< endl; }
21  };
22  // 汽车
23  class Car : public Vehicle
24  {
25  public:
26          Car() {}
27          ~Car() { cout <<"Car的析构函数被调用! "<< endl; }
28          void move() { cout <<"汽车行驶"<< endl; }
29  };
30  int main() {
31          Vehicle *vehiclePtr = new Airplane();
32          vehiclePtr->move();
33          delete vehiclePtr;
34          vehiclePtr = new Car();
35          vehiclePtr->move();
36          delete vehiclePtr;
37          return 0;
38  }
```

动手写9.2.7展示了基类指针指向派生类后析构函数的调用情况，运行结果如图9.2.6所示：

```
飞机飞行
Vehicle的析构函数被调用！
汽车行驶
Vehicle的析构函数被调用！
```

图9.2.6 派生类的非虚析构函数

我们可以看到，在第一次delete基类指针的时候，Airplane的析构函数并没有被调用，第二次delete的时候，Car的析构函数也没有被调用。

在继承体系中有虚函数的情况下，我们需要使用虚析构函数，而不是一般的析构函数。虚析构函数也是一种虚函数，它的存放位置与虚函数一样，因此派生类的虚析构函数可以覆盖基类的虚析构函数，从而使基类指针得以调用。而一般的析构函数会像成员函数那样在类型转换的时候被截取，基类指针并不能得知它的存在。

动手写9.2.8

```
01 #include <iostream>
02 using namespace std;
03
04 // 虚析构函数
05 // Author: 零壹快学
06 // 交通工具
07 class Vehicle
08 {
09 public:
10         Vehicle() {}
11         virtual ~Vehicle() { cout <<"Vehicle的析构函数被调用！"<< endl; }
12         virtual void move() = 0;
13 };
14 // 飞机
15 class Airplane : public Vehicle
16 {
17 public:
18         Airplane() {}
19         ~Airplane() { cout <<"Airplane的析构函数被调用！"<< endl; }
20         void move() { cout <<"飞机飞行"<< endl; }
21 };
22 // 汽车
```

```
23  class Car : public Vehicle
24  {
25  public:
26          Car() {}
27          ~Car() { cout <<"Car的析构函数被调用! "<< endl; }
28          void move() { cout <<"汽车行驶"<< endl; }
29  };
30  int main() {
31          Vehicle *vehiclePtr = new Airplane();
32          vehiclePtr->move();
33          delete vehiclePtr;
34          vehiclePtr = new Car();
35          vehiclePtr->move();
36          delete vehiclePtr;
37          return 0;
38  }
```

动手写9.2.8展示了虚析构函数的效果。运行结果如图9.2.7所示：

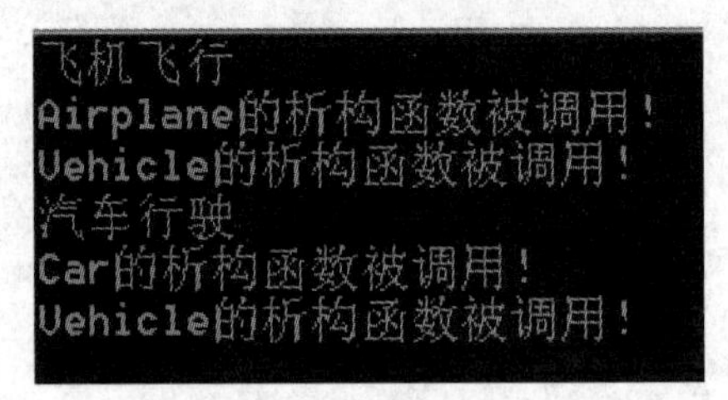

图9.2.7 虚析构函数

我们可以看到，这次两个派生类的析构函数都被调用了。虚析构函数与普通析构函数的区别就是有一个virtual关键字。同样地，派生类的虚析构函数也可以省略virtual关键字。

那么在什么情况下我们需要写虚析构函数呢？答案是只要有虚函数就需要。因为只要有虚函数，就有使用基类指针调用虚函数的实例，那么基类指针在指向派生类的时候就有可能只会调用基类的指针，这在动手写9.2.8中展示得很清晰。然而如果我们是在本地栈上创建派生类对象，就算后面赋值给了基类指针，到了作用域的最后，派生类对象也会自动调用自己的析构函数。

9.2.5 dynamic_cast

之前的章节中我们讲解过派生类可以直接强制转换成基类，转换以后派生类部分会被截掉。但是派生类指针赋值给基类指针就不会有这个问题，确实指向派生类的基类指针还可以通过dynamic_cast这种C++特有的类型转换操作符转回派生类的指针，并且还能访问派生类独有的成员。

设想这样一种情景，有许多交通工具对象放在了一个元素为基类指针的vector之中，在遍历这些指针调用虚函数move()来移动交通工具的时候，由于一些特殊原因我们想要调用派生类的普通成员函数，比如说其他交通工具都在一个水平面移动，而飞机有自己特有的rise()函数可以上升，调整海拔。在这种情况下，我们在确定某个基类指针指向飞机派生类的时候就可以使用dynamic_cast将其转换成派生类的指针。让我们来看下面这个示例：

动手写9.2.9

```
01 #include <iostream>
02 using namespace std;
03 
04 // dynamic_cast
05 // Author: 零壹快学
06 // 交通工具
07 class Vehicle
08 {
09 public:
10         Vehicle() {}
11         virtual void move() { cout <<"交通工具行驶"<< endl; }
12 };
13 // 飞机
14 class Airplane : public Vehicle
15 {
16 public:
17         Airplane() {}
18         virtual void move() { cout <<"飞机飞行"<< endl; }
19         void rise() { cout <<"飞机上升"<< endl; }
20 };
21 // 汽车
22 class Car : public Vehicle
23 {
24 public:
25         Car() {}
26         void move() { cout <<"汽车行驶"<< endl; }
27 };
28 int main() {
29         Vehicle *vehicle = new Airplane();
```

```
30          vehicle->move();
31          // dynamic_cast需要在尖括号中使用指针或引用类型
32          Airplane *plane = dynamic_cast<Airplane *>(vehicle);
33          // 判断转换是否成功
34          if ( plane ) {
35              plane->rise();
36          }
37          delete vehicle;
38          vehicle = new Car();
39          vehicle->move();
40          delete vehicle;
41          return 0;
42  }
```

动手写9.2.9展示了dynamic_cast的用法，运行结果如图9.2.8所示：

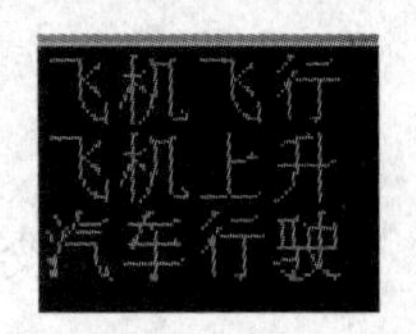

图9.2.8 dynamic_cast的使用

在这个示例中我们明显知道指针就是指向Airplane类，而在很多不确定的情况下我们都需要用if语句来检查转换是否成功。为了确保识别出派生类的类型，我们也可以使用C++的运行时类型信息（Run-Time Type Identification，即RTTI）机制。RTTI机制超出了本书的学习范围，感兴趣的读者可以参阅相关的资料。

9.3 操作符重载

在讲解复制控制的时候，我们已经涉及赋值运算符的重载。就像同名的函数可以用不同的参数类型重载实现一样，相同的操作符也可以根据操作数的类型进行重载。接下来我们来看一看常见的操作符重载的语法规则。

9.3.1 操作符重载的一般规则

我们在讲解复制控制的时候举过赋值操作符重载的示例。我们先来看一个示例，回顾一下操作符重载的语法：

动手写9.3.1

```
01 #include <iostream>
02 #include <string>
03 #include <vector>
04 using namespace std;
05
06 // 操作符重载
07 // Author: 零壹快学
08
09 // 套餐
10 class Combo
11 {
12 public:
13         Combo() {}
14         void add(string item) {
15                 items.push_back(item);
16         }
17         // Combo在重载操作符实现中是const的，
18         // 在其中调用的成员函数也需要声明为const
19         vector<string> getItems() const {
20                 return items;
21         }
22         void printCombo() {
23                 cout <<"套餐的内容有："<< endl;
24                 for ( int i = 0; i < items.size(); i++ ) {
25                         cout << items[i] << endl;
26                 }
27         }
28         // 操作符重载的类成员形式
29         Combo operator+=(const Combo &cb2) {
30                 vector<string> cb2Items = cb2.getItems();
31                 for ( int i = 0; i < cb2Items.size(); i++ ) {
32                         this->add(cb2Items[i]);
33                 }
34                 return *this;
35         }
36 private:
```

```
37        vector<string> items; // 套餐内容
38  };
39  // 操作符重载的非成员形式
40  Combo operator+(const Combo &cb1, const Combo &cb2) {
41          Combo res = cb1;
42          vector<string> cb2Items = cb2.getItems();
43          for ( int i = 0; i < cb2Items.size(); i++ ) {
44                  res.add(cb2Items[i]);
45          }
46          return res;
47  }
48
49  int main() {
50          Combo combo1;
51          combo1.add("汉堡");
52          combo1.add("薯条");
53          Combo combo2;
54          combo2.add("热狗");
55          combo2.add("可乐");
56          Combo combo3 = combo1 + combo2;
57          combo3.printCombo();
58          Combo combo4;
59          combo4.add("鸡翅");
60          combo4.add("鸡块");
61          combo3 += combo4;
62          combo3.printCombo();
63          return 0;
64  }
```

动手写9.3.1展示了加法操作符的重载，示例将加法与加法赋值操作用于套餐类，其行为则是合并两个套餐类中的物品列表。运行结果如图9.3.1所示：

图9.3.1　操作符重载

从本示例中，我们可以看出一些操作符重载的一般规则：

1．形参的数量需要与操作符操作数的数目相同。在本示例中，操作符是“+”，所以需要左右有两个操作数。由于操作符的某个操作数可能是对象，因此操作符重载也可以写成类成员函数的形式，而用this指针充当第一个操作数。正如示例中展示的那样，带两个参数的操作符重载函数声明在类外，这也叫作非成员形式。针对不同的操作符类型，这两种形式可能会有一些规定或习惯，这在后面的章节中也会陆续提到。

2．操作符重载只适用于第3章中介绍的现有合法操作符，我们不能随机找两个符号“@@”写一个类似于“operator@@()”的操作符重载函数。

3．操作符重载必须有一个类类型的操作数。就拿这个例子来说，我们可以合并两个套餐，也可以重载乘法操作符来支持“combo * 2”的操作（将套餐每个物品数量翻倍），但是不能重载两个整型，也就是基本数据类型的乘法。因为基本数据类型的行为是系统已经定好的，不能也不适合修改。

4．不能修改操作符的优先级和结合性，C++也没有提供修改它们的途径。

5．重载的逻辑与“&&”、逻辑或“||”以及逗号操作符将不再有短路求值的特性，所以为了使程序的行为可以预测，我们要尽量避免重载这些操作符。

接下来我们就来看一个重载逻辑与操作符的示例：

动手写9.3.2

```
01  #include <iostream>
02  using namespace std;
03
04  // 操作符重载与短路求值
05  // Author: 零壹快学
06
07  // 把布尔类型封装成类
08  class Boolean
09  {
10  public:
11          Boolean(bool b) : bVal(b) {}
12          bool getBool() const {
13                  return bVal;
14          }
15  private:
16          bool bVal;
17  };
```

```
18 Boolean operator&&(const Boolean &lhs, const Boolean &rhs) {
19       cout <<"调用重载的逻辑与操作符"<< endl;
20       Boolean res(lhs.getBool() && rhs.getBool());
21       return res;
22 }
23
24 int main() {
25       Boolean b1(false);
26       Boolean b2(false);
27       Boolean b3(false);
28       Boolean b4 = b1 && b2 && b3;
29       return 0;
30 }
```

在动手写9.3.2中我们定义了一个只有一个布尔值成员的类，并重载了与其关联的逻辑与操作符。运行结果如图9.3.2所示：

```
调用重载的逻辑与操作符
调用重载的逻辑与操作符
```

图9.3.2　逻辑短路失效

我们可以看到，虽然b1和b2都是false，且b4的计算结果已经可以确定，但是程序还是接着执行了一个逻辑与操作，而没有选择短路返回结果。

在设计类的时候，对于操作符重载我们需要遵循以下的设计原则：

1. 最好不要重载逗号、取址、逻辑或和逻辑与等具有系统内置意义的操作符。

2. 在重载了算术操作符或位操作符之后，最好也要配套地重载相应的复合赋值操作符。

3. 由于操作符重载的特殊性，调试起来并没有函数那么容易，因此能用函数代替的行为最好还是用函数。

9.3.2　算术操作符

算术操作符可以说是重载得最广泛的一种操作符了，一般情况下也只有加法和减法的适用场景比较广。我们习惯上都把算术操作符写成非成员形式，这是因为算术操作符的操作数是对等的，如果把this指针作为左操作数，遇到左操作数是内置类型的“1+a”的情况时，又需要再定义一个非成员版本的函数。

由于算术操作符不会改变操作数的值，而是经过运算创建新的返回值，因此重载函数的参数是const引用。这对于关系操作符、位操作符等的重载来说也是一样的。

接下来让我们来看一个重载几何向量加、减、乘的示例，巩固一下算术操作符重载的知识：

动手写9.3.3

```
01 #include <iostream>
02 using namespace std;
03
04 // 算术操作符
05 // Author: 零壹快学
06
07 // 二维向量
08 class Vector2D
09 {
10 public:
11         Vector2D(int X, int Y) : x(X), y(Y) {}
12         int x;
13         int y;
14 };
15 Vector2D operator+(const Vector2D &lhs, const Vector2D &rhs) {
16         Vector2D res(lhs.x + rhs.x, lhs.y + rhs.y);
17         return res;
18 }
19 Vector2D operator-(const Vector2D &lhs, const Vector2D &rhs) {
20         Vector2D res(lhs.x - rhs.x, lhs.y - rhs.y);
21         return res;
22 }
23 // 数乘向量
24 Vector2D operator*(const Vector2D &lhs, int rhs) {
25         Vector2D res(lhs.x * rhs, lhs.y * rhs);
26         return res;
27 }
28 Vector2D operator*(int lhs, const Vector2D &rhs) {
29         Vector2D res(lhs * rhs.x, lhs * rhs.y);
30         return res;
31 }
```

```
32
33  int main() {
34          Vector2D v1(1, 2);
35          Vector2D v2(3, 4);
36          Vector2D v3(1, 1);
37          int b = 2;
38          Vector2D v4 = 1 * ( v1 + v2 ) * 2 - v3;
39          cout <<"v4.x: "<< v4.x <<" v4.y: "<< v4.y << endl;
40          return 0;
41  }
```

动手写9.3.3展示了使用操作符重载实现向量的加减与数乘运算，并且数乘分别实现了左边是数字以及右边是数字的两个版本。运行结果如图9.3.3所示：

```
v4.x: 7 v4.y: 11
```

图9.3.3　向量运算

我们可以看到，在使用操作符重载实现向量运算后，我们几乎可以用数学公式般直观简洁的表达式表现出计算v4的过程。与数学相关的类也是操作符重载应用得最广泛的地方。

9.3.3　关系操作符

关系操作符的重载广泛地应用在标准库的算法函数中：在搜索的时候为了判断两个对象是否相同，我们需要重载相等运算符“==”；在排序的时候为了得出两个容器元素对象之间的先后次序，我们需要重载大于或小于操作符。关系操作符的其他规则基本与算术操作符一致。

让我们来看一个通过重载关系操作符来让对象之间可以排序的示例：

动手写9.3.4

```
01  #include <iostream>
02  #include <vector>
03  #include <algorithm> // 使用sort()排序函数需要包含此头文件
04  using namespace std;
05
06  // 关系操作符
07  // Author: 零壹快学
08
09  // 区间
10  class Interval
11  {
12  public:
```

```
13        Interval(int s, int e) : start(s), end(e) {}
14        int start;
15        int end;
16  };
17  bool operator<(const Interval &lhs, const Interval &rhs) {
18        if ( lhs.start < rhs.start ) {
19             return true;
20        } else if ( lhs.start == rhs.start ) {
21             return (lhs.end < rhs.end);
22        } else {
23             return false;
24        }
25  }
26
27  int main() {
28        vector<Interval> intervals;
29        intervals.push_back(Interval(4, 6));
30        intervals.push_back(Interval(1, 3));
31        intervals.push_back(Interval(1, 2));
32        intervals.push_back(Interval(2, 3));
33        sort(intervals.begin(), intervals.end());
34        for ( int i = 0; i < intervals.size(); i++ ) {
35             cout <<"x: "<< intervals[i].start <<" y: "<< intervals[i].
               end << endl;
36        }
37        return 0;
38  }
```

动手写9.3.4展示了关系操作符的重载，运行结果如图9.3.4所示：

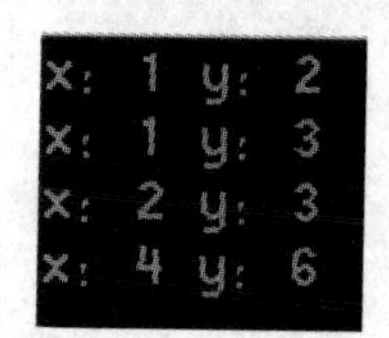

图9.3.4　区间排序

在这个示例中，我们定义了一个区间类Interval，它代表着数轴上的一段区域，start和end分别表示区间的起点和终点。在许多关于区间的算法中，第一步就是要给区间排序，而因为排序算法需要容器元素之间的比较，所以我们需要重载小于运算符，并定义区间之间的比较规则。在这里我们把区间起点作为首要因素，而在起点相同的时候比较终点。

如图9.3.5所示，(1,2)与(1,3)的起点相同，所以我们将终点靠前的(1,2)排在前面；而对于(1,3)和(2,3)来说，我们只需要比较起点的1和2并将(2,3)排在后面就行了。

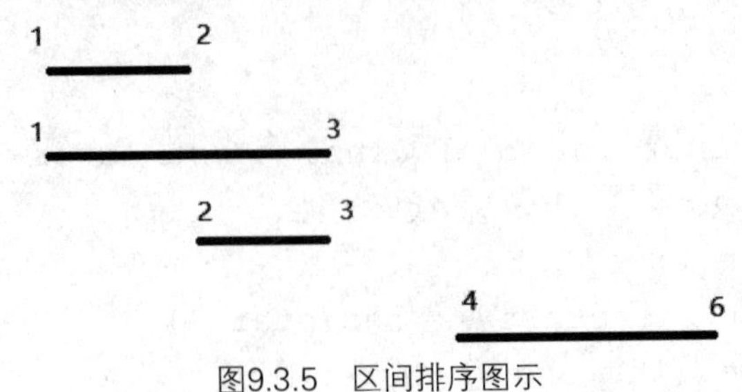

图9.3.5　区间排序图示

9.3.4　类型转换操作符

我们之前讲过“(int)floatNum”这种形式的强制转换，其中的“int”也算是一种操作符，叫作类型转换操作符。在面向对象设计中，有时我们也会想把一种类型转换为另一种类型，在这种情况下自然会用到重载类型转换操作符。

动手写9.3.5

```
01 #include <iostream>
02 using namespace std;
03
04 // 重载转换操作符
05 // Author: 零壹快学
06 class Complex
07 {
08 public:
09      Complex( ): real(0), imag(0) {}
10      Complex(double r,double i): real(r), imag(i) {}
11      operator double( ) const {
12              return real;
13      }
14 private:
15      double real;
16      double imag;
17 };
18 int main( )
19 {
20      Complex c1(3, -4);
21      double doubleNum = 2.1;
```

```
22        // 也会被用在隐式转换中
23        double res = doubleNum + c1;
24        cout <<"res的值为: "<< res << endl;
25        return 0;
26    }
```

动手写9.3.5展示了类型转换操作符的重载，运行结果如图9.3.6所示：

```
res的值为: 5.1
```

图9.3.6　重载类型转换操作符

由于类型转换操作符不应该改变原有对象，因此最好声明成const成员函数。我们可以看到函数也是不带返回值的，因为操作符名都是类型名，这已经暗示了返回值类型。此外，类型转换操作符的重载函数必须声明为成员函数，且形参表必须为空。

9.3.5　自增自减操作符

自增自减操作符会修改操作数，因此我们更倾向于将它们定义为成员函数。而自增自减操作符也有前缀和后缀两个版本，我们需要了解这两种情况在重载时有什么不一样。

动手写9.3.6

```
01 #include <iostream>
02 using namespace std;
03 
04 // 重载自增自减操作符
05 // Author: 零壹快学
06 class Time
07 {
08 public:
09        Time(int hr, int min, int sec) {
10              hour = hr;
11              minute = min;
12              second = sec;
13        }
14        Time(const Time &time) {
15              hour = time.hour;
16              minute = time.minute;
17              second = time.second;
18        }
```

```
19          // 返回引用
20          // 前缀自增
21          Time& operator++ () {
22               if ( second == 59 ) {
23                       second = 0;
24                       if ( minute == 59 ) {
25                               minute = 0;
26                               if ( hour == 23 ) {
27                                       hour = 0;
28                               } else {
29                                       hour++;
30                               }
31                       } else {
32                               minute++;
33                       }
34               } else {
35                       second++;
36               }
37               return *this;
38          }
39          // 前缀自减
40          Time& operator-- () {
41               if ( second == 0 ) {
42                       second = 59;
43                       if ( minute == 0 ) {
44                               minute = 59;
45                               if ( hour == 0 ) {
46                                       hour = 23;
47                               } else {
48                                       hour--;
49                               }
50                       } else {
51                               minute--;
52                       }
53               } else {
```

```
54                  second--;
55              }
56              return *this;
57      }
58      // 后缀自增
59      // 加一个无用的参数以区分这是后缀形式
60      // 返回值需要按值传递，因为旧值是局部变量
61      Time operator++ (int) {
62              Time old(*this);
63              if ( second == 59 ) {
64                      second = 0;
65                      if ( minute == 59 ) {
66                              minute = 0;
67                              if ( hour == 23 ) {
68                                      hour = 0;
69                              } else {
70                                      hour++;
71                              }
72                      } else {
73                              minute++;
74                      }
75              } else {
76                      second++;
77              }
78              return old;
79      }
80      // 后缀自减
81      Time operator-- (int) {
82              Time old(*this);
83              if ( second == 0 ) {
84                      second = 59;
85                      if ( minute == 0 ) {
86                              minute = 59;
87                              if ( hour == 0 ) {
88                                      hour = 23;
```

```
89                         } else {
90                                 hour--;
91                         }
92                 } else {
93                         minute--;
94                 }
95         } else {
96                 second--;
97         }
98         return old;
99     }
100    void printTime() const {
101        cout <<"时间是: "<< hour <<"时"<< minute <<"分"<< second
           <<"秒"<< endl;
102    }
103 private:
104    int hour;
105    int minute;
106    int second;
107 };
108
109 int main() {
110    Time time(23, 59, 59);
111    time.printTime();
112    cout <<"使用前缀递增: "<< endl;
113    ( ++time ).printTime();
114    cout <<"使用前缀递减: "<< endl;
115    ( --time ).printTime();
116    cout <<"使用后缀递增: "<< endl;
117    ( time++ ).printTime();
118    cout <<"使用后缀递减: "<< endl;
119    ( time-- ).printTime();
120    return 0;
121 }
```

动手写9.3.6展示了自增自减操作符的重载，运行结果如图9.3.7所示：

```
时间是：23时59分59秒
使用前缀递增：
时间是：0时0分0秒
使用前缀递减：
时间是：23时59分59秒
使用后缀递增：
时间是：23时59分59秒
使用后缀递减：
时间是：0时0分0秒
```

图9.3.7 自增自减操作符重载

前缀的自增操作符先计算后返回，而后缀的自增操作符返回未更新的值。所以在运行结果中，使用后缀版本操作后的time在调用打印函数时会打印出“延迟”的结果。

前缀版本的重载函数很好理解，就是先加1秒再返回当前对象的引用；而后缀版本由于要满足返回原值再修改的条件，因此在实现的时候要提前创建一个旧对象的副本用于返回原值，自增自减还是作用在this指针指向的对象上。后缀版本返回的时候也不能返回引用，因为旧对象是重载操作符函数的局部变量，必须通过传值复制出来。由于多出了创建旧对象副本和按值返回这两个复制操作，可以看出后缀版本自增自减的效率是较低的。

此外，为了区分自增自减操作符的前缀和后缀版本，我们在后缀版本的参数列表中加上一个假的、没有名字的int变量。这个参数仅仅作为一个占位符来区分前缀和后缀版本，由于没有名字，我们也无法在函数体中使用它。

9.4 友元

类的成员在访问级别处于private的情况时是不能被外界访问的，但是有时也有例外，需要通融，这个时候我们就需要使用友元（Friend）来使某个类或函数具有对另一个类的私有成员的访问权。

如果需要友元，可能是类的设计出现了问题，可以考虑将声明为友元的外部类作为类的成员变量，形成包含关系，并在初始化或其他函数中将该类对象传入。

9.4.1 友元类

我们先来看一个示例，体会一下友元是怎么使用的：

动手写9.4.1

```
01 #include <iostream>
02 #include <string>
03 using namespace std;
04
05 // 友元类
06 // Author: 零壹快学
07
08 // 人
09 class Person
10 {
11         friend class Detective; // 不加class是没有用的
12 public:
13         Person(string n, int a, string s) : name(n), age(a), secret(s) {}
14 private:
15         string name; // 名字
16         int age; // 年龄
17         string secret; // 秘密
18 };
19 // 侦探
20 class Detective : public Person
21 {
22 public:
23         Detective(string n, int a, string s) : Person(n, a, s) {}
24         void investigate(const Person &p) {
25                 cout <<"调查嫌疑人: "<< endl;
26                 cout <<"姓名: "<< p.name << endl;
27                 cout <<"年龄: "<< p.age << endl;
28                 cout <<"嫌疑人的秘密是: "<< p.secret << endl;
29         }
30 };
31
32 int main() {
33         Detective cogi("侦探柯基", 7, "有一副智能眼镜");
34         Detective saburo("侦探三郎", 38, "喜欢喝酒");
35         cogi.investigate(saburo);
36         return 0;
37 }
```

动手写9.4.1展示了把一个类声明为另一个类的友元的方法。运行结果如图9.4.1所示：

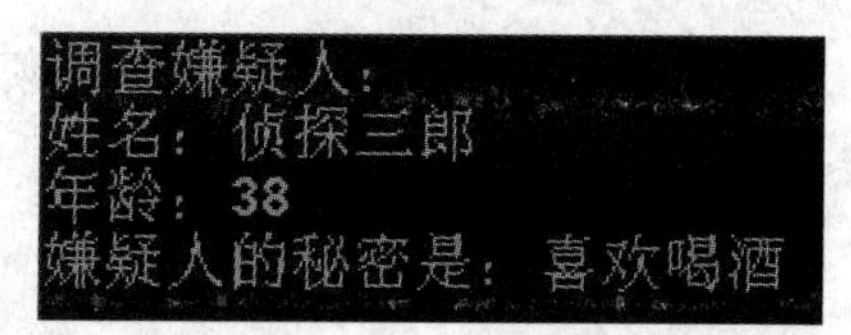

图9.4.1　友元类

侦探需要知道嫌疑人的一些隐私信息，所以这里把侦探作为人的友元是一种可以接受的设计。在声明友元的时候，我们只需要使用friend关键字，并在后面加上class和类名。友元声明不受访问控制符的影响，因此我们可以尽量把声明放在类的最前或最后。需要注意的是，这里的class关键字是必需的，不然友元依然不能访问类的私有成员。在我们把侦探类声明为Person类的友元之后，在investigate()函数中就能访问Person类的私有成员了。

9.4.2　友元函数

与友元类类似，单个函数也可以在一个类中被声明为友元。

动手写9.4.2

```
01  #include <iostream>
02  #include <string>
03  using namespace std;
04
05  // 友元函数
06  // Author: 零壹快学
07
08  // 人
09  class Person
10  {
11          friend void printName(const Person &p);
12  public:
13          Person(string n, int a, string s) : name(n), age(a), secret(s) {}
14  private:
15          string name; // 名字
16          int age; // 年龄
17          string secret; // 秘密
18  };
19  void printName(const Person &p) {
20          cout <<"姓名: "<< p.name << endl;
21  }
```

```
22  int main() {
23          Person xiaoming("小明", 10, "不喜欢吃蔬菜");
24          printName(xiaoming);
25          return 0;
26  }
```

动手写9.4.2展示了友元函数的应用。运行结果如图9.4.2所示：

姓名：小明

图9.4.2 友元函数

在这个示例中，我们把一个函数声明成了Person类的友元函数，并因此可以在函数中访问类的私有成员。在声明友元函数的时候，我们需要完整的函数签名，所以重载函数如果要声明友元，就需要每个都声明。其他类的成员函数也可以声明作友元函数，不过这种情况涉及很多定义声明和作用域的问题，比较复杂，在这里就不举例说明了。

9.4.3 友元与继承

在存在继承体系的情形下，友元关系是否也会被继承呢？让我们来看一个示例：

动手写9.4.3

```
01  #include <iostream>
02  #include <string>
03  using namespace std;
04
05  // 友元与继承
06  // Author: 零壹快学
07
08  // 人
09  class Person
10  {
11          friend class Detective; // 不加class是没有用的
12  public:
13          Person(string n, int a, string s) : name(n), age(a), secret(s) {}
14  protected:
15          string name; // 名字
16          int age; // 年龄
17          string secret; // 秘密
18  };
```

```
19 class Student : public Person
20 {
21         friend class Detective; // 为了访问派生类特有成员，注释掉后不能访问school
22 public:
23         Student(string n, int a, string s, string sch) : Person(n, a, s),
           school(sch) {}
24 protected:
25         string school; // 学校
26 };
27 // 侦探
28 class Detective : public Person
29 {
30 public:
31         Detective(string n, int a, string s) : Person(n, a, s) {}
32         void investigate(const Person &p) {
33              cout <<"调查嫌疑人："<< endl;
34              cout <<"姓名："<< p.name << endl;
35              cout <<"年龄："<< p.age << endl;
36              cout <<"嫌疑人的秘密是："<< p.secret << endl;
37         }
38         void investigateStudent(const Student &stu) {
39              cout <<"调查学生："<< endl;
40              cout <<"姓名："<< stu.name << endl;
41              cout <<"年龄："<< stu.age << endl;
42              cout <<"学校："<< stu.school << endl;
43         }
44 };
45
46 int main() {
47         Detective cogi("侦探柯基", 7, "有一副智能眼镜");
48         Detective mouri("侦探三郎", 38, "喜欢喝酒");
49         Student fujiwara("藤原爱", 7, "喜欢侦探柯基", "堤旦小学");
50         cogi.investigate(mouri);
51         cogi.investigateStudent(fujiwara);
52         return 0;
53 }
```

动手写9.4.3展示了Visual Studio中继承情况下的友元。运行结果如图9.4.3所示：

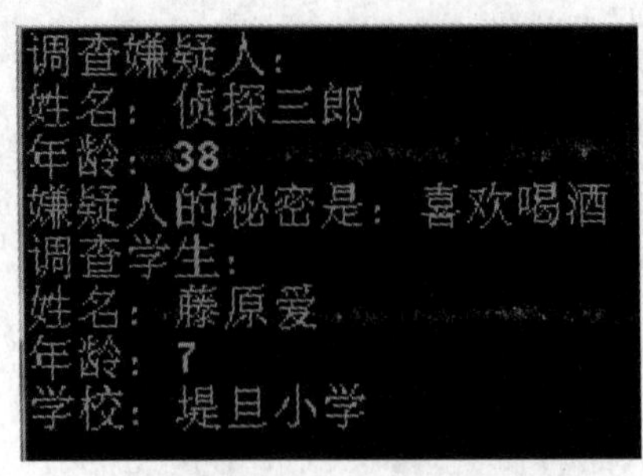

图9.4.3 友元与继承

本示例中的Student派生自Person类，我们可以看到Detective类与Person的友元关系继承到了Student类，investigateStudent()函数也可以访问Student类中基类部分的内容，但是为了访问派生类独有的成员school，我们还是需要在派生类中再声明一次友元。在本示例中如果把派生类中的友元声明注释掉，school就不能访问了。需要注意的是，这里的结果仅限于Visual Studio，按照C++标准中的规定，友元关系并不能继承，所以其他编译器可能有不同的行为。

9.5 小结

本章介绍了面向对象编程中的一些高级内容。我们先讲解了复制构造函数和赋值操作符重载等与复制控制有关的内容，它们会在返回值和传参等情景中被系统自动调用。接着我们讲解了用于实现多态的重要概念——虚函数，以及其他的一些相关内容。然后我们讲解了操作符重载的概念和规则，并给出了常见重载操作符的一些示例。最后我们又介绍了一个使其他类和函数能够访问类私有成员的概念——友元。

9.6 知识拓展

9.6.1 虚函数的实现

在这一章中，我们介绍了虚函数的概念及应用，知道了虚函数和基类指针在一起可以实现多态。那么虚函数到底是怎么实现的呢?

我们知道，一般的成员函数和普通的函数一样，都是一段代码，而编译器在编译函数调用的时候会将对象的this指针作为函数隐藏的第一个参数，这样成员函数就能访问其他类成员了。对于这种非虚函数的情况来说，基类指针就算指向派生类，调用的函数版本也是基类的，因为这两个函数是不同的函数，函数入口也不同，编译器并不知道基类指针指向的是派生类。

因此，为了实现多态，我们需要一个在连编译器都不知道基类指针指向什么类的情况下也能调用正确虚函数的方法。而那就是，我们可以给每个类一个专属的空间，其中放置着几个自己的虚函数，指针可以通过编号来调用虚函数。虽然基类对象和派生类对象的专属空间不一样，但是虚函数的编号一样，这样编译器就算没有任何信息也能调用到正确的虚函数。这样的一个专属的存放虚函数地址的空间就是虚表（Virtual Table，也就是vtable），而由于每个类只需要一个虚表，为了节省空间，类的对象只需要一个指向虚表的虚指针（Virtual Pointer，也就是vptr）就行了。

动手写9.6.1

```
01 #include <iostream>
02 using namespace std;
03
04 // 虚函数的开销
05 // Author: 零壹快学
06 // 交通工具
07 class Vehicle
08 {
09 public:
10        Vehicle() {}
11        virtual void move() { cout <<"交通工具行驶"<< endl; }
12        virtual void printName() { cout <<"交通工具"<< endl; }
13 };
14 // 飞机
15 class Airplane : public Vehicle
16 {
17 public:
18        Airplane() {}
19        void move() { cout <<"飞机飞行"<< endl; }
20        void printName() { cout <<"飞机"<< endl; }
21 };
22 // 汽车
23 class Car : public Vehicle
24 {
25 public:
26        Car() {}
27        void move() { cout <<"汽车行驶"<< endl; }
28        void printName() { cout <<"汽车"<< endl; }
29 };
30 int main() {
```

```
31        Vehicle vehicle;
32        cout <<"Vehicle类的大小为："<< sizeof(vehicle) << endl;
33        Airplane airplane;
34        cout <<"Airplane类的大小为："<< sizeof(airplane) << endl;
35        Car car;
36        cout <<"Car类的大小为："<< sizeof(car) << endl;
37        return 0;
38  }
```

动手写9.6.1展示了虚函数的开销，运行结果如图9.6.1所示：

```
Vehicle类的大小为：4
Airplane类的大小为：4
Car类的大小为：4
```

图9.6.1　虚函数的开销

在上一章的“知识拓展”中我们了解到空类的大小是1字节，而这里同样是空类的几个类，它们的大小却有4字节，这4字节其实就是虚指针的大小。接下来我们通过一张图来理解虚指针和虚表是如何实现多态的：

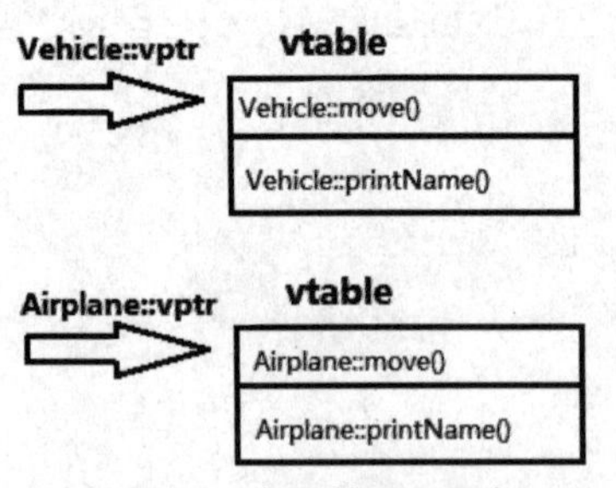

图9.6.2　虚函数原理图解

在图9.6.2中可以看到，Vehicle类和Airplane类分别有自己的虚表，这两个虚表在编译的时候就放好了自己版本的虚函数。到了创建对象的时候，构造函数会自动将对象的虚指针初始化为虚表的地址。这样的话，假设我们有一个指向Vehicle类的指针“vehiclePtr，vehiclePtr->move()”，就会被翻译成“*((vehiclePtr->vptr)+0)()”，而“vehiclePtr->printName()”会被翻译成“*((vehiclePtr->vptr)+1)()”。这其实就是用当前对象的虚指针加上偏移量（虚指针指向虚表首地址，也就是第一个虚函数的地址，而指针加法相当于数组下标操作）而获得虚函数的地址，然后解引用并调用函数。由于Airplane类中move()也在虚表中的同样位置，指向Airplane类的指针airplanePtr也可以进行“*((airplanePtr->vptr)+0)()”的操作并调用到派生类版本的虚函数。

总而言之，虚函数实现多态的秘诀就是将各个类对应的虚函数放在各自虚表的同一个位置，由于所有类都有虚指针，因此这个信息不会因为类型转换而丢失。

此外，虚析构函数如果声明了，也会出现在虚表之中。

9.6.2　使用private关键字修饰构造函数

在一些情况下，我们可能希望创建特别的构造对象的函数，而又不希望外界依然能使用原始的构造函数，这个时候我们可以把构造函数修饰为private。比如一个类有好多个版本的构造函数，但我们不希望用户自己选择版本，而是为他们提供一些选项，好让我们在构建的函数中智能地帮助用户选择构造函数。

动手写9.6.2

```
01 #include <iostream>
02 using namespace std;
03
04 // private构造函数
05 // Author: 零壹快学
06 class MyClass
07 {
08 public:
09         static MyClass* buildMyClass(int v) {
10                 return (new MyClass(v));
11         }
12         static void destroyMyClass(MyClass *ptr) {
13                 delete ptr;
14         }
15         void printVal() const { cout <<"val的值为: "<< val << endl; }
16
17 private:
18         MyClass(int v): val(v) {}
19         MyClass(const MyClass &myclass): val(myclass.val) {}
20         ~MyClass() {}
21         int val;
22 };
23 void printMyClass( const MyClass &myclass) {
24         myclass.printVal();
25 }
26 // 复制构造函数为私有，不能再按值传参
27 /*void printMyClass( MyClass myclass) {
28         myclass.printVal();
29 }*/
```

```
30 int main()
31 {
32       MyClass *p = MyClass::buildMyClass(2);
33       printMyClass(*p);
34       MyClass::destroyMyClass(p);
35       return 0;
36 }
```

动手写9.6.2展示了把构造函数声明为private的情况。如果直接调用构造函数，编译器会报错。此外，我们会发现这个示例中的析构函数和赋值构造函数也被声明为了private，对于析构函数来说，这样的处理也是为了引入另外一个释放资源的函数，而将析构函数封装起来。复制构造函数声明成private以后就不能再有函数接受该类的按值传参了，该类也不能放进容器，这大大降低了类的灵活度。但是有时这样做就是为了避免拷贝之后在类中分配的动态内存产生混乱。虽然复制可以写成深复制的形式，但是由于释放内存的代码是要另外自己配套地调用，这样做就隐式地增加了动态内存的分配，无疑会使内存管理更混乱。

第10章 C++输入输出流

在之前的示例中，我们一直在使用输入操作符“>>” 和输出操作符“<<”实现打印字符串或数字的操作，而这些都是由标准库中的标准I/O库（Input/Output，输入输出）实现的。标准库不仅可以实现这些方便的键盘输入和屏幕输出的操作，也能让文件读写和字符串的操作变得十分容易。我们在学完这章之后，如果去对比C风格的输入输出函数，就会觉得标准I/O库是非常容易上手的。

10.1 标准I/O库概况

标准I/O库是标准库的子库，其中定义了一系列相互关联的类，用来支持文件、显示窗口甚至是字符串的读写。这些I/O类大都通过输入输出操作符“>>”和“<<”实现了基本类型的读写，而我们在设计类的时候也可以通过重载输入输出操作符来实现自定义类的格式化输入输出。

标准I/O库支持向磁盘文件的读写，命令行窗口的读写等涉及了与硬件截然不同的读写行为，但是它们的本质都是将一定的数据传输过去，用输入输出操作符来抽象地表达这种数据流向。为了利用这些共性并将硬件的特殊性封装起来，标准I/O库使用了面向对象的编程思想，将I/O类型组成一个继承体系结构，如图10.1.1所示：

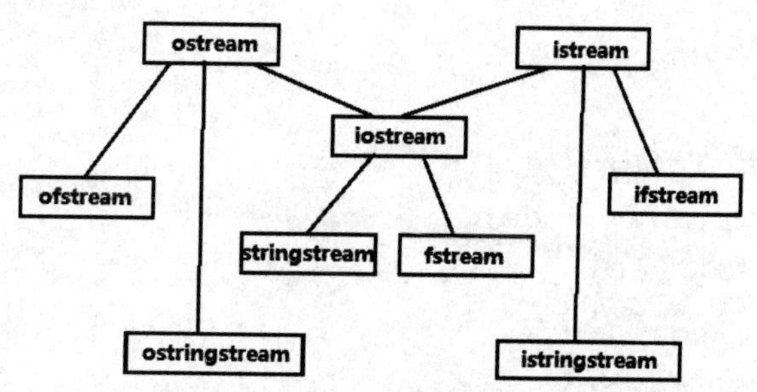

图10.1.1　标准I/O库继承体系结构

这个结构图看似复杂，其实其基础就是两个分别代表输入和输出的istream和ostream类。iostream类利用多重继承同时继承了输入和输出的行为，而其余则分别是具体的文件和字符串读写的类。

这些类定义在3个头文件中，头文件iostream中定义了istream、ostream和iostream，它们是其他类的基础，而具体的标准输入输出的cin、cout等也是这些类型的实例化对象。在之前的示例中我们可能对“cout<<”这种表示方法习以为常了，但是仔细想想这其实就是重载的操作符在cout对象上的操作，cout在这里抽象地表示了屏幕输出这一复杂的机制。

类似地，头文件fstream里定义了ifstream、ofstream和fstream，用来处理磁盘文件的读写。fstream支持读、写两种操作，而其他两个只支持一种。头文件sstream中则定义了istringstream、ostringstream和stringstream共3种进行字符串之间输入输出操作的类。

10.2 标准输入输出流

在iostream头文件中定义的标准输入输出流对象是标准I/O库最常见的应用。在之前的示例中，我们已经大量使用了cin、cout以及endl这些对象，接下来我们再看一些其他的标准输入输出流对象和相关函数。

10.2.1 getline()函数

getline()是I/O处理中一个很实用的函数。我们在使用cin的时候都是默认靠空格来分隔读入的数据，而getline()函数可以使用换行或其他的符号来分隔数据。

动手写10.2.1

```
01 #include <iostream>
02 #include <string>
03 #include <vector>
04 using namespace std;
05
06 // getline()的使用
07 // Author: 零壹快学
08 int main() {
09         cout <<"输入3行字符串: "<< endl;
10         vector<string> words;
11         for ( int i = 0; i < 3; i++ ) {
12                 string word = "";
13                 getline(cin, word);
14                 words.push_back(word);
15         }
16         cout <<"打印输入的字符串: "<< endl;
```

```
17        for ( int i = 0; i < 3; i++ ) {
18            cout << words[i] << endl;
19        }
20        cout <<"输入用|分隔的几个字符串: "<< endl;
21        words.clear();
22        for ( int i = 0; i < 3; i++ ) {
23            string word = "";
24            // 显式指定分隔符
25            getline(cin, word, '|');
26            words.push_back(word);
27        }
28        cout <<"打印输入的字符串: "<< endl;
29        for ( int i = 0; i < 3; i++ ) {
30            cout << words[i] << endl;
31        }
32        return 0;
33 }
```

动手写10.2.1展示了getline()函数的使用。运行结果如图10.2.1所示：

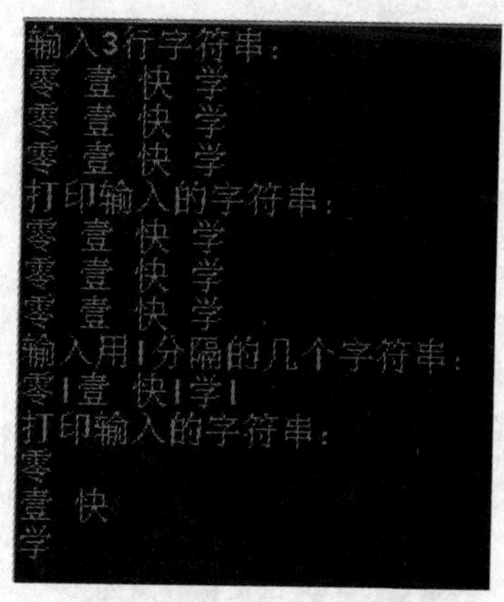

图10.2.1　getline()函数

我们可以看到，尽管在一行之中有许多空格，默认的getline()函数依然能将整行文本读入一个字符串，而第二次输入的时候由于我们指定了分隔符“|”，也就不再需要用换行来分隔字符串了。

10.2.2　条件状态

输入输出流对象在读写数据的时候会遇到各种各样的情况，因此需要一些状态位来记录、管理当前输入输出的状态，这也叫作条件状态（Condition State）。

条件状态一共有4种：goodbit、badbit、failbit和eofbit。goodbit表示一切状态良好，badbit表示发生了系统级的故障，而failbit表示发生了一般可以修复的故障，eofbit中的eof指的是文件结束符（End of File）。

这几种条件状态位可以分别用流对象的good()、bad()、fail()和eof()这几个函数来查询，它们的返回值都是布尔类型。我们也可以使用rdstate()函数返回当前条件状态实际的值。此外，我们还可以用clear()函数将状态重置为有效。接下来让我们看一个示例，这个示例会用到文件流的一些内容，读者可以暂时忽略：

动手写10.2.2

```
01 #include <iostream>
02 #include <string>
03 #include <fstream>
04 using namespace std;
05
06 // 条件状态
07 // Author: 零壹快学
08 int main() {
09         string infilename = "infile.txt";
10         // 打开文件
11         ifstream infile(infilename.c_str());
12         if ( !infile ) {
13                 cerr <<"输入文件无法打开！"<< endl;
14                 return -1;
15         }
16         if ( infile.good() ) {
17                 cout <<"输入流对象状态为good"<< endl;
18                 cout <<"条件状态值："<< infile.rdstate() << endl;
19         }
20         string word = "";
21         // 读取文件中的单词
22         while ( infile >> word ) {
23                 cout << word <<",";
24         }
25         cout << endl;
26         if ( infile.eof() ) {
27                 cout <<"输入流对象状态为eof"<< endl;
```

```
28                      cout <<"条件状态值："<< infile.rdstate() << endl;
29              }
30              // 用完之后关闭文件
31              infile.close();
32              infile.clear();
33              cout <<"重置状态"<< endl;
34              if ( infile.good() ) {
35                      cout <<"输入流对象状态为good"<< endl;
36                      cout <<"条件状态值："<< infile.rdstate() << endl;
37              }
38              return 0;
39      }
```

动手写10.2.2展示了条件状态的相关内容，运行结果如图10.2.2所示：

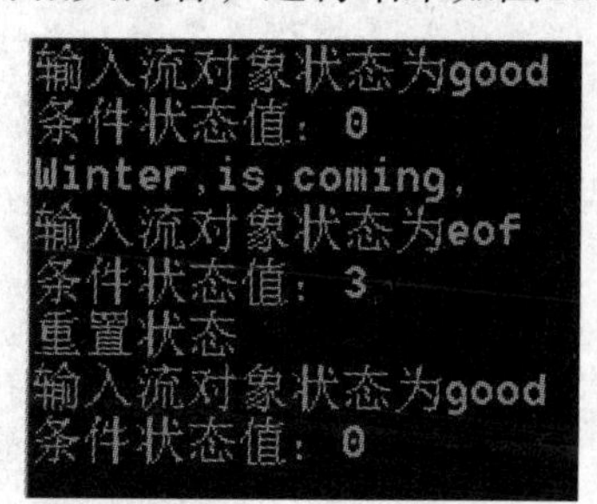

图10.2.2　条件状态

我们可以看到，在成功打开文件之后输入流的状态是good，对应的值是0；而当文件读完遇到文件结束符的时候状态变成了eof，值为3；最后经过clear()函数重置，状态又回到了good。

10.3 文件流

我们现在编写的示例程序大都只有固定的变量和输出，或是通过cin读取用户输入来选择命令和选项。但现实中的程序更多的是要处理大量的数据，而这些数据由于需要长久保存，一般都放在磁盘上的文件中，因此文件的读写对于写出有用的程序来说是相当关键的。C语言中，文件的读写有另外一套机制，而且由于C++的文件流更加易用，在本书中我们就不多讲解C语言的内容了。

10.3.1　文件流的使用

之前我们已经提到过fstream头文件中定义了3种文件I/O的类。在使用这些类操作文件的时候，我们在输入输出前后还需要打开和关闭文件这两种操作。下面我们先来看一个简单的示例：

动手写10.3.1

```
01  #include <iostream>
02  #include <string>
03  #include <fstream>
04  using namespace std;
05
06  // 使用文件流
07  // Author: 零壹快学
08  int main() {
09          string infilename = "infile.txt";
10          // 创建文件流对象并打开文件
11          // 由于历史原因这里需要使用C风格的字符串
12          ifstream infile(infilename.c_str());
13          if ( !infile ) {
14                  cerr <<"输入文件无法打开! "<< endl;
15                  return -1;
16          }
17          // 先创建输出文件流再分别打开的语法
18          ofstream outfile;
19          outfile.open("outfile.txt");
20          if ( !outfile ) {
21                  cerr <<"输出文件无法打开! "<< endl;
22                  return -1;
23          }
24          string word = "";
25          // 读取输入文件中的所有单词
26          // 并输出到输出文件中去
27          while ( infile >> word ) {
28                  outfile << word <<"";
29          }
30          // 用完之后分别关闭两个文件
31          infile.close();
32          outfile.close();
33          return 0;
34  }
```

动手写10.3.1展示了文件流的基本应用。图10.3.1和图10.3.2分别是输入文件和运行程序之后的输出文件结果：

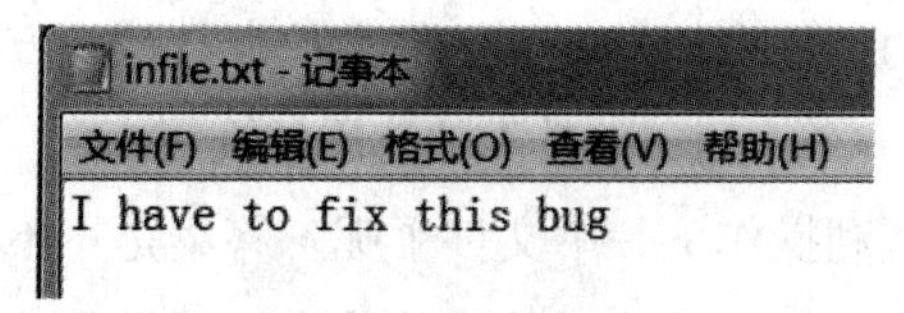

图10.3.1　输入文件

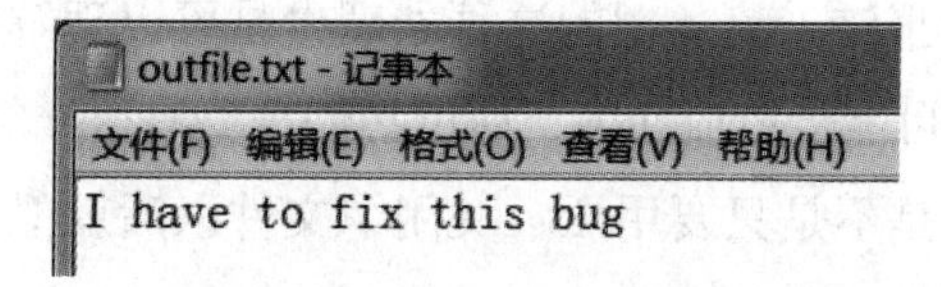

图10.3.2　输出文件

我们可以看到，文件流的使用非常简单，基本上就是将文件名和文件流对象关联起来，然后打开文件，再像标准输入输出那样操作文件，最后关闭文件。在打开文件的时候我们需要通过判断文件流对象转换成的布尔值是否为true来确认文件是否顺利读取。在不加路径的时候，单单使用文件名读取的是当前目录下的文件，因此我们在运行的时候要注意提前在源文件目录下创建好输入输出文件。

在使用完文件后要关闭文件，那么如果在没有关闭上一个文件的情况下就使用同一个文件流打开下一个文件，会发生什么情况呢？

动手写10.3.2

```
01  #include <iostream>
02  #include <string>
03  #include <fstream>
04  using namespace std;
05
06  // 未关闭文件
07  // Author: 零壹快学
08  int main() {
09       fstream infile("file1.txt");
10       if ( !infile ) {
11             cerr <<"输入文件无法打开! "<< endl;
12             return -1;
13       }
14       // 在没关闭file1.txt的情况下就继续打开file2.txt
15       infile.open("file2.txt");
16       if ( !infile ) {
17            cerr <<"输入文件无法打开! "<< endl;
18            return -1;
19       }
20       infile.close();
21       return 0;
22  }
```

动手写10.3.2展示了未关闭前一个文件就打开下一个文件的情况，编译运行后会因为打不开file2.txt而报错。流类型的这种处理也是可以理解的，因为如果未关闭的文件在其他地方被同时打开使用，可能会造成冲突，所以我们需要有这样的一个检测文件是否被使用的机制。

那么是不是只要用close关闭了文件以后就能顺利操作下一个文件了呢？答案是：不。文件流对象在操作文件的时候会产生状态的变化，而close并不能重置文件流的状态，要做到这点我们还需要使用clear()函数。

动手写10.3.3

```
01 #include <iostream>
02 #include <string>
03 #include <fstream>
04 #include <vector>
05 using namespace std;
06
07 // 清除文件流状态
08 // Author: 零壹快学
09 int main() {
10         // 同时能够输入输出的文件
11         fstream file("file1.txt");
12         if ( !file ) {
13              cerr <<"输入文件无法打开! "<< endl;
14              return -1;
15         }
16         vector<string> words;
17         string word = "";
18         while ( file >> word ) {
19              words.push_back(word);
20         }
21         file.close();
22         // 清除文件流状态
23         file.clear();
24         file.open("file2.txt");
25         if ( !file ) {
26              cerr <<"输入文件无法打开! "<< endl;
27              return -1;
28         }
```

```
29          while ( file >> word ) {
30              words.push_back(word);
31          }
32          file.close();
33          for ( int i = 0; i < words.size(); i++ ) {
34              cout << words[i] <<"";
35          }
36          return 0;
37  }
```

动手写10.3.3展示了清除文件流状态，file1中的字符串是“I have to fix this bug”，而file2中的字符串是“before the end of the day”。运行结果如图10.3.3所示：

```
I have to fix this bug before the end of the day
```

图10.3.3　清除文件流状态

10.3.2　文件模式

在打开文件的时候，除了文件名，我们还可以指定文件模式（File Mode）来对文件进行不同的操作。在之前的示例中，由于文件流类型都有各自默认的文件模式，因此没有反映出来。

文件模式一共有如表10.3.1中所示的6种：

表10.3.1　文件模式

文件模式	作用	ifstream	ofstream	fstream
app	往文件尾部写数据	×	√	√
ate	直接定位到文件尾部	√	√	√
binary	二进制I/O操作	√	√	√
in	读文件	√	×	√
out	写文件	×	√	√
trunc	写文件前清空文件	×	√	√

上表中除了文件模式的说明之外，还列举了每种文件模式适用的文件流类型。使用ifstream打开文件默认使用in模式，使用ofstream打开文件默认使用out模式，而使用fstream打开文件默认使用in和out模式。因为out和in一起使用的时候不会清空文件，而out单独使用的时候会清空文件，所以单独使用out也相当于同时使用out和trunc。每个文件模式都在二进制数字的一个位上占了1，也就是2

的n次幂数（1、2、4……），所以文件模式的组合可以用位或操作符实现。

in模式和out模式的效果我们在前面已经看过了，接下来就让我们看一下app模式的效果：

动手写10.3.4

```
01  #include <iostream>
02  #include <string>
03  #include <fstream>
04  using namespace std;
05
06  // app文件模式
07  // Author: 零壹快学
08  int main() {
09          string word = "零壹快学";
10          for ( int i = 0; i < 5; i++ ) {
11                  ofstream file("appfile.txt", ofstream::app);
12                  if ( !file ) {
13                          cerr <<"输出文件无法打开！"<< endl;
14                          return -1;
15                  }
16                  file << word << endl;
17                  file.close();
18                  // 清除文件流状态
19                  file.clear();
20          }
21          return 0;
22  }
```

动手写10.3.4展示了app文件模式的效果，编译运行后的输出文件如图10.3.4所示：

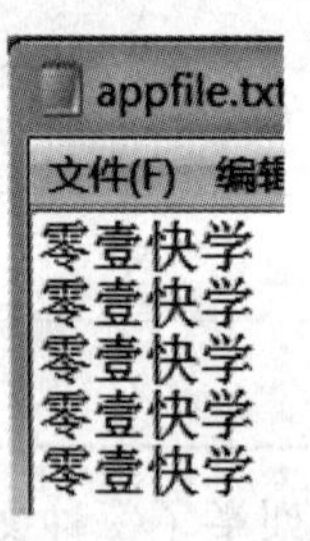

图10.3.4　app文件模式

我们可以看到，程序在循环中数次用app模式打开文件、写数据，然后关闭。每次打开文件的时候并没有清空重写，而是接着上一次写的结果继续添加数据。

文件和文件流是两种不同的概念，而文件模式是与文件关联的。也就是说，我们用同一个文件流对象打开两个不同文件的时候，前一个文件的文件模式不会转移到第二个文件，而是需要重新指定文件模式，或者使用默认的文件模式。

10.4 字符串流

在我们从文件中读取文本之后，这些文本很可能又被分成了一行一行的字符串，被传到子函数中继续处理，而在这些输入是字符串的子函数中，我们也可以用字符串流处理字符串文本。字符串流总体上的操作与其他流类型的操作非常类似，但也有些特殊的地方。sstream头文件中定义了istringstream、ostringstream和stringstream，与文件流的3个类类似，分别提供了输入、输出和输入输出兼有的作用。下面我们看一个示例来了解一下：

动手写10.4.1

```
01 #include <iostream>
02 #include <string>
03 #include <sstream>
04 #include <vector>
05 using namespace std;
06
07 // 字符串流的使用
08 // Author: 零壹快学
09 int main() {
10         cout <<"输入字符串："<< endl;
11         string str = "you know nothing John Snow";
12         istringstream inStr(str); // 不再需要检查流的状态
13         // 使用字符串流特有的函数获得关联的字符串
14         cout << inStr.str() << endl;
15         vector<string> words;
16         string word = "";
17         while ( inStr >> word ) {
18             words.push_back(word);
19         }
```

```
20          ostringstream outStr;
21          for ( int i = 0; i < words.size(); i++ ) {
22              outStr << words[i] <<"_";
23          }
24          cout <<"转换完成！"<< endl;
25          cout <<"输出字符串："<< endl;
26          cout << outStr.str() << endl;
27          // 用带参数的str()重新设置关联字符串
28          inStr.str(outStr.str());
29          cout <<"输入字符串："<< endl;
30          cout << inStr.str() << endl;
31          return 0;
32  }
```

动手写10.4.1展示了字符串流的简单使用，运行结果如图10.4.1所示：

```
输入字符串：
you know nothing John Snow
转换完成！
输出字符串：
you_know_nothing_John_Snow_
输入字符串：
you_know_nothing_John_Snow_
```

图10.4.1　字符串流

字符串流使用起来也十分直观，我们可以轻易地实现各种格式之间的相互转换，一种常用的用法就是在数字和字符串之间转换。下面我们来看一个读取算式并计算的示例：

动手写10.4.2

```
01  #include <iostream>
02  #include <string>
03  #include <sstream>
04  #include <vector>
05  using namespace std;
06
07  // 算式读取
08  // Author: 零壹快学
09  int main() {
10          // 重复使用流对象
11          istringstream inStr;
12          char cmd = 'c';
```

```
13          while ( cmd != 'q' ) {
14                  cout <<"请输入命令字符，q退出，c继续："<< endl;
15                  cin >> cmd;
16                  if ( cmd == 'q' ) {
17                          break;
18                  } else if ( cmd != 'c' ) {
19                          cout <<"命令错误，请重新输入！"<< endl;
20                          continue;
21                  }
22                  cout <<"请输入类似“2 + 3 + 3”的字符串，数字与操作符之间用空
                    格隔开："<< endl;
23                  string str = "";
24                  cin.ignore(); // 使用getline()之前需要让cin忽略之前没处理
                    的空格或换行
25                  getline(cin, str);
26                  inStr.str(str);
27                  int result = 0;
28                  bool isNum = true;
29                  int num = 0;
30                  char op = '+';
31                  bool isAdd = true;
32                  while ( isNum ? (inStr >> num) : (inStr >> op) ) {
33                          if ( isNum ) {
34                                  if ( isAdd ) {
35                                          result += num;
36                                  } else {
37                                          result -= num;
38                                  }
39                                  isNum = false;
40                          } else {
41                                  if ( op == '+' ) {
42                                          isAdd = true;
43                                  } else if ( op == '-' ) {
44                                          isAdd = false;
45                                  } else {
46                                          cout <<"不支持的运算符，请重新输入！"
                                            << endl;
47                                          continue;
```

```
48                      }
49                      isNum = true;
50                  }
51              }
52              cout <<"计算结果为: "<< result << endl;
53              inStr.clear(); // 清空状态
54              inStr.str(""); // 清空字符串
55          }
56          cout <<"退出程序..."<< endl;
57          return 0;
58      }
```

动手写10.4.2展示了读取并计算加减算式。运行结果如图10.4.2所示：

```
请输入命令字符，q退出，c继续：
c
请输入类似“2 + 3 + 3”的字符串，数字与操作符之间用空格隔开：
5 + 3 + 4
计算结果为：12
请输入命令字符，q退出，c继续：
c
请输入类似“2 + 3 + 3”的字符串，数字与操作符之间用空格隔开：
2 - 3 + 18 - 3
计算结果为：14
请输入命令字符，q退出，c继续：
q
退出程序...
```

图10.4.2　读取算式

由于乘除和其他计算涉及优先级，在这里我们就不考虑了。在这个程序中，我们先用getline()读取整行的算式，再利用stringstream自动将算式的内容解析出来，当然在这个示例中并没有很多的纠错代码，所以错误的算式可能也不会提示，而是直接算出错误的结果。在stringstream处理完一个字符串之后，我们最好先清空状态和字符串，再处理下一个字符串。需要注意的是，这里的clear()函数只是清空字符串流状态，并不能重置字符串。

10.5 输入输出操作符重载

在之前我们讲解过操作符重载，输入输出操作符由于与输入输出流的关系密切，放在这里讲解应该是比较合适的。通过重载输入输出操作符，我们可以将对象序列化地存到磁盘中，并在下次取出恢复对象。

动手写10.5.1

```
01  a#include <iostream>
02  #include <string>
03  #include <fstream>
04  #include <vector>
05  using namespace std;
06
07  // 重载输入输出操作符
08  // Author: 零壹快学
09  class Student
10  {
11  public:
12          Student(string n, int a, string s) : name(n), age(a), school(s) {}
13          Student() : name(""), age(0), school("") {}
14          string name; // 名字
15          int age; // 年龄
16          string school; // 学校
17  };
18  // 输入输出操作符重载函数只能是非成员函数
19  // 因为左操作数是流对象
20  ostream& operator<< (ostream &out, const Student &stu) {
21          out << stu.name <<""<< stu.age <<""<< stu.school;
22          return out;
23  }
24  //输入会修改对象，所以不要const
25  istream& operator>> (istream &in, Student &stu) {
26          // 注意输入在对待空格上与输出操作符的区别
27          in >> stu.name >> stu.age >> stu.school;
28          // 检查一下读取的时候是否遇到问题，如有问题，需要解决
29          // 可以打印信息、重置对象，或者抛出异常
30          if ( !in ) {
31                  stu = Student();
32          }
33          return in;
34  }
35  int main() {
```

```
36        ifstream infile("infile.txt");
37        if ( !infile ) {
38             cerr <<"输入文件无法打开! "<< endl;
39             return -1;
40        }
41        vector<Student> students;
42        Student stu;
43        while ( infile >> stu ) {
44             students.push_back(stu);
45        }
46        infile.close();
47        // 清除文件流状态
48        ofstream outfile("outfile.txt");
49        if ( !outfile ) {
50             cerr <<"输出文件无法打开! "<< endl;
51             return -1;
52        }
53        for ( int i = 0; i < students.size(); i++ ) {
54             outfile << students[i] << endl;
55        }
56        outfile.close();
57        return 0;
58 }
```

动手写10.5.1展示了重载输入输出操作符的应用。程序编译运行以后，输出文件的内容与输入文件一致：

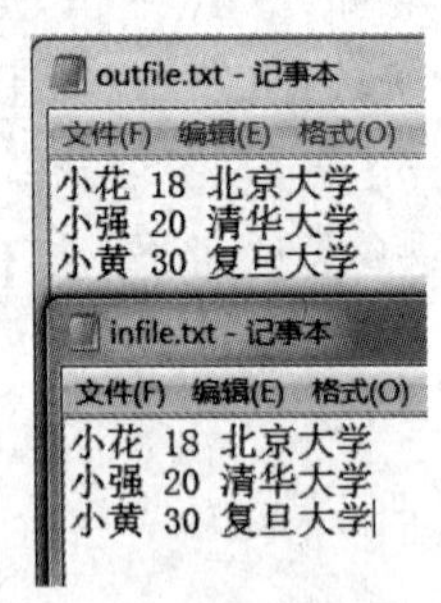

图10.5.1　重载输入输出操作符

我们可以看到，输入输出操作符的重载函数需要声明为非成员函数，这是因为左操作数是流对象，而返回值为流对象则意味着还可以接着与下一个对象组成新的输入输出表达式。示例的“outfile << students[i] << endl;”语句中的“outfile << students[i]”就是将学生对象中的成员依次输

出，然后承载了整个学生对象的返回值outfile继续组成“outfile << endl”并调用另一版本的输出操作符函数，继而接收换行符。

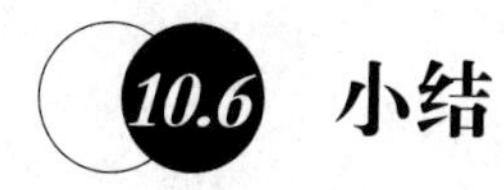

10.6 小结

在这一章我们介绍了标准I/O库中各个输入输出流对象的概况和应用。首先我们介绍了各个流对象之间的继承关系，讲解了一些关于条件状态的通用的概念，随后我们介绍了使用文件流对象实现文件读写的方法，并介绍了文件读写中的几种文件模式，接着我们又举例介绍了字符串流对象用来实现解析混合类型组成的字符串的功能，最后补充了输入输出操作符重载的内容。

10.7 知识拓展

输出缓冲区

在我们调用cout输出数据的时候，数据并不是直接输出到屏幕的，而是需要先放到一个缓冲区中，这也是为了更好地管理计算机的输出资源。数据从缓冲区传送到真正的输出端，比如屏幕或者文件中，要在某些条件下才会发生，这也叫作缓冲区刷新。

一些标准I/O库的内置输出对象会造成缓冲区刷新，比如之前我们一直使用的endl，就会在添加换行符后刷新缓冲区，将一行的内容送到输出端。除此之外，ends会在添加空字符“\0”之后刷新缓冲区，而flush只有刷新缓冲区的功能。

之前我们多次使用cout将数据输出到屏幕，除此之外标准I/O库中还有两个标准错误流对象cerr和clog。

动手写10.7.1

```
01  #include <iostream>
02  using namespace std;
03
04  // cerr和clog
05  // Author: 零壹快学
06  int main() {
07          cout <<"零壹快学"<< endl;
08          clog <<"零壹快学"<< endl;
09          cerr <<"零壹快学"<< endl;
10          return 0;
11  }
```

动手写10.7.1展示了cerr和clog的使用。运行结果如图10.7.1所示：

图10.7.1　cerr和clog

在这里我们并不能看出它们与cout的区别，但是如果在windows命令行运行程序并重定向标准输出，我们可以看到如图10.7.2所示的结果：

```
C:\Users\Howard\Desktop\C++\Debug>"C++.exe"
零壹快学
零壹快学
零壹快学

C:\Users\Howard\Desktop\C++\Debug>"C++.exe" > dump.txt
零壹快学
零壹快学
```

图10.7.2　标准输出重定向

命令行程序的默认输出端是命令行窗口的屏幕，而通过重定向操作符“>”可以改变命令行程序的输出端，将输出信息打印到文件或其他地方。从图10.7.2中可以看到，只有cout的输出被重定向到了文件中，而clog和cerr属于标准错误流对象，显示的是错误信息，需要通过其他方式才能重定向到文件中去。此外，cerr、clog和cout也是有区别的，clog和cout的输出都需要先放入缓冲区，而cerr是直接跳过缓冲区输出的。在特殊的错误情况下，就算缓冲区来不及刷新，cerr也能顺利输出错误信息。

第 11 章 模板简介

如果要设计一个容器来放一些对象并进行类似排序、查找等算法操作，对于不同类型的元素，我们有哪些好的处理方法呢？这样的一个容器在C++中一定是一个类，我们就把这个类叫作Container。

我们可以针对不同类型的对象创建不同的容器类，例如IntContainer或是FloatContainer，但是这些容器的行为是相当类似的，这样做显然会增添许多冗余代码。

我们也可以在Container类中声明一个Object类的数组，在这个程序中的所有类都继承自Object类，这样就可以将不同Object的派生类绑定到不同的Container实例上去。这有些类似于Java的概念，Java中的所有类都继承自Object。但是C++还是有继承自C语言的基本数据类型的，所以我们还是需要其他的方法。为了解决这一问题，C++引入了模板（Template）。模板堪称是C++中最复杂的概念之一，需要用一本书的篇幅才能讲清其中的奥妙。由于本书篇幅有限，只能简单介绍一下模板最基本的应用。

11.1 类模板

读者是否还记得之前在标准库各个容器类定义时所使用的尖括号（<>）呢？这个尖括号以及其中的类型名就是模板的实例化。模板的概念与我们一开始提出的IntContainer和FloatContainer类似，只是将重复书写相似代码的过程交给了编译器来做。我们先创建一个类似于vector的带有模板的类来感受一下：

动手写11.1.1

```
01 #include <iostream>
02 using namespace std;
03
04 // 类模板
05 // Author: 零壹快学
06
```

```
07 // typename: 类型形参前的关键字，也可以用class代替
08 // T: 类型名的占位符，可以是任何名字
09 // 与标准库的vector不同，这个MyVector是固定大小的
10 template <typename T, int capacity> class MyVector {
11 public:
12         MyVector() {
13                 // 初始化capacity大小的数组
14                 arr = new T[capacity];
15                 size = 0;
16         }
17         ~MyVector() {
18                 delete[] arr;
19         }
20         bool isEmpty() {
21                 return size == 0;
22         }
23         int getCapacity() {
24                 return capacity;
25         }
26         int getSize() {
27                 return size;
28         }
29         // 从后添加元素
30         void push(T item) {
31                 if ( size == capacity ) {
32                    cout <<"容量已满! "<< endl;
33                    return;
34                 }
35                 // 先放新元素再累加size
36                 arr[size++] = item;
37         }
38         // 移除最后的元素并返回
39         bool pop(T &item) {
40                 if ( isEmpty() ) {
41                    return false;
```

```
42                } else {
43                        // 先递减size再返回要弹出的元素
44                        item = arr[--size];
45                        return true;
46                }
47        }
48        // 重载下标运算符，在越界的时候警告并返回第一个元素
49        // 如果容量为0的时候
50        T &operator[](int i) {
51                if ( i >= size ) {
52                        cout <<"下标越界！"<< endl;
53                        return arr[0];
54                } else {
55                        return arr[i];
56                }
57        }
58 private:
59        T *arr;
60        int size;
61 };
62
63 int main() {
64        MyVector<int, 5> vec;
65        cout <<"容器的容量为："<< vec.getCapacity() << endl;
66        cout <<"添加元素："<< endl;
67        for ( int i = 0; i < 3; i++ ) {
68             vec.push(i);
69        }
70        int size = vec.getSize();
71        for ( int i = 0; i < size; i++ ) {
72             cout <<"容器的第"<< i + 1 <<"个元素为："<< vec[i] << endl;
73        }
74        cout <<"移除元素："<< endl;
75        while ( !vec.isEmpty() ) {
76             int num = 0;
```

```
77              vec.pop(num);
78              cout <<"移除"<< num << endl;
79          }
80          return 0;
81      }
```

动手写11.1.1展示了类模板的声明语法及应用。运行结果如图11.1.1所示：

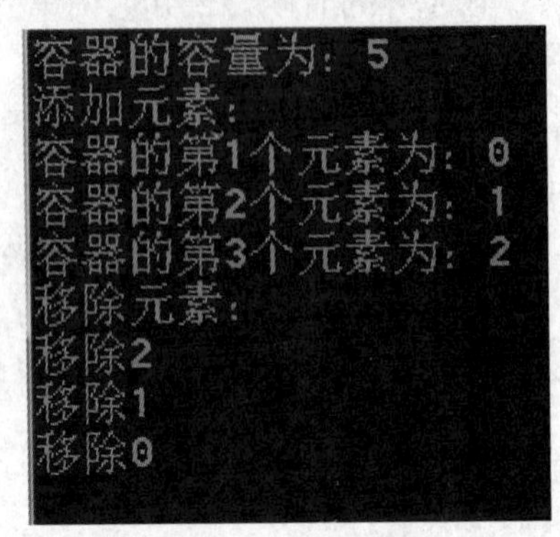

图11.1.1　类模板

这个示例比较复杂，基本上完整实现了一个固定大小的泛型vector的基本功能。我们在使用的时候可以指定元素的类型和容器的容量，这都是要靠模板才能实现的。

模板定义的默认开头是一个"template"关键字和一对尖括号包住的模板形参列表（Template Parameter List），模板形参可以是类型形参（Type Parameter），也可以是非类型形参（Nontype Parameter）。

非类型形参就跟函数参数差不多，但是在编译的时候必须确定，所以在实例化创建对象时一定要用常量表达式。当我们在定义类对象的时候，将5带入capacity，编译器会自动将capacity替换为5，所以我们看到的动态分数组的"arr = new T[capacity];"实际上变成了"arr = new T[5];"。

而类型形参就是泛型的由来，我们在写"typename T"或者"class T"（typename和class没有区别，都能用来定义类型形参）的时候，就是把T当作一种未知类型的占位符。在定义模板类的时候，我们并不知道T代表了什么类型，而只有定义类对象指定类型的时候，编译器才会把T替换为其他类型（包括自定义的类），比如在这里是int。

在我们定义模板类对象之后，编译器所要做的这些替换行为叫作模板实例化（Template Instantiation）。模板实例化有点像预处理器中宏的扩展，模板类的定义就是宏定义，模板参数就是宏的参数。当我们定义"MyVector<int, 5> vec;"的时候，编译器就知道在编译的时候它需要创建一个新的类定义，其中所有的T都要替换成int，而capacity都要替换成5。而当我们又定义一个"MyVector<MyClass, 10> vec;"的时候，编译器又要再创建一个类定义，其中所有T换成MyClass，而capacity换成10，并且所有的赋值或其他运算符会使用显式或默认的重载运算符。

所以每个模板类的对象定义都是定义了一个新的类，只是我们不需要重复地定义相同功能、不同类型的类。下面我们来看看动手写11.1.1的不用模板的等价版本：

动手写11.1.2

```
01 #include <iostream>
02 using namespace std;
03
04 // 不用模板的版本
05 // Author: 零壹快学
06
07 // 与标准库的vector不同，这个MyVector是固定大小的
08 const int capacity = 5;
09 class MyVector {
10 public:
11     MyVector() {
12         // 初始化capacity大小的数组
13         arr = new int[capacity];
14         size = 0;
15     }
16     ~MyVector() {
17         delete[] arr;
18     }
19     bool isEmpty() {
20         return size == 0;
21     }
22     int getCapacity() {
23         return capacity;
24     }
25     int getSize() {
26         return size;
27     }
28     // 从后添加元素
29     void push(int item) {
30         if ( size == capacity ) {
31             cout <<"容量已满！"<< endl;
32             return;
33         }
```

```
34              // 先放新元素再累加size
35              arr[size++] = item;
36          }
37          // 移除最后的元素并返回
38          bool pop(int &item) {
39              if ( isEmpty() ) {
40                  return false;
41              } else {
42                  // 先递减size再返回要弹出的元素
43                  item = arr[--size];
44                  return true;
45              }
46          }
47          // 重载下标运算符，在越界的时候警告并返回第一个元素
48          // 如果容量为0的时候
49          int &operator[](int i) {
50              if ( i >= size ) {
51                  cout <<"下标越界！"<< endl;
52                  return arr[0];
53              } else {
54                  return arr[i];
55              }
56          }
57  private:
58          int *arr;
59          int size;
60  };
61
62  int main() {
63          MyVector vec;
64          cout <<"容器的容量为："<< vec.getCapacity() << endl;
65          cout <<"添加元素："<< endl;
66          for ( int i = 0; i < 3; i++ ) {
67              vec.push(i);
68          }
```

```
69          int size = vec.getSize();
70          for ( int i = 0; i < size; i++ ) {
71              cout <<"容器的第"<< i + 1 <<"个元素为: "<< vec[i] << endl;
72          }
73          cout <<"移除元素: "<< endl;
74          while ( !vec.isEmpty() ) {
75              int num = 0;
76              vec.pop(num);
77              cout <<"移除"<< num << endl;
78          }
79          return 0;
80  }
```

在动手写11.1.2中，我们可以看到这个版本的MyVector非常不灵活，如果我们想再定义一个，就要把整个类定义重写一遍。

需要注意的是，在动手写11.1.1中我们是将成员函数定义写在类定义里面的，而当我们将定义和声明分开的时候，也需要注意类模板的特殊语法。

动手写11.1.3

```
01  #include <iostream>
02  using namespace std;
03
04  // 类模板成员函数的定义分离
05  // Author: 零壹快学
06
07  // 区间
08  template <class T>
09  class Interval
10  {
11  public:
12          Interval(T s, T e) : start(s), end(e) {}
13          void print();
14  private:
15          T start;
16          T end;
17
18  };
```

```
19  template <class T>
20  void Interval<T>::print()
21  {
22          cout <<"["<< start <<", "<< end <<"]"<< endl;
23  }
24
25  int main() {
26          Interval<int> int1(3, 4);
27          cout <<"打印int1: "<< endl;
28          int1.print();
29          return 0;
30  }
```

动手写11.1.3展示了类模板成员函数定义分离的语法。我们可以看到，在类定义外定义成员函数的时候，有两个东西是不能少的：

1. template关键字和模板形参列表。

2. 作用域操作符前的类名要加上模板形参。

这是因为这里的成员函数也是类模板声明的一部分，我们必须标注它的模板特性，不然它就是一个特定版本（比如Interval<int>）的成员函数了。

最后，有两个相近的术语是我们经常会碰到的，那就是类模板（Class Template）和模板类（Template Class）。类模板指的是我们写的带模板的类定义，它表示着一个蓝图，编译器可以通过这个蓝图来生成各种具体的类；而模板类指的是这些具体的、由模板生成的类，也就是vector<int>、vector<char>这些类。类似地，在下一节中我们要讲的函数模板（Function Template）也有对应的模板函数（Template Function）。

11.2 函数模板

与类模板类似，函数也可以声明成泛型的形式，这包括了一般的函数和类成员函数。

动手写11.2.1

```
01  #include <iostream>
02  using namespace std;
03
04  // 函数模板
05  // Author: 零壹快学
```

```
06
07 // 区间
08 class Interval
09 {
10 public:
11         Interval(int s, int e) : start(s), end(e) {}
12         int start;
13         int end;
14
15 };
16 // 重载>使得Interval能够使用模板max()函数
17 bool operator>(const Interval &lhs, const Interval &rhs) {
18         if ( lhs.start > rhs.start ) {
19                 return true;
20         } else if ( lhs.start == rhs.start ) {
21                 return (lhs.end > rhs.end);
22         } else {
23                 return false;
24         }
25 }
26 // 重载输出操作符使得打印区间方便一些
27 ostream& operator<<(ostream& out, const Interval& i)
28 {
29         out <<"["<< i.start <<", "<< i.end <<"]";
30     return out;
31 }
32
33 template <class T>
34 T max(const T &a, const T &b) {
35         return (a > b ? a : b);
36 }
37
38 int main() {
39         int a = 3;
40         int b = 4;
41         cout <<"a和b之间的最大值是: "<< max<int>(a, b) << endl;
42         Interval int1(1, 2);
```

```
43        Interval int2(1, 3);
44        cout <<"int1和int2之间的最大值是: "<< max<Interval>(int1, int2)
          << endl;
45        return 0;
46 }
```

动手写11.2.1展示了函数模板的语法及应用。运行结果如图11.2.1所示：

```
a和b之间的最大值是: 4
int1和int2之间的最大值是: [1, 3]
```

图11.2.1　函数模板

本示例实现了max()函数的模板版本。在函数返回值类型之前的部分基本和类模板声明差不多，这个函数对代入类型的唯一要求就是该类型重载了大于操作符，因此我们在传入Interval类型的时候需要看看Interval类有没有重载大于操作符。程序分别展示了基本类型和自定义类版本的两种函数实例化，实例化的时候尖括号放在函数名和参数列表之间。

除了一般函数外，函数模板也适用于类成员函数，甚至是类模板的成员函数。也就是说，类模板的成员函数除了类本身的模板形参之外，还有函数自身带的模板形参。

动手写11.2.2

```
01 #include <iostream>
02 using namespace std;
03
04 // 成员函数模板
05 // Author: 零壹快学
06
07 // 二维向量
08 template <typename T>
09 class Vector2D
10 {
11 public:
12        Vector2D(T X, T Y) : x(X), y(Y) {}
13        // 加法重载函数的右操作数使用成员函数的模板形参类型
14        template <typename RType>
15        Vector2D add(const RType &rhs);
16        void print() {
17              cout <<"("<< x <<", "<< y <<")"<< endl;
18        }
```

```
19 private:
20         T x;
21         T y;
22 };
23 // 两个模板形参表都要有
24 template <typename T> template <typename RType>
25 Vector2D<T> Vector2D<T>::add(const RType &rhs) {
26         this->x += rhs;
27         this->y += rhs;
28         return *this;
29 }
30
31 int main() {
32         Vector2D<int> v1(1, 2);
33         int intNum = 3;
34         float floatNum = 1.9;
35         cout <<"v1加上intNum的结果为："<< endl;
36         (v1.add<int>(intNum)).print();
37         cout <<"v1加上floatNum的结果为："<< endl;
38         (v1.add<float>(floatNum)).print();
39         return 0;
40 }
```

动手写11.2.2展示了类模板的成员函数模板的定义。运行结果如图11.2.2所示：

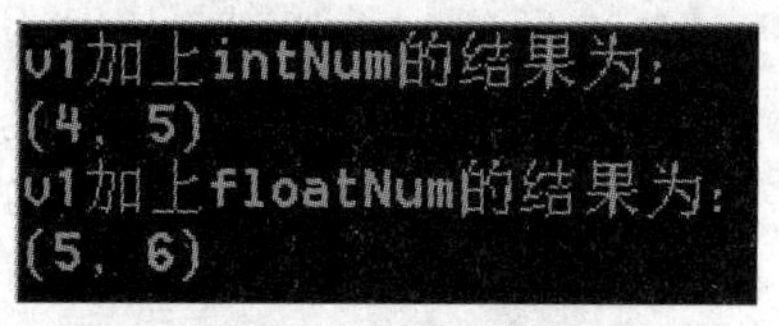

图11.2.2　成员函数模板

本示例定义了一个模板的二维向量，并且在实现成员函数add()的时候引入了另一个模板参数列表，这个参数列表只适用于这个成员函数。我们可以看到，在类定义外定义这样一个成员函数就有些烦琐了，需要将两个模板形参表都放在函数定义前，不然函数可能会找不到使用的类型符号。在main()函数中使用的时候，我们先定义了int类型的向量，然后在做加法的时候分别实例化了int和float两种类型的加法版本。

要注意在这里我们是不能使用“add<Vector2D>()”的，因为那样的话我们是加上向量的各分量x和y。这种函数模板的特殊情况可以通过本章的“知识拓展”中讲解的模板特化解决。

最后我们要介绍模板形参的默认参数，这与函数声明中的默认参数的用法非常相似。

动手写11.2.3

```
01 #include <iostream>
02 #include <vector>
03 #include <string>
04 using namespace std;
05
06 // 模板的默认参数
07 // Author: 零壹快学
08
09 // 二维矩阵
10 // 行列
11 template <typename T = int, int m = 2, int n = 2>
12 class Matrix
13 {
14 public:
15         // T()会调用T类型的默认构造函数，如果是int()就是初始化为0
16         Matrix(T val = T()){
17                 row = m;
18                 col = n;
19                 mat = vector<vector<T>>(row, vector<T>(col, val));
20         }
21         void print() {
22                 for ( int i = 0; i < row; i++ ) {
23                         for ( int j = 0; j < col; j++ ) {
24                                 cout << mat[i][j] <<"";
25                         }
26                         cout << endl;
27                 }
28         }
29 private:
30         int row;
31         int col;
32         vector<vector<T>> mat;
33 };
```

```
34
35 int main() {
36         // 就算使用默认参数也要加上空的尖括号对
37         Matrix<> mat1;
38         cout <<"打印mat1: "<< endl;
39         mat1.print();
40         // 部分使用默认参数
41         Matrix<string, 3> mat2("零壹快学");
42         cout <<"打印mat2: "<< endl;
43         mat2.print();
44
45         Matrix<float, 3, 3> mat3(1.0);
46         cout <<"打印mat3: "<< endl;
47         mat3.print();
48         return 0;
49 }
```

动手写11.2.3展示了模板默认参数的用法。运行结果如图11.2.3所示：

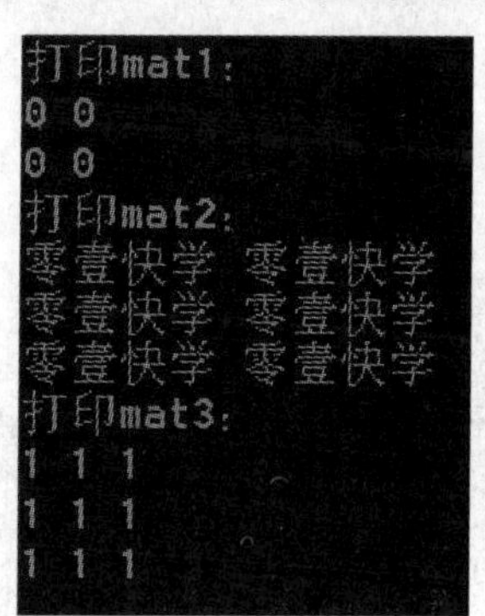

图11.2.3　模板默认参数

在这个矩阵的示例中，mat1没有指定模板参数，因此使用了默认的<int,2,2>，而且构造函数也使用了默认的参数0，最后打印出了一个全零的2x2矩阵。对于模板来说，也可以部分使用默认参数，mat2的前两个参数改成字符串和3，但是列数依然保持着2。

11.3 小结

在本章我们简单介绍了C++中支持泛型编程的一个重要功能——模板，也介绍了类模板和函数模板的基本语法及应用。

11.4 知识拓展

11.4.1 模板特化

在动手写11.2.2中，我们实现了add()函数，将Vector2D与某一类型相加，但是函数的实现却决定了这个类型只能是基本类型，或是重载加法能返回特定数值的类。对于Vector2D来说，我们也想实现Vector2D与Vector2D的分量相加，这种单独实现某种具体类的模板函数或模板类的需求可以用模板特化（Template Specialization）来满足。

动手写11.4.1

```
01 #include <iostream>
02 using namespace std;
03
04 // 模板特化
05 // Author: 零壹快学
06
07 // 二维向量
08 template <typename T>
09 class Vector2D
10 {
11 public:
12         Vector2D(T X, T Y) : x(X), y(Y) {}
13         // 加法重载函数的右操作数使用成员函数的模板形参类型
14         template <typename RType>
15         Vector2D add(const RType &rhs);
16         void print() {
17                 cout <<"("<< x <<", "<< y <<")"<< endl;
18         }
19 private:
20         T x;
21         T y;
22 };
23 // 两个模板形参表都要有
24 template <typename T> template <typename RType>
25 Vector2D<T> Vector2D<T>::add(const RType &rhs) {
26         this->x += rhs;
```

```
27          this->y += rhs;
28          return *this;
29  }
30  // 对于要特化的模板形参表我们只保留空的尖括号对
31  template <> template <>
32  Vector2D<int> Vector2D<int>::add(const Vector2D<int>&rhs) {
33          this->x += rhs.x;
34          this->y += rhs.y;
35          return *this;
36  }
37  int main() {
38          Vector2D<int> v1(1, 2);
39          Vector2D<int> v2(5, 7);
40          int intNum = 3;
41          cout <<"v1加上intNum的结果为: "<< endl;
42          (v1.add<int>(intNum)).print();
43          cout <<"v1加上v2的结果为: "<< endl;
44          (v1.add<Vector2D<int>>(v2)).print();
45          return 0;
46  }
```

动手写11.4.1展示了模板特化的使用，运行结果如图11.4.1所示：

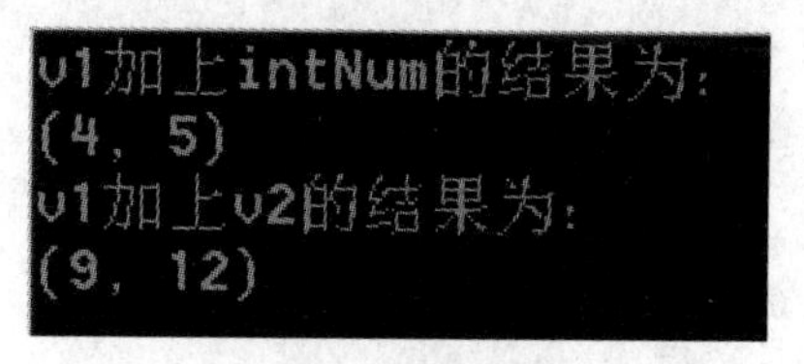

图11.4.1　模板特化

我们可以看到，模板特化实际上是将指定的类型代入函数，而且函数实现也不一样。由于类型已经确定了，我们也不需要模板形参表，就保留空的形参表让编译器知道这还是一个跟模板有关的函数。

特化了Vector2D<int>和Vector2D<int>相加的版本之后，我们可以使用这个版本，也可以依然使用通用的一般版本。

除了特化所有模板形参之外，我们也可以只对模板的一部分模板形参做特化，这就叫作偏特化（Partial Specialization）。接下来让我们看一个示例：

动手写11.4.2

```
01 #include <iostream>
02 #include <vector>
03 using namespace std;
04
05 // 模板偏特化
06 // Author: 零壹快学
07
08 // N维向量
09 template <typename T, int dim>
10 class MyVec
11 {
12 public:
13         MyVec(const vector<T>&Vec): vec(Vec) {
14               if ( Vec.size() != dim ) {
15                       cout <<"传入vector大小不等于dim! "<< endl;
16               }
17         };
18         T dot(const MyVec<T, dim>&rhs) {
19               T res(0);
20               for ( int i = 0; i < dim; i++ ) {
21                       res += (this->vec[i] * rhs.vec[i]);
22               }
23               return res;
24         }
25         void print() {
26               cout <<"(";
27               for ( int i = 0; i < dim - 1; i++ ) {
28                       cout << vec[i] <<", ";
29               }
30               cout << vec[dim - 1] <<")"<< endl;
31         }
32 private:
33         vector<T> vec;
34 };
35
36 // 偏特化二维向量
```

```
37 template <typename T>
38 class MyVec<T, 2> // 指定偏特化的参数，但这仍然是类模板定义
39 {
40 public:
41         MyVec(const vector<T>&Vec): vec(Vec) {
42                 if ( Vec.size() != 2 ) {
43                         cout <<"传入vector大小不等于dim! "<< endl;
44                 }
45         };
46         T dot(const MyVec<T, 2>&rhs) {
47                 return this->vec[0] * rhs.vec[0] + this->vec[1] * rhs.
                vec[1];
48         }
49         void print() {
50                 cout <<"("<< this->vec[0] <<", "<< this->vec[1] <<")"<< endl;
51         }
52 private:
53         vector<T> vec;
54 };
55 int main() {
56         vector<int> v1 = { 1, 2, 3 };
57         vector<int> v2 = { 1, 2, 4 };
58         MyVec<int, 3> v3_1(v1);
59         MyVec<int, 3> v3_2(v2);
60         cout <<"v3_1与v3_2点乘的结果为: "<< v3_1.dot(v3_2) << endl;
61         vector<int> v3 = { 1, 2 };
62         vector<int> v4 = { 3, 4 };
63         // 能使用特化版本的时候编译器就会尽量使用特化版本的类定义
64         MyVec<int, 2> v2_1(v3);
65         MyVec<int, 2> v2_2(v4);
66         cout <<"v2_1与v2_2点乘的结果为: "<< v2_1.dot(v2_2) << endl;
67         return 0;
68 }
```

动手写11.4.2展示了偏特化的应用，运行结果如图11.4.2所示：

```
v3_1与v3_2点乘的结果为: 17
v2_1与v2_2点乘的结果为: 11
```

图11.4.2　偏特化

我们可以看到，通过在新的类模板定义中指定要特化的模板形参（class MyVec<T, 2>），我们就可以实现特殊的二维向量成员函数。而在这个偏特化的二维向量的类定义中，我们依然保持T为未特化的状态，而将使用dim的地方都改成2。这样之后不管我们定义了MyVec<int, 2>还是MyVec<float, 2>，编译器都会自动生成相应的完全特化的类定义。

11.4.2 多维vector

多维的vector与多维数组类似，都是用来表示多维数据的。下面我们来看一个矩阵转置的示例：

动手写11.4.3

```
01 #include <iostream>
02 #include <vector>
03 using namespace std;
04
05 // 矩阵转置
06 // Author: 零壹快学
07 int main() {
08         // 两个右尖括号>之间需要空格
09         // 在支持C++ 11的编译器中不需要空格
10         vector<vector<int>> vec2D;
11         const int dim = 3;
12         for ( int i = 0; i < dim; i++ ) {
13                 // 二维vector就是元素是vector的vector
14                 vec2D.push_back(vector<int>());
15                 for ( int j = 0; j < dim; j++ ) {
16                         vec2D.back().push_back(i * dim + j);
17                 }
18         }
19         cout <<"打印矩阵: "<< endl;
20         for ( int i = 0; i < dim; i++ ) {
21                 for ( int j = 0; j < dim; j++ ) {
22                         // 下标操作形式与二维数组一样
23                         cout << vec2D[i][j] <<"";
24                 }
25                 cout << endl;
26         }
```

```
27        // 将矩阵转置
28        for ( int i = 0; i < dim; i++ ) {
29                // 利用j < i遍历一半矩阵
30                for ( int j = 0; j < i; j++ ) {
31                        // 交换左下和右上的元素
32                        int temp = vec2D[i][j];
33                        vec2D[i][j] = vec2D[j][i];
34                        vec2D[j][i] = temp;
35                }
36        }
37        cout <<"打印转置的矩阵："<< endl;
38        for ( int i = 0; i < dim; i++ ) {
39                for ( int j = 0; j < dim; j++ ) {
40                        // 下标操作形式与二维数组一样
41                        cout << vec2D[i][j] <<"";
42                }
43                cout << endl;
44        }
45        return 0;
46 }
```

动手写11.4.3展示了二维vector的应用，运行结果如图11.4.3所示：

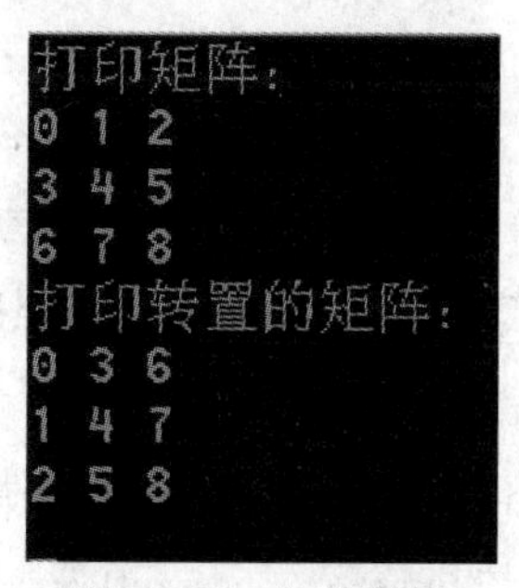

图11.4.3　矩阵转置

二维vector跟二维数组一样，我们只需要搞清楚二维vector的元素是vector就可以了。同时，我们还要分清vector<vector<int>>中有若干空vector<int>和vector<vector<int>>本身为空的区别。

第12章 标准模板库（STL）

C++标准库的一个强大之处就是它包含了各种各样的容器和算法，并且都是泛型（Generic）的，可以实现泛型编程（Generic Programming）。所谓泛型编程，就是在编程时不需要考虑具体数据类型，不需要寻找并使用类型与当前变量匹配的算法，而算法使用的数据结构，也就是容器，也不需要根据数据类型重复实现不同版本。

C++标准库中，容器和算法所在的标准库子集又叫标准模板库（Standard Template Library），简称STL。它之所以比标准库多了“模板”两字，是因为模板就是C++中实现泛型编程的重要工具。我们之前学习的vector可以声明为不同元素类型，那就是利用了模板。

我们在上一章中介绍了模板，而STL的实现和设计除了需要模板之外，还涉及许多复杂的方面。在这一章中我们就主要讲解STL中各种容器和算法的应用，关于STL的技术，有兴趣的读者可以参考更深层次的书籍。

12.1 容器概论

STL中的容器分为顺序容器和关联容器两种。顺序容器通过元素的位置顺序存储访问，而这个顺序一般是由元素进入容器的顺序决定的。我们可以把一摞碗看作是一种顺序容器，碗的顺序比较难去随意改变，而关联容器则通过键来查找键对应的元素，查找键的过程一般都有比较快捷的算法。我们可以把电子词典看作关联容器，输入单词后我们就能快速地找到对应的释义。

STL中的容器有许多共享的函数，如insert()、assign()等。同样，关联容器与顺序容器也会共享除了push()、pop()等以外的大多数操作。

12.1.1 迭代器

我们在第5章介绍vector的时候讲解了利用下标操作符遍历的方法，这个方法是vector独有的，并且我们还需要关注索引i是否超过了vector的大小。对于STL中的容器来说，其实我们也有一种通用的遍历方法——使用迭代器（Iterator），这样的话无论我们使用的是哪一种容器，都可以用这种方法一刀切地进行遍历，而不需要关心遍历具体是怎么实现的。

STL中迭代器的设计也体现了泛型和封装的思想，在迭代的时候我们不需要关心容器的内部结构。接下来就让我们看一个示例了解一下：

动手写12.1.1

```
01  #include <iostream>
02  #include <vector>
03  using namespace std;
04
05  // 迭代器
06  // Author: 零壹快学
07  int main() {
08          vector<int> vec;
09          cout <<"请输入5个vector元素："<< endl;
10          for ( int i = 0; i < 5; i++ ) {
11                  int num = 0;
12                  cin >> num;
13                  vec.push_back(num);
14          }
15          cout <<"遍历vector："<< endl;
16          // 定义特定类型的迭代器并初始化为
17          // 指向容器第一个元素的迭代器begin()
18          vector<int>::iterator it = vec.begin();
19          // end()返回指向容器最后一个元素的后一个元素的迭代器
20          for ( ; it != vec.end(); it++ ) {
21                  // 把迭代器看作指针，解引用
22                  cout << *it << endl;
23          }
24          return 0;
25  }
```

动手写12.1.1展示了迭代器的用法。运行结果如图12.1.1所示：

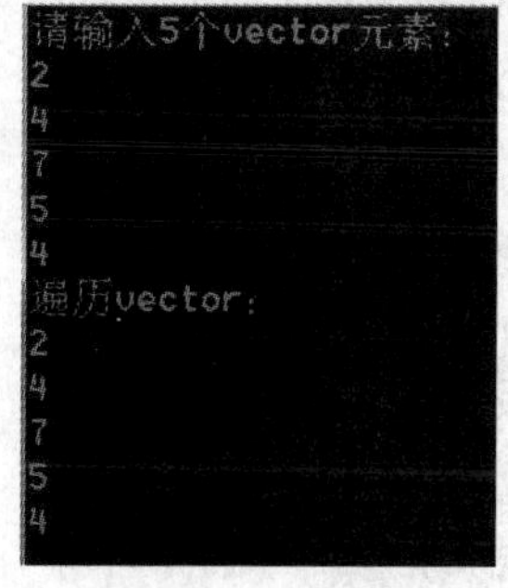

图12.1.1　迭代器

迭代器是声明在每个容器类定义中的，因此在定义的时候我们需要在类型名前面加上具体的容器名和作用域操作符。在初始化的时候，我们将容器的begin()的返回值赋值给迭代器，begin()和end()分别代表着指向容器的第一个元素和最后一个元素之后的元素的迭代器，最后一个元素之后的元素并不存在，所以迭代器等于end()，也就说明已经遍历到头了。因为循环的条件一般在循环头部判断，所以如果end()等于最后一个元素，其实就是最后一个元素还没有遍历到。因此，end()的这种特性是比较自然的，这就像遍历数组的循环条件为“i<size”，但是数组最后一个元素的索引是“size-1”一样。

begin()、end()以及迭代器的自增自减操作是迭代器实现遍历的关键。对于vector来说，我们当然知道begin()指向的就是第一个推进去的元素，然而对于其他容器来说，我们并不知道那个begin()指向的是哪个元素。类似地，迭代器的自增自减的实现细节我们也是不需要关心的，无论容器的内部结构如何错综复杂，我们只要让迭代器从begin()到end()递增一遍就能完成遍历了，这也是STL设计中的奇妙之处。

此外，在循环中使用迭代器取容器元素的时候，我们可以把它看作指针，并使用解引用操作即可。

既然迭代器可以正向遍历，那应该也可以反向遍历。下面我们来看一下两种反向遍历的方法：

动手写12.1.2

```
01  #include <iostream>
02  #include <vector>
03  using namespace std;
04
05  // 迭代器反向遍历
06  // Author: 零壹快学
07  int main() {
08          vector<int> vec;
09          cout <<"请输入5个vector元素: "<< endl;
10          for ( int i = 0; i < 5; i++ ) {
11                  int num = 0;
12                  cin >> num;
13                  vec.push_back(num);
14          }
15          cout <<"递减迭代器反向遍历vector: "<< endl;
16          vector<int>::iterator it = vec.end();
17          // end()返回指向容器最后一个元素的后一个元素的迭代器
```

```
18        do {
19              it--;
20              cout << *it << endl;
21        } while ( it != vec.begin() );
22        cout <<"使用反向迭代器遍历vector: "<< endl;
23        // 定义反向迭代器
24        typedef vector<int>::reverse_iterator RevIter;
25        RevIter rev_it = vec.rbegin();
26        for ( ; rev_it != vec.rend(); rev_it++ ) {
27              cout << *rev_it << endl;
28        }
29        return 0;
30 }
```

动手写12.1.2展示了反向遍历容器的两种方法，运行结果如图12.1.2所示：

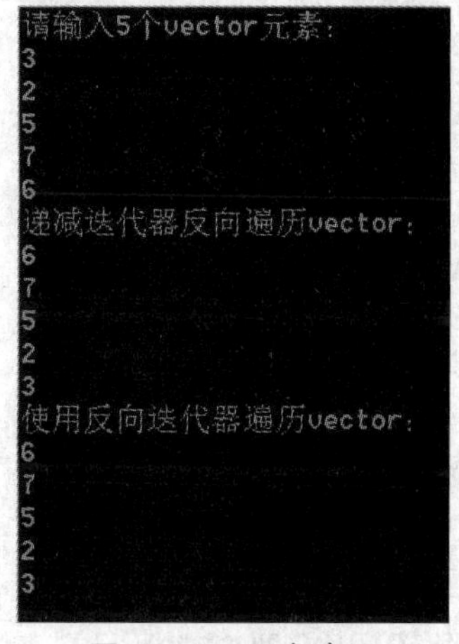

图12.1.2　反向遍历

在本示例中，我们先使用了递减迭代器的方法反向遍历，这样需要先递减再打印并判断，因为迭代器指向begin()的时候如果先判断是否已终止循环，就无法取得元素了。但是在使用反向迭代器的时候就不存在这个问题，因为rbegin()指向的是容器的最后一个元素，而rend()指向的是第一个元素之前的元素，所以在遍历的时候可以先取得第一个元素之后再终止循环。

由于迭代器的定义比较冗长，我们也可以像示例中那样使用typedef简化迭代器的类型名。

最后，迭代器除了示例中出现过的自增自减、关系以及解引用操作符之外，在vector和deque中也可以使用其他的一些算术和关系操作符。

12.1.2　容器元素的条件

我们知道，容器元素的类型是比较随意的，可以是基本类型，也可以是自定义类型。但是作为容器元素的类型也还是需要满足两个基本条件的：一是支持赋值操作符，二是支持复制操作。这是因为容器的许多操作都涉及复制控制，比如用一个容器初始化另一个容器、添加元素等。这是比较好理解的，涉及传递数据的行为默认总是按值传递，而如果我们想要传指针，指针也是通过复制地址的方式传入的。这就跟函数传参一样，如果默认是传指针，就很难在此基础上实现按值传递了。

接下来我们来看看将不满足以上两个基本条件的对象放入容器会产生什么错误。

动手写12.1.3

```
01  #include <iostream>
02  #include <vector>
03  using namespace std;
04
05  // 容器元素的条件
06  // Author: 零壹快学
07
08  class Base {
09  public:
10          Base() {};
11  };
12  // 复制构造函数私有的类
13  class NoCopyClass : public Base {
14  public:
15          NoCopyClass(int value) : val(value) {}
16  private:
17          NoCopyClass(const NoCopyClass &myclass) : val(myclass.val) {
18                  cout <<"复制构造函数"<< endl;
19          }
20          int val;
21  };
22  // 赋值操作私有的类
23  class NoAssignClass : public Base {
24  public:
25          NoAssignClass(int value) : val(value) {}
26  private:
27          NoAssignClass& operator=(const NoAssignClass &rhs) {
28                  cout <<"赋值操作符"<< endl;
```

```
29              val = rhs.val;
30              return *this;
31          }
32          int val;
33  };
34  int main() {
35          vector<NoCopyClass> vec1;
36          NoCopyClass myclass1(1);
37          // 注释这一行会显示后面assign的编译错误
38          vec1.push_back(myclass1);
39
40          vector<NoAssignClass> vec2;
41          NoAssignClass myclass2(2);
42          vec2.assign(1, myclass2);
43          return 0;
44  }
```

动手写12.1.3展示了作为容器元素的条件。程序编译后会产生如图12.1.3所示的编译错误：

图12.1.3　容器元素的条件

我们可以看到，由于NoCopyClass的复制构造函数是私有的，因此会因为无法调用push_back()而产生错误。NoAssignClass的编译错误在这里被隐藏了，注释掉push_back()之后才会出现。

12.1.3　一些共通的操作

接下来，在讲具体的每个容器之前，我们还是以vector为例子介绍容器的一些共通的操作。

首先是清空和判断容器是否为空，这是所有容器都共通的行为。

动手写12.1.4

```
01  #include <iostream>
02  #include <vector>
03  using namespace std;
04
05  // 清空容器
06  // Author: 零壹快学
07  int main() {
```

```
08        vector<int> vec;
09        if ( vec.empty() ) {
10            cout <<"vec为空!"<< endl;
11        }
12        cout <<"添加元素"<< endl;
13        vec.push_back(1);
14        vec.push_back(2);
15        if ( !vec.empty() ) {
16            cout <<"vec不为空!"<< endl;
17            cout <<"vec中有"<< vec.size() <<"个元素"<< endl;
18        }
19        cout <<"清空vec"<< endl;
20        vec.clear();
21        if ( vec.empty() ) {
22            cout <<"vec为空!"<< endl;
23        }
24        return 0;
25    }
```

动手写12.1.4展示了清空容器和容器是否为空的判断，运行结果如图12.1.4所示：

图12.1.4　清空容器

clear()函数将会删除容器中所有的元素，而相对应地，如果要删除一个或者部分元素，我们可以使用erase()函数。由于erase()函数是基于迭代器的，因此也是所有容器通用的，它所对应的基于迭代器添加元素的函数是insert()。下面我们来看一个示例：

动手写12.1.5

```
01 #include <iostream>
02 #include <vector>
03 using namespace std;
04
05 // 添加和删除容器元素
06 // Author: 零壹快学
```

```
07  void print(const vector<int>&vec) {
08          for ( int i = 0; i < vec.size(); i++ ) {
09                  cout << vec[i] <<"";
10          }
11          cout << endl;
12  }
13  int main() {
14          vector<int> vec;
15          cout <<"初始化vector: "<< endl;
16          for ( int i = 0; i < 5; i++ ) {
17                  vec.push_back(i);
18          }
19          print(vec);
20          cout <<"插入一个3到第二个元素前面: "<< endl;
21          vec.insert(vec.begin() + 1, 3);
22          print(vec);
23          cout <<"将刚才插入的3移除: "<< endl;
24          vec.erase(vec.begin() + 1);
25          print(vec);
26          cout <<"插入三个3到第五个元素前面: "<< endl;
27          vec.insert(vec.begin() + 4, 3, 3);
28          print(vec);
29          cout <<"将刚才插入的三个3移除: "<< endl;
30          vec.erase(vec.begin() + 4, vec.end() - 1);
31          print(vec);
32          return 0;
33  }
```

动手写12.1.5展示了添加、删除容器元素的方法，运行结果如图12.1.5所示：

```
初始化vector:
0 1 2 3 4
插入一个3到第二个元素前面:
0 3 1 2 3 4
将刚才插入的3移除:
0 1 2 3 4
插入三个3到第五个元素前面:
0 1 2 3 3 3 3 4
将刚才插入的三个3移除:
0 1 2 3 4
```

图12.1.5　添加和删除容器元素

我们可以在示例中看到，利用加法的方式，我们可以将容器起始的迭代器指向特定的元素（只有特定容器的迭代器才可以），insert()在这个时候往这个迭代器指向的元素前插入一个或多个元素，而删除的时候则是删除迭代器指向的元素。但是在范围删除的时候只能删除到后一个迭代器的前一个元素，所以在指定“vec.end()-1”的时候我们并不会删掉最后一个元素。这样的设计也是为了方便指定end()作为后一个迭代器，那样就可以直接删除到最后一个元素了。

使用erase()删除是基于元素的位置信息决定的，但是在实际应用场景中，根据元素的值来删除会显得更加直观。在STL里这样的操作会显得比较烦琐，需要同时使用erase()和remove()来完成。不过关联容器也有直接的按值删除版本的erase()函数。接下来我们看看使用erase()和remove()按值删除容器元素的方法，这种方法又叫作Erase-Remove惯用法（Erase-Remove Idiom）。

动手写12.1.6

```
01  #include <iostream>
02  #include <vector>
03  #include <algorithm> // 包含remove()的头文件
04  using namespace std;
05
06  // Erase-Remove惯用法
07  // Author: 零壹快学
08  void print(const vector<int>&vec) {
09          for ( int i = 0; i < vec.size(); i++ ) {
10                  cout << vec[i] <<"";
11          }
12          cout << endl;
13  }
14  int main() {
15          vector<int> vec;
16          cout <<"初始化vector: "<< endl;
17          for ( int i = 0; i < 10; i++ ) {
18                  // 除2余1的数，也就是奇数
19                  if ( i % 2 == 1 ) {
20                          vec.push_back(1);
21                  } else {
22                          vec.push_back(i);
23                  }
24          }
25          print(vec);
```

```
26          cout <<"将vec中的1移除后把后面的元素调整到前面来："<< endl;
27          vector<int>::iterator firstToErase = remove(vec.begin(), vec.end(), 1);
28          print(vec);
29          cout <<"将vec中多余的元素删除："<< endl;
30          vec.erase(firstToErase, vec.end());
31          print(vec);
32          // 这里为了打印中间结果将两个函数拆开，实际应该写成：
33          // vec.erase(remove(vec.begin(), vec.end(), 1), vec.end());
34          return 0;
35  }
```

动手写12.1.6展示了Erase-Remove惯用法，运行结果如图12.1.6所示：

```
初始化vector:
0 1 2 1 4 1 6 1 8 1
将vec中的1移除后把后面的元素调整到前面来:
0 2 4 6 8 1 6 1 8 1
将vec中多余的元素删除:
0 2 4 6 8
```

图12.1.6　Erase-Remove惯用法

我们可以看到remove()有3个参数，分别界定了搜索的范围和查找的值。在打印remove()后的容器时，我们发现第一到第五个元素已经是删除1后容器该有的样子了，只是remove()不能移除后面不需要的元素，为此我们还需要借助erase()的帮助。remove()的返回值是指向第一个无效元素的迭代器，大多数情况下我们只需要这个迭代器和end()之间的所有无效元素就行了。最后要注意的是，使用remove()需要包含<algorithm>，大多数STL泛型算法都定义在<algorithm>中，在本章的最后一节中我们会介绍泛型算法。

最后还要简单介绍的一个小操作是swap。顾名思义，它的作用就是交换两个容器的元素。

动手写12.1.7

```
01  #include <iostream>
02  #include <vector>
03  using namespace std;
04
05  // swap
06  // Author: 零壹快学
07  void print(const vector<int>&vec) {
08      for ( int i = 0; i < vec.size(); i++ ) {
09          cout << vec[i] <<"";
10      }
```

```
11          cout << endl;
12  }
13  int main() {
14          vector<int> vecOdd;
15          vector<int> vecEven;
16          cout <<"初始化vector: "<< endl;
17          for ( int i = 0; i < 10; i++ ) {
18                  // 除2余1的数，也就是奇数
19                  if ( i % 2 == 1 ) {
20                          vecOdd.push_back(i);
21                  } else {
22                          vecEven.push_back(i);
23                  }
24          }
25          print(vecOdd);
26          print(vecEven);
27          cout <<"交换容器元素: "<< endl;
28          vecOdd.swap(vecEven);
29          print(vecOdd);
30          print(vecEven);
31          return 0;
32  }
```

动手写12.1.7直观地展示了swap的用法。运行结果如图12.1.7所示：

图12.1.7　swap的用法

12.2 vector

在第5章中我们已经简单地介绍了vector的初始化、遍历以及基本的添加、删除操作，在这里我们补充vector的其他常用操作、特性以及更多的应用实例。

12.2.1　vector的其他操作

vector以及其他的顺序容器都支持assign操作。assign操作可以将容器中的现有内容删除，并用其他容器中一定范围内的元素填充，或是填充一定数目的相同元素。下面我们来看一个示例：

动手写12.2.1

```
01 #include <iostream>
02 #include <vector>
03 using namespace std;
04
05 // assign操作
06 // Author: 零壹快学
07 void print(const vector<int>&vec) {
08         for ( int i = 0; i < vec.size(); i++ ) {
09                 cout << vec[i] <<"";
10         }
11         cout << endl;
12 }
13 int main() {
14         vector<int> vec;
15         vector<int> vecSrc;
16         for ( int i = 0; i < 5; i++ ) {
17                 vecSrc.push_back(i);
18         }
19         cout <<"将vecSrc的值assign给vec: "<< endl;
20         vec.assign(vecSrc.begin(), vecSrc.end());
21         print(vec);
22         cout <<"添加两个元素: "<< endl;
23         vec.push_back(6);
24         vec.push_back(6);
25         print(vec);
26         cout <<"将vecSrc的部分值assign给vec: "<< endl;
27         vec.assign(vecSrc.begin() + 1, vecSrc.end() - 1);
28         print(vec);
29         cout <<"将五个6assign给vec: "<< endl;
30         vec.assign(5, 6);
31         print(vec);
32         return 0;
33 }
```

动手写12.2.1展示了assign操作，运行结果如图12.2.1所示：

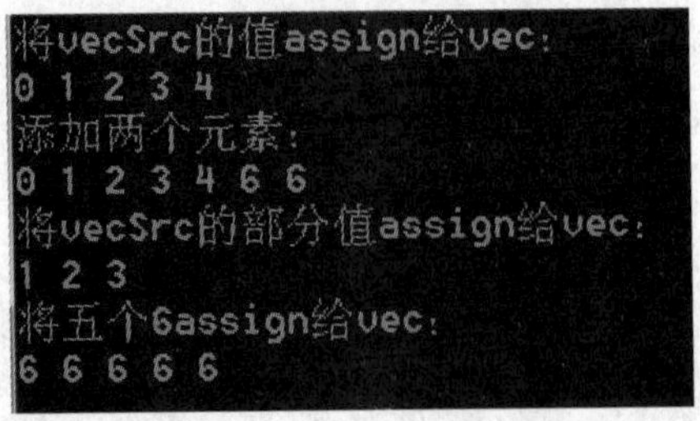

```
将vecSrc的值assign给vec:
0 1 2 3 4
添加两个元素:
0 1 2 3 4 6 6
将vecSrc的部分值assign给vec:
1 2 3
将五个6assign给vec:
6 6 6 6 6
```

图12.2.1 assign操作

我们可以看到，assign操作可以将指向其他容器元素的两个迭代器范围内的元素赋值给当前容器，也可以将n个同样的元素赋值，每次赋值前都会清空当前容器。assign的语义与赋值操作符的区别就在于赋值操作符只能将整个容器的元素都赋值，而assign可以选取其中的一部分。

另一个顺序容器支持的操作是resize。resize会改变容器的大小，并截掉多余的部分或填补多出的部分。

动手写12.2.2

```
01 #include <iostream>
02 #include <vector>
03 using namespace std;
04
05 // resize操作
06 // Author: 零壹快学
07 void print(const vector<int>&vec) {
08         for ( int i = 0; i < vec.size(); i++ ) {
09                 cout << vec[i] <<"";
10         }
11         cout << endl;
12 }
13 int main() {
14         vector<int> vec;
15         cout <<"初始化vec: "<< endl;
16         for ( int i = 0; i < 5; i++ ) {
17                 vec.push_back(i);
18         }
19         print(vec);
20         cout <<"将vec的大小resize成3: "<< endl;
21         // 在新的size比原来小的情况下，指定填充的0并没有用
```

```
22          vec.resize(3, 0);
23          print(vec);
24          cout <<"将vec的大小resize成6: "<< endl;
25          // 在新的size比原来小的情况下，指定填充的0并没有用
26          vec.resize(6, 0);
27          print(vec);
28          return 0;
29  }
```

动手写12.2.2展示了resize操作的应用，运行结果如图12.2.2所示：

```
初始化vec:
0 1 2 3 4
将vec的大小resize成3:
0 1 2
将vec的大小resize成6:
0 1 2 0 0 0
```

图12.2.2　resize操作

我们可以看到，第一次resize操作丢弃了vec最后的3和4，而第二次resize用0填充了未初始化的元素。

需要注意的是，一些基于迭代器的操作在修改了容器之后，会让一些现有的用来遍历的迭代器失效，所以我们在遍历的时候需要注意是否会有迭代器失效的可能。

动手写12.2.3

```
01  #include <iostream>
02  #include <vector>
03  using namespace std;
04
05  // 迭代器失效
06  // Author: 零壹快学
07  void print(const vector<int>&vec) {
08          for ( int i = 0; i < vec.size(); i++ ) {
09                  cout << vec[i] <<"";
10          }
11          cout << endl;
12  }
13  int main() {
14          vector<int> vec;
15          cout <<"初始化vec: "<< endl;
```

```
16        for ( int i = 0; i < 10; i++ ) {
17                vec.push_back(i);
18        }
19        print(vec);
20        cout <<"移除奇数元素: "<< endl;
21        int cnt = 0;
22        vector<int>::iterator it = vec.begin();
23        for ( ; it != vec.end(); cnt++, it++ ) {
24                if ( cnt % 2 == 1 ) {
25                        vec.erase(it);
26                }
27                print(vec);
28        }
29        return 0;
30 }
```

动手写12.2.3展示了会让迭代器失效的操作，运行该程序会造成程序崩溃，因为在删除了元素之后，it就失效了，我们需要利用erase()的返回值或其他方法重新定位到被删除的元素之后的元素。

12.2.2 vector的应用实例

vector的实现与数组相似。我们知道，数组的元素都是排列在一起的，所以随机访问某一个元素只需要首个元素的地址加上偏移量就能够定位到。而在删除数组中元素的时候，我们需要将被删除元素后面的所有元素往前移动一格，不然数组会有空隙。因此，我们知道vector适用于元素随机访问多但添加、删除中间元素少的程序。

动手写12.2.4

```
01 #include <iostream>
02 #include <vector>
03 #include <string>
04 using namespace std;
05
06 // 用vector判断anagram
07 // Author: 零壹快学
08
09 // anagram是有着同样字母的单词:
```

```
10 // anagram和nagaram是anagram，而cat和car就不是
11 // 因为cat中有t而car中只有r
12 bool isAnagram(string s, string t) {
13     // anagram单词长度必然是相等的
14     unsigned lenS = s.length();
15     if ( lenS != t.length() ) return false;
16     // 用vector记录每个字母出现的频次
17     vector<int> freqTab(26, 0);
18     for (unsigned i = 0; i < lenS; i++ ) {
19                 // 使用 s[i] - 'a' 得到字母对应的数组位置
20                 // a在freqTab[0], z在freqTab[25]
21                 // 增加s中字母的频次，减少t中字母的频次
22                 // 最后互为anagram的单词会导致所有字母的频次为0
23         freqTab[s[i] - 'a']++;
24         freqTab[t[i] - 'a']--;
25     }
26         // 看看是不是每个字母的频次都为0
27     for ( unsigned i = 0; i < 26; i++ ) {
28         if ( freqTab[i] != 0 ) {
29             return false;
30         }
31     }
32     return true;
33 }
34 int main() {
35     string word1 = "";
36     string word2 = "";
37     cout <<"请输入两个单词，用回车间隔："<< endl;
38     cin >> word1;
39     cin >> word2;
40     if ( isAnagram(word1, word2) ) {
41             cout <<"两个单词是anagram! "<< endl;
42     } else {
43             cout <<"两个单词不是anagram! "<< endl;
44     }
45     return 0;
46 }
```

动手写12.2.4展示了使用vector判断单词是不是anagram的应用。运行结果如图12.2.3所示：

```
请输入两个单词，用回车间隔:
listen
silent
两个单词是anagram!
```

图12.2.3　判断anagram程序

在这个程序中我们需要统计有限的字母出现的次数，所以可以定义一个确定大小为26的vector。由于vector支持快速随机访问，我们可以高效地频繁修改字母出现的次数。这个程序也可以通过关联容器map实现，但是这里由于字母数量是确定的且值很小，使用vector反而更高效。

虽然vector在中间添加和删除元素的效率很低，但是在末尾添加和删除元素还是很直观有效的，我们可以用现成的push_back()和pop_back()函数，还可以把vector当作栈来使用。栈（Stack）是一种满足只从线性数据集合一端添加和删除元素的数据结构，这个栈和之前介绍的分配局部变量的内存分区有异同之处。它们添加和删除的行为类似，但是之前介绍的栈是一个具体的内存中的分区，而这里的栈是一个抽象的概念，数据不一定都存在一个地方。栈的操作符合后进先出（LIFO, Last In First Out）原理，而且栈在解决许多问题的时候常有奇效。用现实的例子打比方的话，栈就是一摞盘子，只有拿走了上面的盘子，也就是后放的盘子，才能拿走下面的盘子。

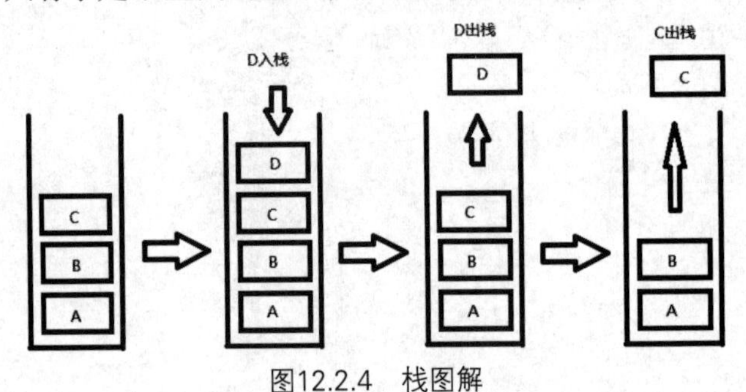

图12.2.4　栈图解

如图12.2.4所示，栈一开始有3个元素，我们在顶上放入D后又取出D，然后才能取出压在下面的C。

动手写12.2.5

```
01  #include <iostream>
02  #include <vector>
03  #include <string>
04  using namespace std;
05
06  // 判断有效括号
07  // Author: 零壹快学
```

```
08
09 //  ()()或者(())这样的括号对是有效的
10 //  而(()或者( ()这样的括号对是无效的
11 bool isValid(string s) {
12     vector<char> stack;
13     for ( int i = 0; i < s.length(); i++ ) {
14         if ( s[i] == '(' ) {
15                                     // 左括号无条件进栈
16             stack.push_back(s[i]);
17         } else if (!stack.empty() &&
18                                     ((s[i] == ')') && (stack.back() == '(')) ) {
19                                     // 右括号抵消一个栈中的左括号
20             stack.pop_back();
21         } else {
22                                   // 非括号的无效字符或者右括号找不到对应左括号的情况
23             return false;
24         }
25     }
26       // 最后所有括号应该都被抵消，栈为空
27     return stack.empty();
28 }
29 int main() {
30       string parenSeq = "";
31       cout <<"请输入一个由任意“(”和“)”组成的括号序列："<< endl;
32       cin >> parenSeq;
33       if ( isValid(parenSeq) ) {
34               cout <<"有效括号序列！"<< endl;
35       } else {
36               cout <<"无效括号序列！"<< endl;
37       }
38       return 0;
39 }
```

动手写12.2.5展示了一种基于栈的解决有效括号判断的方法。运行结果如图12.2.5所示：

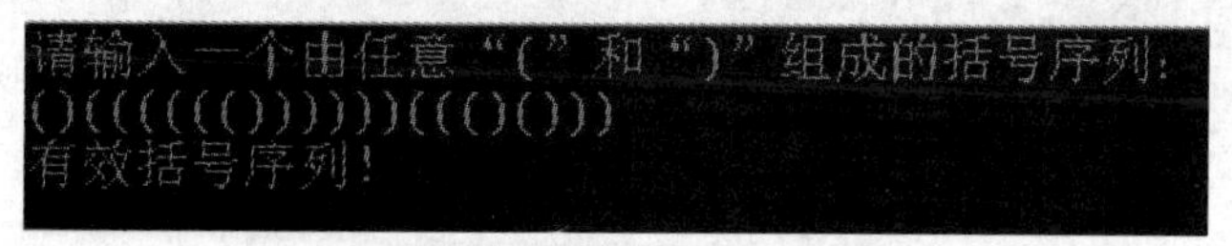

图12.2.5　判断有效括号

因为有效的括号一定是成对出现的，所以我们一定要有相等数量的左括号和右括号，这可以用两个指针分别从左到右遍历的方式解决，但是这不一定是有效率的。如果遇到很多左括号叠在一起的情况，我们就可以用栈先将它们叠起来，后面看到相应的右括号再抵消掉。这类需要暂时将一些数据搁置起来等进入下一层再处理的问题有些像函数调用，都可以用栈来解决。

12.3 list

在这一节中，我们将介绍顺序容器list。顺序容器list与vector的不同之处在于list可以快速地添加和删除元素。list的底层是由一种重要的数据结构链表（Linked List）实现的。接下来，我们先来介绍一下什么是链表。

12.3.1 链表和数组

链表和数组是计算机科学中常见的两种数据结构。其中数组有以下特点：

1. 数组是一块连续的区域。
2. 数组需要预留空间，可能会有空间没有数据或者数据不够放的情况。
3. 插入和删除效率低，需要移动后继的元素。
4. 随机访问效率高，因为每个元素地址都是已知的。

而链表则有以下特点：

1. 链表的每个节点都不需要连续，可以放在任何地方。
2. 不用预留空间，数据可随意增删。
3. 每个节点都存着下个节点的地址。
4. 访问需要顺着一个个节点找，不支持随机访问。

我们可以看到链表和数组的区别是非常大的，适用场景也不尽相同。接下来我们学习如何利用指针实现基本的单向链表及其基本操作。

动手写12.3.1

```
01  #include <iostream>
02  using namespace std;
03
04  // 链表的实现
05  // Author: 零壹快学
06
07  // 单链表节点
08  struct ListNode {
```

```
09        ListNode(int x) : val(x), next(NULL) {}
10     int val;
11     ListNode *next;
12 };
13 // 单链表
14 class LinkedList {
15 public:
16         LinkedList() {
17                 head = NULL;
18         }
19         ~LinkedList() {
20                 // 释放所有节点内存
21                 ListNode *cur = head;
22                 while ( cur ) {
23                         ListNode *nodeToDelete = cur;
24                         cur = cur->next;
25                         delete nodeToDelete;
26                 }
27         }
28         void addAtHead(int val) {
29                 // 记录原有首节点
30                 // 将新节点连到原有首节点
31                 // 原来head为空的情况也没问题
32                 ListNode *oldHead = head;
33                 head = new ListNode(val);
34                 head->next = oldHead;
35         }
36         void removeAtHead() {
37                 // 如果是空链表，直接返回
38                 if ( !head ) return;
39                 // 删除后新的首节点
40                 ListNode *newHead = head->next;
41                 delete head;
42                 head = newHead;
43         }
```

```
44         void print() {
45                ListNode *cur = head;
46                while ( cur ) {
47                       cout << cur->val <<"";
48                       cur = cur->next;
49                }
50                cout << endl;
51         }
52  private:
53         ListNode *head;
54  };
55  int main() {
56         LinkedList list;
57         for ( int i = 0; i < 5; i++ ) {
58                list.addAtHead(i);
59                list.print();
60         }
61         for ( int i = 0; i < 5; i++ ) {
62                list.removeAtHead();
63                list.print();
64         }
65         return 0;
66  }
```

动手写12.3.1展示了单链表的实现和应用，运行结果如图12.3.1所示：

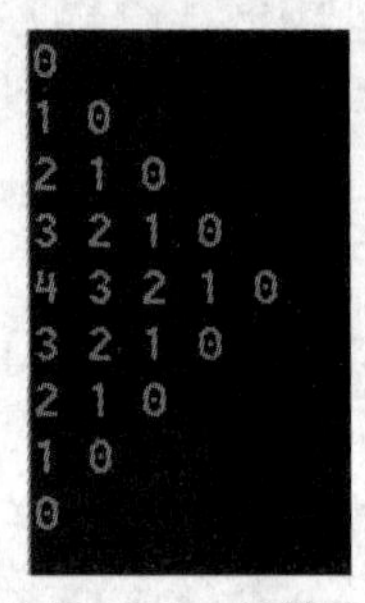

图12.3.1　单链表

本示例只实现了在单链表头部添加和删除元素的操作，结合遍历我们也能很方便地实现尾部的添加和删除元素。在链表中间添加和删除元素的过程略微烦琐一些，在这里笔者只介绍链表的内存结构，感兴趣的读者可以查看一些与数据结构相关的资料。

我们可以看到，单链表的实体其实就是一个头部节点，而每个节点里存放着数据和指向下一个节点的指针。之所以叫单链表是因为要与实现list的双链表区分。双链表的节点除了下一个节点的指针之外，还保留着上一个节点的指针，从而可以实现双向的遍历。但也正因如此，双链表的添加和删除操作实现起来更容易出错，因为我们要将两个节点的4个指针都进行修改。

关于指针的内容，画图表示总是更直观一些，接下来让我们看一下链表实现和在头部添加和删除节点的图解：

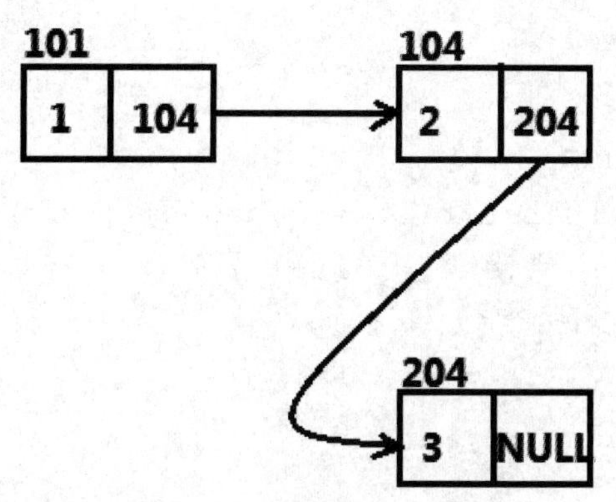

图12.3.2　链表的内存结构

图12.3.2中的链表节点在内存中是分散放置的，但是由于节点中存着下一个节点的地址（104、204），我们就可以跳转到那个地址去获取数据。

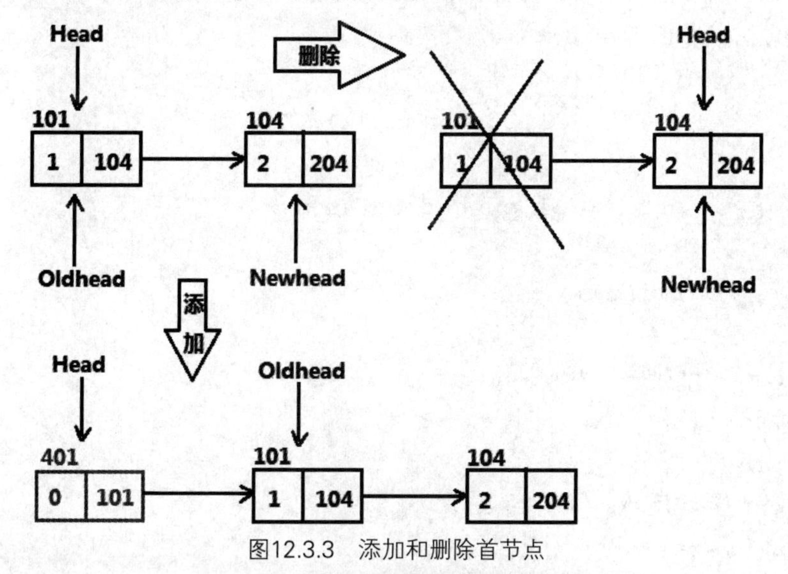

图12.3.3　添加和删除首节点

在添加和删除的过程中，我们经常需要做的是修改现有节点的next，在添加的时候由于新节点的next初始化为空，我们需要修改next让它链接到原来的head首节点上去。

12.3.2　list的操作

介绍完单链表的实现之后，我们再来看STL中的list容器。list的初始化与其他顺序容器类似，在这里就不再赘述了。我们先用一个示例将list的常见操作都介绍一遍：

动手写12.3.2

```
01 #include <iostream>
02 #include <list>
03 using namespace std;
04
05 // 添加和删除容器元素
06 // Author: 零壹快学
07 void print(list<int>&l) {
08         list<int>::iterator it = l.begin();
09         for ( ; it != l.end(); it++ ) {
10                 cout << *it <<"";
11         }
12         cout << endl;
13 }
14 int main() {
15         list<int> l;
16         cout <<"前后交替添加元素: "<< endl;
17         for ( int i = 0; i < 6; i++ ) {
18                 if ( i % 2 == 1 ) {
19                         l.push_back(i);
20                 } else {
21                         l.push_front(i);
22                 }
23                 print(l);
24         }
25         cout <<"排序: "<< endl;
26         l.sort();
27         print(l);
28         cout <<"反转: "<< endl;
29         l.reverse();
30         print(l);
31         cout <<"移除3: "<< endl;
32         l.remove(3);
33         print(l);
34         cout <<"前后交替删除元素: "<< endl;
35         for ( int i = 0; i < 5; i++ ) {
```

```
36              if ( i % 2 == 1 ) {
37                      l.pop_back();
38              } else {
39                      l.pop_front();
40              }
41              print(l);
42      }
43      return 0;
44  }
```

动手写12.3.2展示了list的各种操作，运行结果如图12.3.4所示：

图12.3.4　list的操作

由于list是基于双链表的，因此除了push_back()和pop_back()之外，它也支持从前面添加和删除的push_front()和pop_front()。此外，list也支持一些直接用容器调用而不是基于迭代器的算法函数，如sort()、reverse()等。

12.3.3　list的应用实例

我们知道，list的元素靠指针连接，添加和删除的时候只需要修改指针，而不需要移动后面的元素，所以list的增删效率是很高的。但是要定位到某个元素的话，list却只能从头开始一个个地遍历，也不支持随机访问。因此，list适用于需要在容器中间添加和删除元素的程序。

动手写12.3.3

```
01  #include <iostream>
02  #include <string>
03  #include <list>
```

```
04  using namespace std;
05
06  // list的应用实例
07  // Author: 零壹快学
08  class Student {
09  public:
10          Student(int i, string n, int s): id(i), name(n), score(s) {}
11          void print() const {
12                  cout <<"学号: "<< id <<" 名字: "<< name <<" 分数: "<< score
                    << endl;
13          }
14          int id;
15          string name;
16          int score;
17  };
18  void printStudents(const list<Student>&students) {
19          cout <<"打印学生信息: "<< endl;
20          list<Student>::const_iterator it = students.cbegin();
21          for ( ; it != students.end(); it++ ) {
22                  it->print();
23          }
24  }
25  int main() {
26          list<Student> students;
27          students.push_back(Student(1, "小明", 89));
28          students.push_back(Student(2, "小红", 91));
29          students.push_back(Student(3, "小刚", 59));
30          printStudents(students);
31          cout <<"从list中移除90分以下的学生: "<< endl;
32          list<Student>::iterator it = students.begin();
33          while ( it != students.end() ) {
34                  if ( it->score < 90 ) {
35                          // 适合list的操作
36                          it = students.erase(it);
37                  } else {
38                          it++;
```

```
39                    }
40            }
41            printStudents(students);
42            return 0;
43    }
```

动手写12.3.3展示了list的应用情景。运行结果如图12.3.5所示：

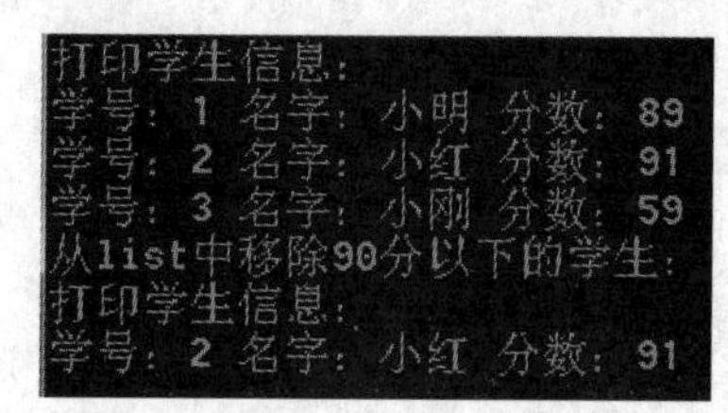

图12.3.5　list的应用

如示例这样需要经常从容器中间删除元素的程序就非常适合使用list。

 12.4 deque

顺序容器deque可以说是list和vector的混合体，它的底层实现与vector类似，支持快速随机访问，而它也像list一样可以分别从两头快速地添加和删除元素。

我们之前讲解过栈这种数据结构，与栈类似的还有一种叫作队列（Queue）的数据结构。队列与栈相反，满足先进先出（FIFO, First In First Out）。使用deque的push_back()和pop_front()，我们就可以实现队列所需的操作了。虽然list也支持这些操作，但是从效率上来说还是deque更胜一筹，并且deque这个名字本来的意义就是双端队列（Double-ended Queue）。

队列也是一种非常有用的数据结构，操作系统中的消息队列就是最常见的应用。用户所有的操作会产生事件，如鼠标单击、双击、键盘输入等都会放到一个队列中，操作系统会先处理先发生的，也就是先进队列的事件。接下来我们看一个模拟现实中排队叫号的示例：

动手写12.4.1

```
01  #include <iostream>
02  #include <string>
03  #include <deque>
04  using namespace std;
05
06  // 排队叫号
07  // Author: 零壹快学
```

```
08 void print(deque<int>&dq) {
09        for ( int i = 0; i < dq.size(); i++ ) {
10              cout << dq[i] <<"";
11        }
12        cout << endl;
13 }
14 int main() {
15        deque<int> queue; // 号码队列
16        deque<int> counters; // 柜台
17        counters.push_back(1);
18        counters.push_back(2);
19        counters.push_back(3);
20        int num = 0;
21        cout <<"请输入“取号”或“叫号”，或者输入“退出”退出程序："<< endl;
22        string cmd = "";
23        while ( cmd != "退出" ) {
24              cin >> cmd;
25              if ( cmd == "取号" ) {
26                    queue.push_back(++num);
27                    cout <<"您的号码是"<< num <<"号"<< endl;
28                    cout <<"当前队列：";
29                    print(queue);
30              } else if ( (cmd == "叫号") && !queue.empty() ) {
31                    // 取出空闲最久的柜台号码
32                    int availCounter = counters.front();
33                    counters.pop_front();
34                    // 取出最早排队的顾客号码
35                    cout <<"请"<< queue.front() <<"号顾客到"<< availCounter
                      <<"号柜台来"<< endl;
36                    queue.pop_front();
37                    // 空闲柜台处理好业务，重新加入到柜台队列末尾
38                    counters.push_back(availCounter);
39              }
40        }
41        cout <<"退出程序。。。"<< endl;
42        return 0;
43 }
```

动手写12.4.1展示了模拟排队叫号的应用程序，运行结果如图12.4.1所示：

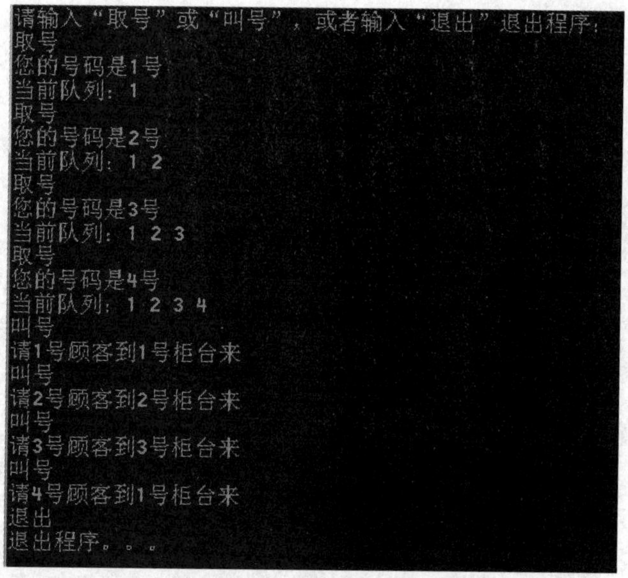

```
请输入“取号”或“叫号”，或者输入“退出”退出程序：
取号
您的号码是1号
当前队列：1
取号
您的号码是2号
当前队列：1 2
取号
您的号码是3号
当前队列：1 2 3
取号
您的号码是4号
当前队列：1 2 3 4
叫号
请1号顾客到1号柜台来
叫号
请2号顾客到2号柜台来
叫号
请3号顾客到3号柜台来
叫号
请4号顾客到1号柜台来
退出
退出程序。。。
```

图12.4.1　排队叫号程序输出

该程序管理了两个队列：顾客号码的队列和空闲柜台的队列。每次顾客拿号之后都把新号码放进队列，叫号的时候让空闲最久（进入空闲柜台队列最久）的柜台办理最早进入队列的顾客的业务。这种方式在许多计算机应用中都很常见，它就像现实的队列那样可以让事物变得有序，避免任务或消息过久地等待。

队列还有一个重要的应用是用来充当一块缓冲区以存放一定时效内的数据。之前我们说的栈是用来处理有层级结构的情况，进入下一层的时候将这一层的数据存起来，等回到这一层再取出来。而队列适用于一开始进入的数据不久后就变得没用的情况，比如我们要统计网站在5秒内的点击量，就可以在队列中只存放5秒的点击量，而到第6秒的时候删除第1秒的数据，以此类推。

动手写12.4.2

```
01  #include <iostream>
02  #include <deque>
03  using namespace std;
04  
05  // 统计一定时间内的网站访问量
06  // Author: 零壹快学
07  int main() {
08          deque<int> queue; // 访问次数队列
09          int cap = 5; // 范围限定在5秒内
10          int time = 1; // 当前时间（秒）
11          cout <<"输入-1退出程序"<< endl;
```

```
12        int visitNum = 0; // 每秒访问次数
13        int sum = 0; // 5秒次数总和
14        while ( visitNum != -1 ) {
15                cout <<"第"<< time <<"秒，请输入访问次数："<< endl;
16                cin >> visitNum;
17                if ( visitNum != -1 ) {
18                        // 前5秒队列有空间，不用移除5秒前的元素
19                        queue.push_back(visitNum);
20                        sum += visitNum;
21                        if ( time > cap ) {
22                                // 次数总和需要减掉5秒之前的访问次数
23                                sum -= queue.front();
24                                queue.pop_front();
25                        }
26                        cout <<"最近5秒的访问次数为："<< sum <<"次"<< endl;
27                }
28                // 加1秒
29                time++;
30        }
31        cout <<"退出程序。。。"<< endl;
32        return 0;
33 }
```

动手写12.4.2展示了统计网站访问量的小程序，运行结果如图12.4.2所示：

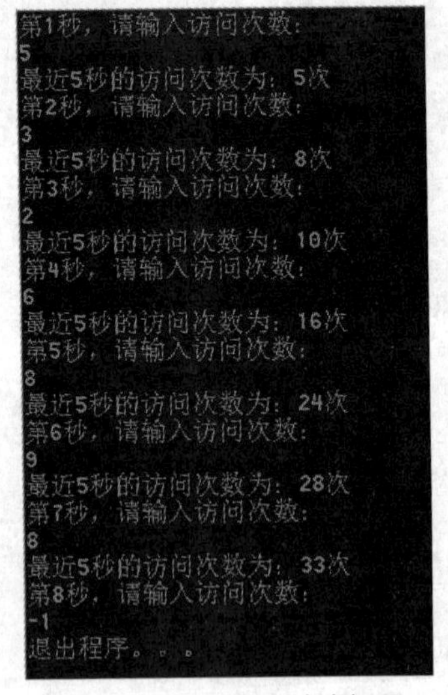

图12.4.2　统计网站访问量

在这个程序中我们会指定每秒的访问量，在第6秒的时候我们会发现第1秒的数据已经退出队列并从总和中减掉了。

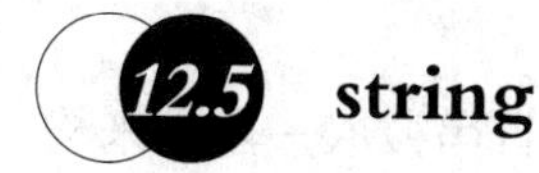

12.5 string

在第5章中我们介绍过string的用法和基本操作，由于string也属于标准库容器的一种，因此在这里我们还要补充一些内容。

我们知道，string可以看作是一种vector<char>，而string也确实是基于vector实现的，所以它与顺序容器共享大多数操作，也支持迭代器。不过与vector不一样的是，string不允许使用栈的方式处理元素，也就是不允许使用push_back()和back()等，而只能随机访问其中的字符。

12.5.1 构造string的其他方法

在第5章中我们介绍了好几种构造string的方法，这里我们再补充几种使用C风格字符串以及其他string的子字符串构造string的方法。

动手写12.5.1

```
01 #include <iostream>
02 #include <string>
03 using namespace std;
04
05 // 构造string的其他方法
06 // Author: 零壹快学
07 int main() {
08         const char *cstr = "Hello World!";
09         // 用C风格字符串构造
10         string s1(cstr);
11         cout <<"字符串s1: "<< s1 << endl;
12         // 用已有字符串和起始字符位置构造
13         string s2(s1, 6);
14         cout <<"字符串s2: "<< s2 << endl;
15         // 用已有字符串、起始字符位置和子字符串长度构造
16         string s3(s1, 6, 3);
17         cout <<"字符串s3: "<< s3 << endl;
18         return 0;
19 }
```

动手写12.5.1展示了其他3种构造string的方法，运行结果如图12.5.1所示：

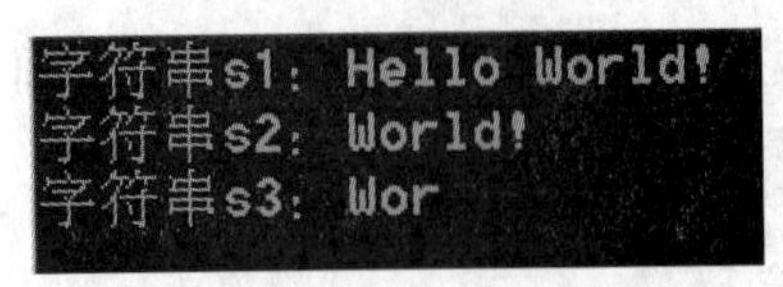

图12.5.1　构造string的其他方法

使用C风格字符串构造的方法比较直观，而后面两种方法则是从现有字符串截取一段用来构造，参数分别是现有字符串中子字符串的起点和长度。

12.5.2　string的其他操作

string既与其他顺序容器共享insert()、assign()和erase()等函数，也有自己的基于字符串截取的版本，就像上一节的构造方法一样，在这里就不多讲了。

string也有很多自己特有的函数。我们先来看一个非常实用的substr()函数，它可以截取字符串的子字符串，许多文字处理的程序都需要借助这个函数。

动手写12.5.2

```
01  #include <iostream>
02  #include <string>
03  #include <vector>
04  using namespace std;
05
06  // 将句子转成单词数组
07  // Author: 零壹快学
08  int main() {
09          vector<string> wordVec;
10          cout <<"句子: "<< endl;
11          // 为了方便处理在最后加一个空格
12          string sentence = "Actions speak louder than words ";
13          cout << sentence << endl;
14          int wordHead = 0; // 单词第一个字母的位置
15          for ( int i = 0; i < sentence.length(); i++ ) {
16                  int ch = sentence[i];
17                  if ( ch == ' ' ) {
18                          // 单词结束遇到第一个空格
19                          if ( wordHead != i ) {
20                                  // substr()的第二个参数是子字符串的长度,
21                                  // 空缺时默认一直截取到结束,
22                                  // 没有任何参数的substr()则是复制整个字符串
```

```
23                      wordVec.push_back(sentence.substr(wordHead,
                        i - wordHead));
24                  }
25                  // 假设空格下一个字符是新单词的首字母
26                  wordHead = i + 1;
27              }
28          }
29          cout <<"逐行打印单词: "<< endl;
30          for ( int i = 0; i < wordVec.size(); i++ ) {
31              cout << wordVec[i] << endl;
32          }
33          return 0;
34  }
```

动手写12.5.2展示了使用substr()截取句子中单词的应用。运行结果如图12.5.2所示：

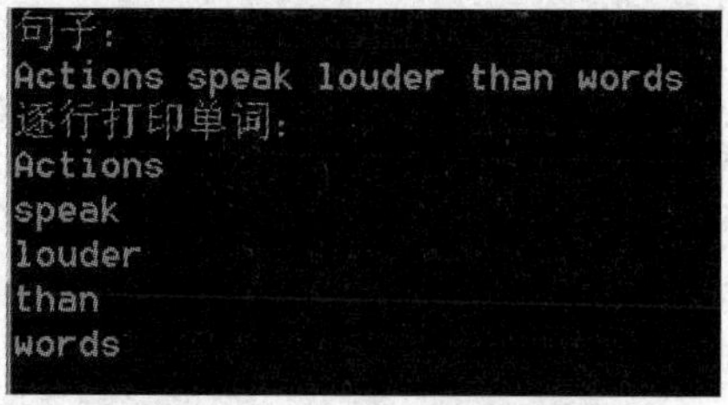

```
句子:
Actions speak louder than words
逐行打印单词:
Actions
speak
louder
than
words
```

图12.5.2　substr()的用法

string也有许多版本的查找函数（如find_if、find_end等）可以使用，这些函数每个都有好几种重载形式，我们在这里就只展示一个简单的文本查找示例。如果读者想要查看所有重载函数信息，可以参考文档或者IDE中的函数签名提示（输入函数名后IDE会开始显示可用的重载函数签名信息，如图12.5.3所示）。

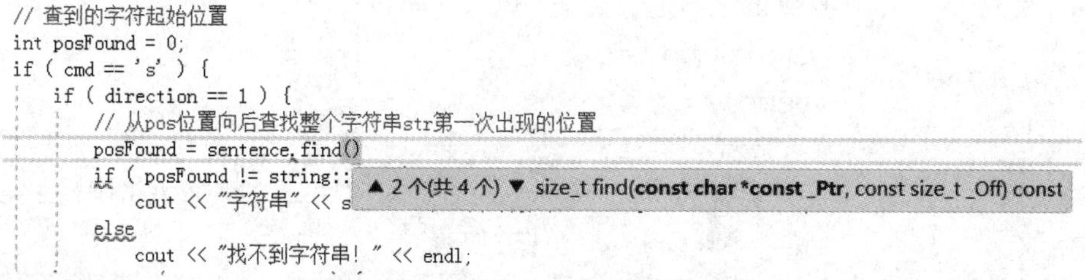

```
// 查到的字符起始位置
int posFound = 0;
if ( cmd == 's' ) {
    if ( direction == 1 ) {
        // 从pos位置向后查找整个字符串str第一次出现的位置
        posFound = sentence.find()
        if ( posFound != string::  ▲ 2 个(共 4 个) ▼ size_t find(const char *const _Ptr, const size_t _Off) const
            cout << "字符串" << s
        else
            cout << "找不到字符串! " << endl;
```

图12.5.3　IDE的重载函数签名选择提示

动手写12.5.3

```
01  #include <iostream>
02  #include <string>
03  #include <vector>
04  using namespace std;
```

```
05
06 // 字符串的查找操作
07 // Author: 零壹快学
08 int main() {
09         vector<string> wordVec;
10         cout <<"句子: "<< endl;
11         // 为了方便处理在最后加一个空格
12         string sentence = "A computer is a device that can be instructed \
           to carry out sequences of arithmetic or logical \
           operations automatically via computer programming";
13         cout << sentence << endl;
14         char cmd = 'f';
15         while ( cmd != 'q' ) {
16                 cout <<"请输入命令，q退出，s精确查找字符串，c查找给定字符串中
                   任意字符: "<< endl;
17                 cin >> cmd;
18                 if ( cmd == 'q' ) break;
19                 cout <<"请输入要查找的字符串: "<< endl;
20                 string str = "";
21                 cin >> str;
22                 cout <<"请指定查找的方向，1为向后查找，0为向前查找: "<< endl;
23                 int direction = 0;
24                 cin >> direction;
25                 cout <<"请指定开始查找的字符位置: "<< endl;
26                 int pos = 0;
27                 cin >> pos;
28                 // 查到的字符起始位置
29                 int posFound = 0;
30                 if ( cmd == 's' ) {
31                         if ( direction == 1 ) {
32                                 // 从pos位置向后查找整个字符串str第一次
                                   出现的位置
33                                 posFound = sentence.find(str, pos);
34                                 if ( posFound != string::npos )
35                                         cout <<"字符串"<< str <<"第一次出
                                           现在位置"<< posFound << endl;
36                                 else
37                                         cout <<"找不到字符串！"<< endl;
```

```
38                  } else if ( direction == 0 ) {
39                          // 从pos位置向前查找整个字符串str第一次出现的位置
40                          posFound = sentence.rfind(str, pos);
41                          if ( posFound != string::npos )
42                                  cout <<"字符串"<< str <<"最后一次出现
                                在位置"<< posFound << endl;
43                          else
44                                  cout <<"找不到字符串！"<< endl;
45                  } else {
46                          cout <<"不存在的查找方向！"<< endl;
47                          continue;
48                  }
49          } else if ( cmd == 'c' ) {
50                  if ( direction == 1 ) {
51                          // 从pos位置向后查找字符串str任意字符第一次出现的位置
52                          posFound = sentence.find_first_of(str, pos);
53                          if ( posFound != string::npos )
54                                  cout <<"字符"<< sentence[posFound]
                                <<"第一次出现在位置"<<posFound << endl;
55                          else
56                                  cout <<"找不到字符串！"<< endl;
57                  } else if ( direction == 0 ) {
58                          // 从pos位置向前查找字符串str任意字符第一次出现的位置
59                          posFound = sentence.find_last_of(str, pos);
60                          if ( posFound != string::npos )
61                                  cout <<"字符"<< sentence[posFound]
                                <<"最后一次出现在位置"<<posFound << endl;
62                          else
63                                  cout <<"找不到字符串！"<< endl;
64                  } else {
65                          cout <<"不存在的查找方向！"<< endl;
66                          continue;
67                  }
68          } else {
69                  cout <<"不存在该命令，请重新输入！"<< endl;
70                  continue;
```

```
71              }
72          }
73          cout <<"退出程序。。"<< endl;
74          return 0;
75  }
```

动手写12.5.3展示了几种字符串查找函数的用法，运行结果如图12.5.4所示：

```
句子:
A computer is a device that can be instructed to carry out sequences of arithmet
ic or logical operations automatically via computer programming
请输入命令，q退出，s精确查找字符串，c查找给定字符串中任意字符:
s
请输入要查找的字符串:
computer
请指定查找的方向，1为向后查找，0为向前查找:
1
请指定开始查找的字符位置:
0
字符串computer第一次出现在位置2
请输入命令，q退出，s精确查找字符串，c查找给定字符串中任意字符:
s
请输入要查找的字符串:
computer
请指定查找的方向，1为向后查找，0为向前查找:
0
请指定开始查找的字符位置:
140
字符串computer最后一次出现在位置123
请输入命令，q退出，s精确查找字符串，c查找给定字符串中任意字符:
c
请输入要查找的字符串:
computer
请指定查找的方向，1为向后查找，0为向前查找:
1
请指定开始查找的字符位置:
12
字符e第一次出现在位置17
请输入命令，q退出，s精确查找字符串，c查找给定字符串中任意字符:
q
退出程序。。
```

图12.5.4　字符串查找

上述程序支持好几种字符串查找的方法，find()和rfind()分别是从前向后和从后向前精确匹配字符串，而find_first_of()和find_last_of()则只需匹配给定字符串str中的任何字母即可。我们可以看到，在我们用find_first_of()从位置12（也就是is后面）开始查找时，device中的第一个e就匹配到了computer中的e，函数直接返回device中e的位置。读者可以多输入一些命令组合来熟悉查找函数的用法和区别。

12.6 pair

pair类型是一种与关联容器密切相关的类型，因此有必要先进行介绍。pair类型在<utility>中定义，代表着两个值组成的值对。

12.6.1　pair的初始化

pair在初始化时需要指定两个元素，这两个元素可以是任一类型的，这一点与vector不同。

动手写12.6.1

```
01 #include <iostream>
02 #include <string>
03 #include <utility>
04 using namespace std;
05
06 // pair的初始化
07 // Author: 零壹快学
08 int main() {
09       pair<int, string> p1;
10       pair<string, string> p2("零壹", "快学");
11       // make_pair()的参数类型需要与pair的类型匹配
12       pair<int, int> p3 = make_pair(1, 3);
13       return 0;
14 }
```

动手写12.6.1展示了pair类型的初始化。前两种方式都与vector类似，第三种方式使用了一个封装的构建函数，函数会构建并返回一个与参数类型匹配的pair对象。

12.6.2 pair的操作

pair类型比较简单，但也有几个基本的操作：

动手写12.6.2

```
01 #include <iostream>
02 #include <string>
03 #include <utility>
04 using namespace std;
05
06 // pair的操作
07 // Author: 零壹快学
08 int main() {
09       pair<int, string> p1;
10       // first和second分别代表了p1的两个元素
11       cout <<"p1的first是: "<< p1.first <<"  p1的second是: "<< p1.second
         << endl;
12       pair<string, string> p2("零壹", "快学");
13       pair<string, string> p3 = make_pair("零壹", "快学");
14       if ( p2 == p3 ) {
```

```
15                  cout <<"p2与p3相等"<< endl;
16          }
17          pair<int, int> p4(1, 3);
18          pair<int, int> p5(1, 4);
19          if ( p4 < p5 ) {
20                  cout <<"p4小于p5"<< endl;
21          }
22          return 0;
23  }
```

动手写12.6.2展示了pair的操作，运行结果如图12.6.1所示：

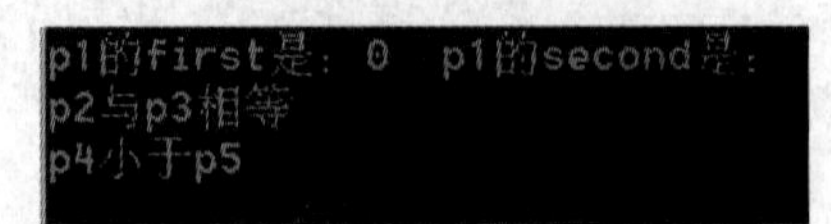

图12.6.1　pair的操作

我们可以看到，pair的两个元素分别叫作first和second，可以直接访问，而pair也支持关系操作符。pair的相等需要两个元素都相等，而pair不等时将会首先看第一个元素，如果第一个元素相等则看第二个元素。

12.7 map

map类型是一种非常常见的关联容器，它的组成元素其实就是上一节介绍的pair类型。map类型的特点是可以通过键来很快地找到值，在其中的每一个pair里，first就是键，而second就是值。键在map中是不能重复的。图12.7.1直观地展示了map的组成结构：

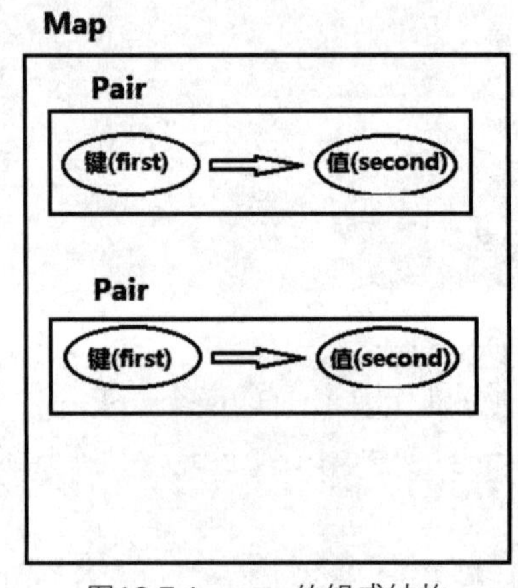

图12.7.1　map的组成结构

需要注意的是，虽然pair排列在一起，但是它们在内存中不一定是连续排列的，这点跟vector

这种顺序容器不同。

map的初始化除了默认构造函数和复制构造函数之外，也支持基于迭代器的初始化，在这里就不再赘述了。一般情况下我们也只是初始化一个空的map，再往里面慢慢添加内容。

12.7.1　map的操作

使用map时需要包含头文件<map>，我们来看一个示例，熟悉一下map的基本操作：

动手写12.7.1

```
01  #include <iostream>
02  #include <string>
03  #include <map>
04  using namespace std;
05
06  // map的操作
07  // Author: 零壹快学
08  int main() {
09          map<string, bool> map1;
10          // 添加元素或修改键所对应的值
11          map1["零壹"] = true;
12          map1["快学"] = true;
13          map1["零壹"] = false;
14          cout <<"添加元素"<< endl;
15          cout <<"零壹的值为："<< map1["零壹"] << endl;
16          cout <<"快学的值为："<< map1["快学"] << endl;
17          map1.erase("快学");
18          cout <<"删除元素"<< endl;
19          cout <<"快学的值为："<< map1["快学"] << endl;
20          return 0;
21  }
```

动手写12.7.1展示了map的基本操作，运行结果如图12.7.2所示：

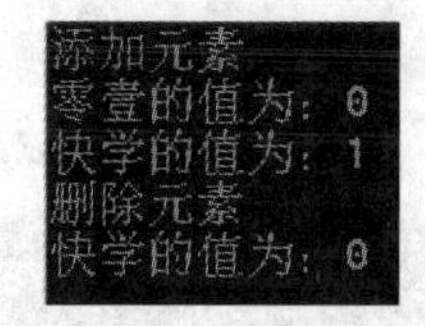

图12.7.2　map的操作

下标符号被广泛地应用于map之中，并具有多重的语义。处于左值的时候它代表添加或修改元素，在添加完两个元素之后“零壹”对应的值就被改成0；而在处于右值的时候它则表示访问读取的语义。如果键不存在则会添加一个值为默认值的项。在使用erase()删除了“快学”对应的pair之后，再查看它的值就已经变成0了。erase()函数也支持基于迭代器的用法。

除了这些基本操作之外，map还有其他一些基于函数的操作。让我们用一个示例来学习一下：

动手写12.7.2

```
01  #include <iostream>
02  #include <string>
03  #include <map>
04  using namespace std;
05
06  // map的其他操作
07  // Author: 零壹快学
08  int main() {
09          map<string, bool> map1;
10          // value_type代表map中每个项的类型，也就是一种pair
11          typedef map<string, bool>::value_type valueType;
12          // insert()可以替代下标添加的方法
13          // 在键已存在的情况下不会修改键所对应的值
14          map1.insert(valueType("零壹", true));
15          cout <<"添加元素"<< endl;
16          cout <<"零壹的值为："<< map1["零壹"] << endl;
17          // 计数，在map中只可能是0或1
18          if ( map1.count("零壹") == 1 ) {
19                  cout <<"零壹存在于map中"<< endl;
20          }
21          // 搜索键，返回指向键的迭代器，在键不存在的情况下返回end
22          if ( map1.find("零壹") != map1.end() ) {
23                  cout <<"零壹存在于map中"<< endl;
24          }
25          return 0;
26  }
```

动手写12.7.2展示了map的其他操作。运行结果如图12.7.3所示：

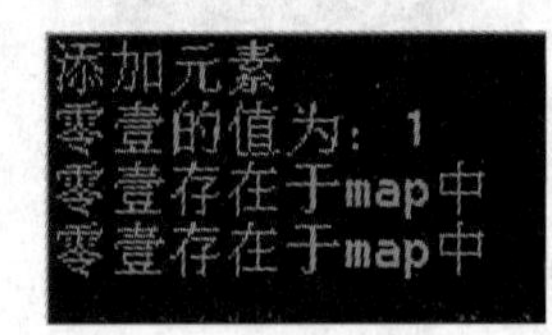

图12.7.3　map的其他操作

由于下标操作在左值会有添加或修改两种含义，因此在我们不想意外修改现有值的时候可以用insert()。另外，我们还可以用count()和find()来判断某个键是否存在。

12.7.2　map的应用实例

由于map在已知键的时候查找得很快，它适合作为算法中辅助查找数据的数据结构。我们可以使用map轻松实现词频统计或其他的频率统计，做法就是把单词作为键，而把词频作为值。我们来看看下面的这个示例：

动手写12.7.3

```
01  #include <iostream>
02  #include <string>
03  #include <map>
04  #include <fstream>
05  using namespace std;
06
07  // 词频统计
08  // Author: 零壹快学
09  int main() {
10          // 从文件中读取文本
11          ifstream infile;
12          infile.open("file.txt", std::fstream::in);
13          map<string, int> wordFreq;
14          string word = "";
15          // 遍历每个单词，打印并累加词频
16          while ( infile >> word ) {
17                  cout << word <<"";
18                  wordFreq[word]++;
19          }
20          cout << endl;
21          map<string, int>::iterator it = wordFreq.begin();
22          // 打印词频
23          cout <<"打印词频："<< endl;
24          for ( ; it != wordFreq.end(); it++ ) {
25                  cout << it->first <<" : "<< it->second << endl;
26          }
27          return 0;
28  }
```

动手写12.7.3展示了map在词频统计中的应用。运行结果如图12.7.4所示：

```
C++ is a general-purpose programming language. It has imperative, object-oriente
d and generic programming features, while also providing facilities for low-leve
l memory manipulation.
打印词频:
C++ : 1
It : 1
a : 1
also : 1
and : 1
facilities : 1
features, : 1
for : 1
general-purpose : 1
generic : 1
has : 1
imperative, : 1
is : 1
language. : 1
low-level : 1
manipulation. : 1
memory : 1
object-oriented : 1
programming : 2
providing : 1
while : 1
```

图12.7.4　词频统计

在本示例中，我们先从文件名固定为“file.txt”的文件中读取文本（读者需自行创建此文件到12.7.3.cpp的同一目录下），接着遍历所有单词，并在map中更新词频信息。由于读取map的时候会自动把初始化之前不存在的键所对应的值初始化为0，因此在第一次看到一个单词的时候，使用简洁的“wordFreq[word]++”也可以将单词的词频初始化为1。

map可以翻译成“映射”，也就是一一对应的关系，因此一切需要找到这种一一对应关系的情况都可以使用map，语言的翻译就是一个很好的例子。在不考虑语法与语序的情况下，我们可以为一个句子建立一个string映射到string的map，将源语言的词汇映射到翻译目标语言的词汇。下面我们来看一个将西班牙语翻译成英语的示例：

动手写12.7.4

```
01  #include <iostream>
02  #include <string>
03  #include <map>
04  #include <sstream>
05  using namespace std;
06
07  // 利用map翻译
08  // Author: 零壹快学
09  int main() {
10          // 西班牙语句子，为了简化翻译不加入大小写和标点
```

```
11         string espLine1 = "el hombre esta corriendo";
12         string espLine2 = "la mujer esta corriendo";
13         cout <<"西班牙语句子："<< endl << espLine1 << endl << espLine2
           << endl;
14         // 建立词汇翻译的映射关系
15         map<string, string> esp2eng;
16         esp2eng["el"] = "the";
17         esp2eng["la"] = "the";
18         esp2eng["hombre"] = "man";
19         esp2eng["mujer"] = "woman";
20         esp2eng["esta"] = "is";
21         esp2eng["corriendo"] = "running";
22         istringstream espStrm(espLine1);
23         string word = "";
24         cout <<"英语句子："<< endl;
25         while ( espStrm >> word ) {
26                 cout << esp2eng[word] <<"";
27         }
28         cout << endl;
29         // 重置字符串流的字符串
30         espStrm.str(espLine2);
31         espStrm.clear();
32         while ( espStrm >> word ) {
33                 cout << esp2eng[word] <<"";
34         }
35         cout << endl;
36         return 0;
37 }
```

动手写12.7.4展示了利用map翻译自然语言的用法。运行结果如图12.7.5所示：

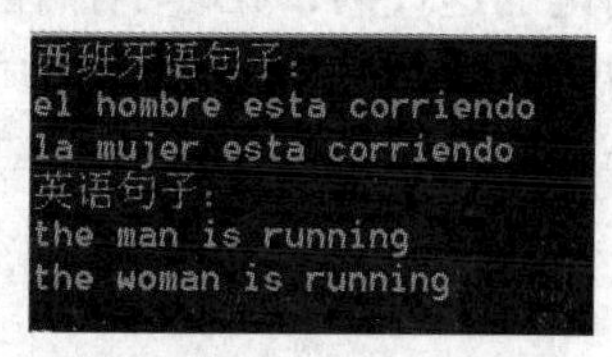

图12.7.5　利用map翻译

在这个示例中，map的键和值分别对应着西班牙语单词和英语单词，相当于是字典。在建立好这字典后，对于输入的西班牙语句子，我们只要查询键对应的值并打印出来，就达到了翻译的效果。

12.8 set

map的结构是键值对，而set中只有键，set是键的集合。与map相同，set中的键不能重复，这与数学中的set（也就是集合）相同。set的大多数初始化规则与操作都和map相同，只是不支持下标操作，因为set中并没有值可以让我们用下标操作符来获得，所以添加元素的时候我们只能使用insert()。注意：set也需要包含同名的头文件<set>才能使用。

12.8.1 set的操作

set的常见操作如以下示例所示：

动手写12.8.1

```
01  #include <iostream>
02  #include <string>
03  #include <set>
04  using namespace std;
05
06  // set的操作
07  // Author: 零壹快学
08  int main() {
09          set<string> set1;
10          set1.insert("零壹");
11          set1.insert("快学");
12          cout <<"添加元素"<< endl;
13          // 计数，在set中只可能是0或1
14          if ( set1.count("零壹") == 1 ) {
15                  cout <<"零壹存在于set中"<< endl;
16          }
17          // 搜索键，返回指向键的迭代器，在键不存在的情况下返回end
18          if ( set1.find("快学") != set1.end() ) {
19                  cout <<"快学存在于set中"<< endl;
20          }
21          return 0;
22  }
```

动手写12.8.1展示了set的常见操作。运行结果如图12.8.1所示：

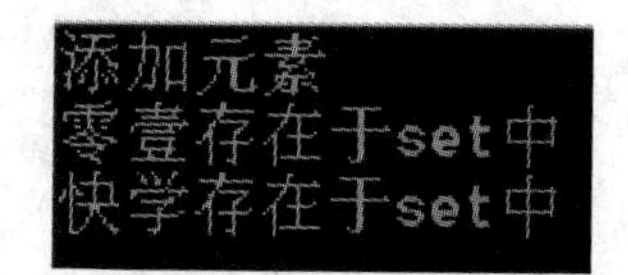

图12.8.1　set的操作

我们可以看到set的操作基本上与map类似，因此在这里就不再赘述了。

12.8.2　set的应用实例

map适用于取得键对应的值，而set则适用于判断键是否存在。同样在自然语言处理的领域，我们可以用set来实现词汇过滤器，将文本中的冠词去除以简化文本。大致的思想就是把需要过滤的冠词放在一个set中，在遍历文本中单词的时候检查是否存在于集合中。

动手写12.8.2

```
01 #include <iostream>
02 #include <string>
03 #include <set>
04 #include <fstream>
05 using namespace std;
06
07 // 过滤冠词
08 // Author: 零壹快学
09 int main() {
10         // 从文件中读取文本
11     ifstream infile;
12     infile.open("file.txt", std::fstream::in);
13         cout <<"原文本: "<< endl;
14         cout << infile.rdbuf() << endl;
15         // 打印后需要重新让指针指回文件开始的地方
16         infile.clear();
17         infile.seekg(0, std::ios::beg);
18         cout <<"处理后的文本: "<< endl;
19         // 添加过滤词
20         set<string> filterWords;
21         filterWords.insert("the");
22         filterWords.insert("a");
23         filterWords.insert("an");
24         string word = "";
```

```
25          // 遍历每个单词，打印没被过滤掉的单词
26          while ( infile >> word ) {
27                  if ( filterWords.find(word) == filterWords.end() ) {
28                          cout << word <<"";
29                  }
30          }
31          cout << endl;
32          return 0;
33  }
```

动手写12.8.2展示了使用set过滤文本中的冠词。运行结果如图12.8.2所示：

```
原文本:
Programming is the process of creating a set of instructions that tell a compute
r how to perform a task.
Programming can be done using a variety of computer "languages," such as SQL, Ja
va, Python, and C++.
处理后的文本:
Programming is process of creating set of instructions that tell computer how to
 perform task. Programming can be done using variety of computer "languages," su
ch as SQL, Java, Python, and C++.
```

图12.8.2　过滤文本冠词

除了文本的例子，set也可以用于解决一些数学上的问题，two sum问题就是其中之一。这个问题要解决的是找到一个数组中相加等于目标数字的两个数。具体操作请看下面的示例：

动手写12.8.3

```
01  #include <iostream>
02  #include <string>
03  #include <utility>
04  #include <set>
05  #include <vector>
06  using namespace std;
07
08  // two sum问题
09  // Author: 零壹快学
10  vector<pair<int, int>> twoSum(vector<int>&numbers, int target) {
11          vector<pair<int, int>> result;
12      set<int> hasNum;
13          // 将所有数字放进集合
14      for ( unsigned int i = 0; i < numbers.size(); i++ ) {
15          hasNum.insert(numbers[i]);
16      }
```

```
17        // 遍历数字，判断集合中是否存在target - numbers[i]
18     for ( unsigned int i = 0; i < numbers.size(); i++ ) {
19        if ( hasNum.find(target- numbers[i]) != hasNum.end() ) {
20            result.push_back(make_pair(numbers[i], target - numbers[i]));
21        }
22     }
23     return result;
24  }
25  int main() {
26      vector<int> nums;
27      int size = 0;
28      cout <<"请输入数组大小："<< endl;
29      cin >> size;
30      cout <<"请输入一组数字，用空格隔开："<< endl;
31      int num = 0;
32      while ( size > 0 && cin >> num ) {
33           nums.push_back(num);
34           --size;
35      }
36      cout <<"请输入目标数字："<< endl;
37      int target = 0;
38      cin >> target;
39      vector<pair<int, int>> result = twoSum(nums, target);
40      cout <<"two sum问题可行解："<< endl;
41      for ( int i = 0; i < result.size(); i++ ) {
42           cout << result[i].first <<""<< result[i].second << endl;
43      }
44      return 0;
45  }
```

动手写12.8.3展示了如何利用集合解决two sum问题，运行结果图12.8.3所示：

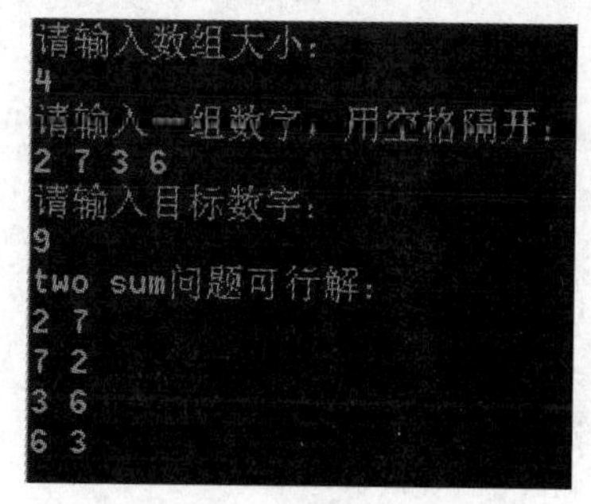

图12.8.3　two sum问题

在这个算法中，我们先遍历一次数组，将数字都加到set中，再遍历一次数组，寻找集合中是否有与当前数字加起来和为target的数字。由于集合的查找很快速，这样做的效率是非常高的。当然在这里我们忽略了去重复的步骤和数字与自身相加可能等于target的情况。

最后要讲的一点就是，这些set的应用其实都能用map来实现，而键对应的值随便指定就行，我们所需要的只是查询map中有没有这样的键。当然，使用map来实现会占用更多的内存空间。

12.9 算法

我们已经介绍了STL中常用的容器，每种容器中都有许多独特和共通的操作，如insert()、erase()、assign()、find()等。然而STL还定义了很多泛型的算法可供用户使用，这些算法都是基于迭代器的，不使用任何与特定容器类型有关的变量或操作，所以它们得以独立于容器存在，这也就是所谓的泛型的特性。迭代器相当于充当了联系容器与泛型算法之间的桥梁，没有迭代器也就没法将算法与容器的依赖关系消除。STL中有大量的算法可以使用，在本节中，我们只会介绍一些具有代表性的算法及其相关的内容。

12.9.1 只读算法

STL中最基本的算法就是只读算法，它们不会改变容器中的内容，而只会借由迭代器来获取容器元素的信息，从而得出算法的结果。STL的大多数算法都在<algorithm>中，而少数几个与数学相关的算法需要包含<numeric>。下面我们来看一个求和算法的示例：

动手写12.9.1

```
01 #include <iostream>
02 #include <vector>
03 #include <set>
04 #include <numeric>
05 using namespace std;
06
07 // 求和算法
08 // Author: 零壹快学
09 int main() {
10         set<int> set1;
11         set1.insert(1);
12         set1.insert(2);
13         set1.insert(3);
```

```
14        cout <<"set1的元素之和为："<< accumulate(set1.begin(), set1.
          end(), 0) << endl;
15        vector<int> vec1;
16        vec1.push_back(1);
17        vec1.push_back(2);
18        vec1.push_back(3);
19        cout <<"vec1的元素之和为："<< accumulate(vec1.begin(), vec1.
          end(), 1) << endl;
20        return 0;
21 }
```

动手写12.9.1展示了使用accumulate()求和的例子，运行结果如图12.9.1所示：

```
set1的元素之和为：6
vec1的元素之和为：7
```

图12.9.1　求和算法

这个算法可以在set和vector两种容器上使用，所需要的只是表示范围的两个迭代器而已。有了迭代器以后，就可以用遍历的方法访问范围内的所有元素并进行相应的操作，而不需要关注容器是什么。而accumulate()的第三个参数则是累加的一个基础值，这也是为了让编译器能够判断调用的accumulate()应该使用何种元素类型的容器。

12.9.2　排序算法

这里的排序算法不单单指一般意义上的把容器元素排序的算法，而是指所有调用完后会改变容器内元素顺序的算法。

动手写12.9.2

```
01 #include <iostream>
02 #include <string>
03 #include <vector>
04 #include <algorithm>
05 using namespace std;
06
07 // 消除连续重复元素
08 // Author: 零壹快学
09 int main() {
10        vector<string> vec1;
11        vec1.push_back("零");
12        vec1.push_back("壹");
13        vec1.push_back("壹");
```

```
14        vec1.push_back("快");
15        vec1.push_back("学");
16        vec1.push_back("学");
17        vec1.push_back("学");
18        cout <<"去重之前的vector: "<< endl;
19        for ( int i = 0; i < vec1.size(); i++ ) {
20                cout << vec1[i];
21        }
22        cout << endl;
23        vector<string>::iterator it = unique(vec1.begin(), vec1.end());
24        cout <<"去重之后的vector: "<< endl;
25        for ( int i = 0; i < vec1.size(); i++ ) {
26                cout << vec1[i];
27        }
28        cout << endl;
29        // unique()不会移除末尾的无效元素，还需要结合erase()
30        vec1.erase(it, vec1.end());
31        cout <<"删除无效元素之后的vector: "<< endl;
32        for ( int i = 0; i < vec1.size(); i++ ) {
33                cout << vec1[i];
34        }
35        cout << endl;
36        return 0;
37 }
```

动手写12.9.2展示了去重算法的用法，运行结果如图12.9.2所示：

图12.9.2　去重算法

我们可以看到，虽然unique()函数不是排序的函数，但是去重之后相邻元素移动了，所以也属于排序算法的类别。需要注意的是，unique()函数不会改变容器的大小，就和remove()一样，因此还是需要erase()来清理后面无效的元素。unique()函数也是基于迭代器实现的，除了遍历需要的迭代器之外，该算法还需要一个迭代器来记录移动元素的目标位置。

12.9.3　函数对象

在排序算法中，sort()应该算是最常用的一种算法了。在很多实际的问题中，我们都需要对容器的元素进行排序。sort()的使用与unique()相似，一个乱序的vector在排序之后，元素会从小到大排列，这也是因为sort()算法默认使用小于操作符“<”比较迭代器指向的元素。如果我们想实现按其他规则排序，也可以指定自定义的比较函数。

动手写12.9.3

```
01  #include <iostream>
02  #include <vector>
03  #include <algorithm>
04  using namespace std;
05
06  // 自定义比较函数的排序算法
07  // Author: 零壹快学
08  bool larger(int a, int b) {
09          return a > b;
10  }
11  int main() {
12          vector<int> vec = { 3,5,7,4,8,9,0,2,1,6 };
13          cout <<"打印vector: "<< endl;
14          for ( int i = 0; i < vec.size(); i++ ) {
15                  cout << vec[i] <<"";
16          }
17          cout << endl;
18          sort(vec.begin(), vec.end(), larger);
19          cout <<"打印排序后的vector: "<< endl;
20          for ( int i = 0; i < vec.size(); i++ ) {
21                  cout << vec[i] <<"";
22          }
23          cout << endl;
24          return 0;
25  }
```

动手写12.9.3展示了使用自定义比较函数的排序算法，运行结果如图12.9.3所示：

图12.9.3　排序算法

在示例中，我们把larger()传入sort()函数其实是传了函数指针，函数参数需要与迭代器指向的元素类型匹配。

sort()的第三个参数也不是只能传函数，也可以传一种叫作函数对象（Function Object）的类对象。函数对象实现了调用操作符，可以像函数一样使用，但也能有其他的成员变量来充当额外返回值或参数，也可以有辅助用的其他成员函数。接下来我们看一个在sort()中使用函数对象的示例：

动手写12.9.4

```
01  #include <iostream>
02  #include <vector>
03  #include <algorithm>
04  using namespace std;
05
06  // 在排序算法中使用函数对象
07  // Author: 零壹快学
08  class Comparator {
09  public:
10          Comparator() { diff = 0; }
11          virtual ~Comparator() {}
12          virtual bool operator()(int a, int b) = 0;
13          int getDiff() {
14                  return diff;
15          }
16  protected:
17          int diff;
18  };
19  class GT : public Comparator{
20  public:
21          bool operator()(int a, int b) {
22                  diff = a - b;
23                  return a > b;
24          }
25  };
26  class LT : public Comparator{
27  public:
28          bool operator()(int a, int b) {
```

```
29              diff = b - a;
30              return a < b;
31          }
32  };
33
34  int main() {
35          char cmd = ' ';
36          while ( cmd != 'q' ) {
37                  cout <<"请输入排序命令，l为升序排序，g为降序排序，q为退出程序："
                    << endl;
38                  cin >> cmd;
39                  if ( cmd == 'q' ) {
40                          break;
41                  } else if ( cmd != 'l' && cmd != 'g' ) {
42                          cout <<"不存在该命令，请重新输入："<< endl;
43                          continue;
44                  }
45
46                  vector<int> vec;
47                  cout <<"请输入vector的元素个数："<< endl;
48                  int size = 0;
49                  cin >> size;
50                  vec = vector<int>(size, 0);
51
52                  cout <<"请输入vector的元素个数，一行一个："<< endl;
53                  for ( int i = 0; i < size; i++ ) {
54                          cin >> vec[i];
55                  }
56
57                  if ( cmd == 'l' ) {
58                          sort(vec.begin(), vec.end(), LT());
59                  } else if ( cmd == 'g' ) {
60                          sort(vec.begin(), vec.end(), GT());
61                  }
62
63                  cout <<"打印排序后的vector："<< endl;
```

```
64              for ( int i = 0; i < vec.size(); i++ ) {
65                    cout << vec[i] <<"";
66              }
67              cout << endl;
68         }
69         cout <<"退出程序。。。"<< endl;
70         return 0;
71   }
```

动手写12.9.4展示了函数对象的用法，运行结果如图12.9.4所示：

```
请输入排序命令，l为升序排序，g为降序排序，q为退出程序：
l
请输入vector的元素个数：
5
请输入vector的元素个数，一行一个：
6
3
5
2
1
打印排序后的vector：
1 2 3 5 6
请输入排序命令，l为升序排序，g为降序排序，q为退出程序：
g
请输入vector的元素个数：
4
请输入vector的元素个数，一行一个：
4
7
5
9
打印排序后的vector：
9 7 5 4
请输入排序命令，l为升序排序，g为降序排序，q为退出程序：
q
退出程序。。。
```

图12.9.4　函数对象

在这个程序中，我们在基类Comparator的基础上定义了小于比较和大于比较两个函数对象，分别可以在排序算法中实现升序和降序的排序。重载调用操作符的函数基本与动手写12.9.3中的函数相似，除了函数名换成了operator()。将函数对象传入sort()函数的时候，在后面跟着的括号不是使用调用操作符的意思，而是调用默认构造函数。在动手写12.9.3中我们也只传了函数指针，而没有带任何参数。虽然在程序中我们没有使用基类中定义的diff，但是我们看到diff可以用来存放最新一次比较中的两个值的绝对值的差。像这种几个类似函数对象中都会用到的变量，我们就可以灵活地提取出来并放到基类中去，这是函数所不能做到的。

12.10 小结

本章展示了使用标准模板库中的容器和算法的大量实例。容器方面覆盖了vector、list、deque这些基本的顺序容器，以及vector的变体string，并比较它们的适用场景和特性，也简单介绍了链表的底层实现。然后我们又讲解了构造关联容器的基本单位pair，以及两种基本关联容器map和set的操作和应用。最后，我们还简要介绍了一些泛型算法和函数对象的概念。

12.11 知识拓展

vector扩张

vector是本书中，也是实际编程中用得比较多的一种容器。我们之前都只是把vector当成数组来看待，但其实vector是一种动态的数据结构。我们知道数组的容量在声明的时候就是确定的，而动态数组的容量虽然在运行时才指定，但分配完后也就不能修改了，除非释放内存后重新分配。vector在底层实现动态数组其实也类似于这种方式，在初始容量占满之后就会重新分配更大的空间，然后将原有的元素复制过去，释放原来的空间，这样我们就可以一直使用push_back()添加元素却永远不会满了。但其实在底层，vector使用的空间就已经开始暗中变化了，而且不是一点一点地增加。了解到这一点之后，我们就知道添加元素也会导致迭代器失效。

接下来我们看一看vector的容量是怎么随着元素的添加而变化的。

动手写12.11.1

```
01 #include <iostream>
02 #include <vector>
03 using namespace std;
04 
05 // vector扩张
06 // Author: 零壹快学
07 int main() {
08         vector<int> nums;
09         cout <<"vector的大小: "<< nums.size() << endl;
10         cout <<"vector的容量: "<< nums.capacity() << endl;
11         cout <<"插入元素"<< endl;
12         nums.push_back(1);
13         cout <<"vector的大小: "<< nums.size() << endl;
14         cout <<"vector的容量: "<< nums.capacity() << endl;
15         cout <<"插入元素"<< endl;
16         nums.push_back(1);
17         cout <<"vector的大小: "<< nums.size() << endl;
18         cout <<"vector的容量: "<< nums.capacity() << endl;
19         cout <<"插入元素"<< endl;
```

```
20        nums.push_back(1);
21        cout <<"vector的大小："<< nums.size() << endl;
22        cout <<"vector的容量："<< nums.capacity() << endl;
23        cout <<"插入元素"<< endl;
24        nums.push_back(1);
25        cout <<"vector的大小："<< nums.size() << endl;
26        cout <<"vector的容量："<< nums.capacity() << endl;
27        cout <<"插入元素"<< endl;
28        nums.push_back(1);
29        cout <<"vector的大小："<< nums.size() << endl;
30        cout <<"vector的容量："<< nums.capacity() << endl;
31        cout <<"插入元素"<< endl;
32        nums.push_back(1);
33        cout <<"vector的大小："<< nums.size() << endl;
34        cout <<"vector的容量："<< nums.capacity() << endl;
35        cout <<"插入元素"<< endl;
36        nums.push_back(1);
37        cout <<"vector的大小："<< nums.size() << endl;
38        cout <<"vector的容量："<< nums.capacity() << endl;
39        cout <<"插入元素"<< endl;
40        nums.push_back(1);
41        cout <<"vector的大小："<< nums.size() << endl;
42        cout <<"vector的容量："<< nums.capacity() << endl;
43        cout <<"插入元素"<< endl;
44        nums.push_back(1);
45        cout <<"vector的大小："<< nums.size() << endl;
46        cout <<"vector的容量："<< nums.capacity() << endl;
47        cout <<"插入元素"<< endl;
48        nums.push_back(1);
49        cout <<"vector的大小："<< nums.size() << endl;
50        cout <<"vector的容量："<< nums.capacity() << endl;
51        cout <<"插入元素"<< endl;
52        nums.push_back(1);
53        cout <<"vector的大小："<< nums.size() << endl;
54        cout <<"vector的容量："<< nums.capacity() << endl;
55        return 0;
56  }
```

动手写12.11.1展示了vector的容量是怎么随着元素的增多而增加的，运行结果如图12.11.1

所示：

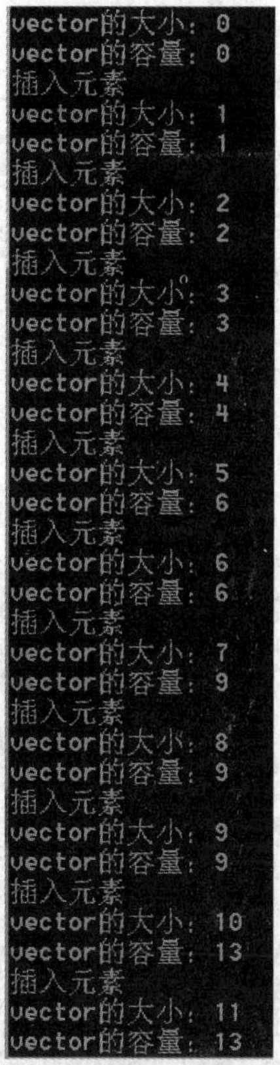

```
vector的大小：0
vector的容量：0
插入元素
vector的大小：1
vector的容量：1
插入元素
vector的大小：2
vector的容量：2
插入元素
vector的大小：3
vector的容量：3
插入元素
vector的大小：4
vector的容量：4
插入元素
vector的大小：5
vector的容量：6
插入元素
vector的大小：6
vector的容量：6
插入元素
vector的大小：7
vector的容量：9
插入元素
vector的大小：8
vector的容量：9
插入元素
vector的大小：9
vector的容量：9
插入元素
vector的大小：10
vector的容量：13
插入元素
vector的大小：11
vector的容量：13
```

图12.11.1　vector扩容

我们可以发现，在每次添加元素的时候，vector的容量不是线性增加的。vector的元素越多，容量一次性增长就越快。动态增长大小的确定与内存cache的相关知识有关，在这里就不做详细介绍了。

除了等待容器满了以后自己触发容量扩张，在知道了vector可能使用的最大容量的时候，我们也可以使用reserve()函数手动指定vector的容量。

动手写12.11.2

```
01  #include <iostream>
02  #include <vector>
03  using namespace std;
04
05  // reserve()函数
06  // Author: 零壹快学
07
08  int main() {
```

```
09        vector<int> nums;
10        nums.reserve(10);
11        for ( int i = 0; i < 10; i++ ) {
12                nums.push_back(i);
13                cout <<"vector的大小: "<< nums.size() << endl;
14                cout <<"vector的容量: "<< nums.capacity() << endl;
15        }
16        return 0;
17 }
```

动手写12.11.2展示了reserve()函数的用法，运行结果如图12.11.2所示：

图12.11.2　reserve()函数

我们可以看到，程序在已知vector最多可能存放的元素个数的情况下预先分配了大小为10的空间，随后在添加元素的时候，vector的大小一直没有超过这个容量，因此不需要重新分配内存。

第 13 章 其他语法特性

在前面的章节中，我们已经把C++的基本语法和特性都介绍了一遍。在这一章中，我们将补充介绍C++的其他一些语法特性。

13.1 异常处理

程序在运行的时候会发生各种各样预期之外的情况，这些情况统称为异常（Exception）。我们在之前的许多示例中使用了各种方法来记录并处理异常情况，比如让函数返回一个数字或布尔值来表示是否运行成功，以及使用许多条件检查来检测诸如空指针的异常情况，并打印信息告知用户或者返回到上一步让用户重试。然而不管是哪一种方法，都可能导致程序的逻辑变得更复杂，不仅要在一般代码中处理一般运行顺利的逻辑，还要处理异常容错的逻辑，最后写出来的代码将会充斥着各种各样的条件判断和错误信息。此外，对于多数异常，如果开发人员没有添加检查条件，还会导致严重的程序崩溃，调试起来也十分困难。

为此，C++提供了一整套面向对象的异常处理机制，将异常定义为类，通过抛出异常对象（Exception Object）和截取异常对象两种操作将异常检测和异常处理的逻辑分离。开发人员在编写普通程序逻辑的时候，只需要预先写好截取异常的语句，然后在异常对象的类定义中补充异常的描述信息和操作，程序就会变得更加清晰了。

13.1.1 异常处理的语法

我们可以自己定义异常对象，而C++标准库中的函数本身已经会抛出各种各样的预置异常了。我们来看看这些异常是如何被捕获的。

动手写13.1.1

```
01  #include <iostream>
02  using namespace std;
03
04  // 截取系统异常
```

```
05  // Author: 零壹快学
06  class MyClass1 {
07  public:
08          MyClass1(int v) : val(v){}
09          virtual void doSomething() {}
10  private:
11          int val;
12  };
13
14  class MyClass2 {
15  public:
16          MyClass2(int v) : val(v){}
17          virtual void doSomething() {}
18  private:
19          int val;
20  };
21  int main() {
22        MyClass1 my1(1);
23        // 捕获到异常后try块中的局部变量会由于程序跳转而消失
24        // 所以需要注意try块中定义的变量
25        MyClass2 my2(1);
26        try {
27              my2 = dynamic_cast<MyClass2 &>( my1 );
28        } catch ( const bad_cast &e ) {
29              cerr << e.what() << endl;
30              cout <<"请再试一次"<< endl;
31        }
32        return 0;
33  }
```

动手写13.1.1展示了异常处理的语法和行为。运行结果如图13.1.1所示：

图13.1.1　异常处理

在示例中，我们定义了两个不相关的类，并尝试用dynamic_cast来进行类型转换。在指针的情况下，dynamic_cast会返回空指针，而在引用的情况下，dynamic_cast就会抛出异常。

try-catch块是异常处理的基本结构。catch块的开头会定义需要捕获的异常对象，而这个异常对象一定是从try块中的代码抛出的。如果这个转换发生在try块之外，由于异常没有被处理，就会发生程序崩溃，并且在调试模式运行时编译器会提示存在着未经处理的异常，如图13.1.2所示。

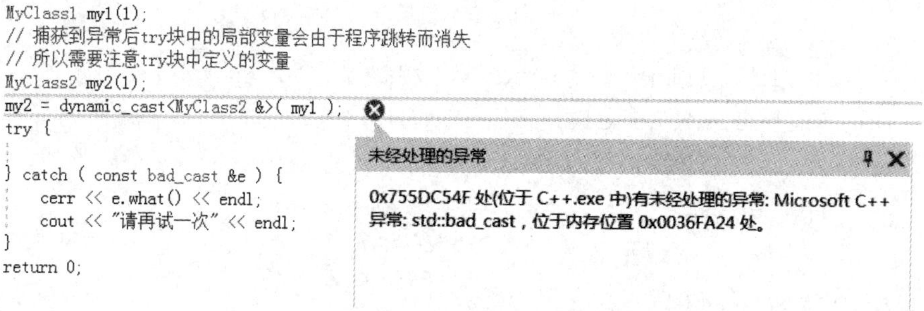

```
MyClass1 my1(1);
// 捕获到异常后try块中的局部变量会由于程序跳转而消失
// 所以需要注意try块中定义的变量
MyClass2 my2(1);
my2 = dynamic_cast<MyClass2 &>( my1 );
try {

} catch ( const bad_cast &e ) {
    cerr << e.what() << endl;
    cout << "请再试一次" << endl;
}
return 0;
```

未经处理的异常

0x755DC54F 处(位于 C++.exe 中)有未经处理的异常: Microsoft C++ 异常: std::bad_cast，位于内存位置 0x0036FA24 处。

图13.1.2　未经处理的异常

在catch块中我们可以编写处理异常的代码，而在这里我们直接调用异常对象的what()函数来获取错误信息，并通过cerr打印到标准输出中。

在抛出异常之后，如果紧跟着的catch块能够处理相应的异常那就再好不过了，但如果不能，程序也会顺着函数调用栈寻找外层函数中的catch块，这个过程也叫作栈展开（Stack Unwinding），当然这也需要外层函数处于try块之中。当程序一层层往外但最终没找到匹配的catch块时，就会调用标准库的terminate()函数，而terminate()函数会调用abort()函数结束程序，也就出现了之前“未经处理的异常”的情况。

此外，在catch块处理完异常之后，程序会跳转到与当前匹配catch块连续的所有catch块之后继续运行。这是因为try块后面可以紧跟好几个catch块，也就是说栈展开的过程是先搜索与当前try块相邻的所有catch块，再往上进入到外层函数重复这样的搜索。下面的示例展示了几个catch块连在一起的情况：

动手写13.1.2

```
01 #include <iostream>
02 using namespace std;
03
04 // 栈展开
05 // Author: 零壹快学
06 class MyClass1 {
07 public:
08         MyClass1(int v) : val(v){}
09         virtual void doSomething() {}
10 private:
11         int val;
12 };
```

```
13
14 class MyClass2 {
15 public:
16             MyClass2(int v) : val(v){}
17             virtual void doSomething() {}
18 private:
19             int val;
20 };
21 void myFunction() {
22        MyClass1 my1(1);
23        MyClass2 my2(1);
24        try {
25              my2 = dynamic_cast<MyClass2 &>( my1 );
26       } catch ( const runtime_error &e ) {
27              cerr << e.what() << endl;
28              cout <<"请再试一次"<< endl;
29       } catch ( ... ) { // 捕获一切异常
30              cout <<"myFunction函数内发现异常！"<< endl;
31              throw;
32       }
33 }
34 int main() {
35        try {
36              myFunction();
37        } catch ( const bad_cast &e ) {
38              cout <<"转换失败异常在外层函数处理！"<< endl;
39              cerr << e.what() << endl;
40              cout <<"请再试一次"<< endl;
41        }
42        return 0;
43 }
```

动手写13.1.2展示了略为复杂的栈展开的情况，运行结果如图13.1.3所示：

```
myFunction函数内发现异常！
转换失败异常在外层函数处理！
Bad dynamic_cast!
请再试一次
```

图13.1.3　栈展开

这个示例中包含好几个语法知识点。我们在匹配runtime_error异常的catch块之后又加了一个括号内只有3个点的catch块，这样的catch块也叫作捕获所有异常（Catch-All）块。在第一个catch没有捕获到异常之后，这个catch块捕获到了异常。要注意在搜索匹配catch的时候是只要找到能够处理的就进入执行，所以catch-all块一般要放在最后，而基类的异常对象也要放在派生类异常对象之后。

在catch-all块捕获到异常之后，程序调用了空的throw语句，这表示重新抛出异常。这个语句只能出现在catch块或catch块调用的函数中，重新抛出的异常将继续按着栈展开的规律搜索匹配catch块。在这里我们就匹配到了外层main()函数中的catch块，并成功地处理了。

13.1.2　标准异常

C++标准库中定义了各种各样预置的异常，这些异常都是Exception类的子类。Exception定义在<exception>头文件中，而它的子类大多数都定义在<stdexcept>中。我们先通过几个表格了解一下从Exception派生出的异常对象的作用。

表13.1.1　从Exception直接派生的异常类

异常名	说明
logic_error	逻辑类异常的基类
runtime_error	运行时异常的基类
bad_alloc	动态分配内存失败的异常
bad_typeid	使用typeid在NULL指针产生的异常
bad_cast	dynamic_cast 转换失败异常
ios_base::failure	I/O输入输出异常
bad_exception	不属于任何类型的特殊异常

表13.1.2　从logic_error派生的逻辑异常

异常名	说明
length_error	超出容器最大长度异常
domain_error	数学函数中的值域异常
out_of_range	越界异常
invalid_argument	参数不合适异常

表13.1.3　从runtime_error派生的运行时异常

异常名	说明
range_error	计算结果超出值域异常
overflow_error	向上溢出异常
underflow_error	向下溢出异常

表13.1.1、表13.1.2和表13.1.3总结了所有从Exception派生的标准异常对象，常见的STL使用异常就是那些继承自logic_error和runtime_error的异常。接下来我们选择其中的两个异常，用示例展示一下它们的使用场景：

动手写13.1.3

```
01  // out_of_range和length_error异常
02  // Author: 零壹快学
03  int main() {
04      string str("foo");
05      try {
06            // 尝试获取超过字符串长度位置的字符
07        cout << str.at(10) << endl;
08      } catch (const out_of_range& e) {
09           cout << e.what() << endl;
10      }
11      try {
12            // 尝试分配超过字符串最大长度的空间
13        str.resize(str.max_size() + 1);
14      } catch (const length_error& e) {
15           cout << e.what() << endl;
16      }
17      return 0;
18  }
```

动手写13.1.3展示了out_of_range和length_error两种异常的出现场景，运行结果如图13.1.4所示：

```
invalid string position
string too long
```

图13.1.4　out_of_range和length_error

13.1.3　异常对象

在动手写13.1.3中，我们介绍了一些标准库中预置异常的捕获，而异常对象当然也可以由我们自己定义。在catch块中定义的异常对象也叫作异常说明符（Exception Specifier），它用来获取抛出的异常对象。异常说明符可以定义成引用或者对象，分别接收按引用传递和按值传递的异常对象。由于我们不能保证这一定是按引用传递的，所以在定义异常对象的时候一定要使其可以支持复制构造函数。

在定义自己的异常对象前，我们先看一下抛出异常是如何进行的。

动手写13.1.4

```
01  #include <iostream>
02  using namespace std;
03
04  // 抛出异常
05  // Author: 零壹快学
06  class Integer {
07  public:
08          Integer(int v) : val(v) {}
09          int getValue() const { return val; }
10  protected:
11          int val;
12  };
13
14  Integer operator/ (const Integer &a, const Integer &b) {
15          if ( b.getValue() == 0 )
16                  throw runtime_error("0不能当作除数！");
17          return Integer(a.getValue() / b.getValue());
18  }
19  int main() {
20          Integer int1(1);
21          Integer int0(0);
22          Integer int2(2);
23          try {
24                  int2 = int1 / int0;
25          } catch ( const runtime_error &e ) {
26                  cerr << e.what() << endl;
27                  cout <<"请再试一次"<< endl;
28          }
29          return 0;
30  }
```

动手写13.1.4展示了抛出异常的语法。运行结果如图13.1.5所示：

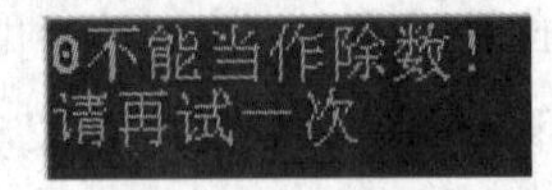

图13.1.5　抛出异常

在示例中，我们定义了整数类并重载了除法操作符。其中，当第二个参数为0时，抛出runtime_error异常。异常对象的构造就是在throw的时候进行的，我们可以把错误信息当作参数传入，这个信息在catch块中可以由异常对象的what()函数取得。

在这个示例中，我们抛出的异常是在标准库中预先定义好的。标准库中的异常都继承自Exception基类，而我们在定义自己的异常对象时也需要从某个异常类继承。下面我们尝试自定义一个异常类型：

动手写13.1.5

```
01  #include <iostream>
02  #include <string>
03  #include <limits.h>
04  using namespace std;
05
06  // 定义异常类型
07  // Author: 零壹快学
08  class Char {
09  public:
10        Char(char v) : val(v) {}
11        char getValue() const { return val; }
12  protected:
13        char val;
14  };
15
16  class overflow : public runtime_error {
17  public:
18        overflow(const string &str,
19                 char l,
20                 char r) : runtime_error(str), left(l), right(r) {}
21        char getLeft() const { return left; }
22        char getRight() const { return right; }
23  private:
24        char left;
```

```
25         char right;
26 };
27
28 Char operator+ (const Char &a, const Char &b) {
29         short sum = a.getValue() + b.getValue();
30         if ( sum > CHAR_MAX ) {
31                 throw overflow("产生了加法溢出！", a.getValue(),
                   b.getValue());
32         }
33         return Char(a.getValue() + b.getValue());
34 }
35
36 int main() {
37     Char c0(124);
38     Char c1(5);
39     try {
40         Char c2 = c0 + c1;
41     } catch ( const overflow &e ) {
42         cerr << (int)e.getLeft() <<"与"<< (int)e.getRight() <<
           e.what() << endl;
43         cout <<"请再试一次"<< endl;
44     }
45     return 0;
46 }
```

动手写13.1.5展示了异常类型的定义与使用，运行结果如图13.1.6所示：

```
124与5产生了加法溢出！
请再试一次
```

图13.1.6　异常类型的定义

在这个示例中，我们从runtime_error继承了overflow类，用来表示char加法溢出的异常。overflow类除了错误信息外，还增加了两个计算操作数的值的成员。我们在catch块中使用overflow的异常说明符时，也可以取得两个数字的值并打印出来。

13.1.4　异常处理的注意事项

异常处理虽然是一种强大的机制，但其灵活性和随机跳转存在着许多陷阱，因此我们需要格外注意。

首先，由于异常抛出的时候产生了不可逆的跳转，try块中或者当前函数的一些语句就没有被执行。比如在构造函数中抛出异常时，可能有一些成员还没有初始化，这样的对象显然是不可用的，我们需要将对象内存释放，重新初始化。

其次，当存在动态分配内存的时候，抛出异常也会导致内存没有释放，产生内存泄漏。这个时候我们可以选择在异常处理的代码释放内存，或者避免使用异常处理机制。同理，析构函数也是不适合抛出异常的。

13.2 命名空间

在第4章中我们讲解了作用域和块，命名空间的概念与它们有些类似。我们知道，在同一个作用域中是不能定义重名变量或函数的，而在大型程序中，由于我们会用到许多来源不同的库，其中定义的全局变量或函数难免会有重名的情况。比如我们一开始使用了一个数学库，但是缺少一些函数，于是我们就又包含了另一个数学库。由于两个数学库中都有max函数，所以尽管我们没有使用第二个数学库的max函数，在编译链接的时候还是会产生冲突。为了解决这个问题，库函数的程序员可以在每个函数前加上前缀，例如microsoft_max、nvidia_max，但是这样的解决方法显然不太优雅，因此，C++引入了命名空间的概念。

之前我们广泛使用的标准库就有自己的命名空间std，而vector的全称其实是“std::vector”，只是因为我们使用“using namespace std;”这个语句自动声明了本文件使用了std命名空间，所以不需要再加前缀。

13.2.1 命名空间的定义

命名空间的定义很简单，就是在关键字namespace后面加上命名空间的名字，然后将各种声明定义用花括号框起来。其中的声明定义可以是变量、函数等任何声明定义，甚至可以是命名空间本身。

命名空间的名字需要满足作用域的规则，而且同一作用域中不能定义两个名字相同的命名空间。命名空间本身就是新的作用域，因为两个命名空间内可以有同名变量，所以这种同名变量不同于一般作用域中的同名变量，它可以借由命名空间前缀被外界访问。下面我们来看一个基本的示例：

动手写13.2.1

```
01  #include <iostream>
02  #include <vector>
03
04  // 命名空间的定义
05  // Author: 零壹快学
06  namespace mySTL {
```

```
07      template <typename T, int capacity> class vector {
08       public:
09              vector() {
10                      // 初始化capacity大小的数组
11                      arr = new T[capacity];
12                      size = 0;
13              }
14              ~vector() {
15                       delete[] arr;
16              }
17              bool isEmpty() {
18                      return size == 0;
19              }
20              int getCapacity() {
21                      return capacity;
22              }
23              int getSize() {
24                      return size;
25              }
26              // 从后添加元素
27              void push(T item) {
28                      if ( size == capacity ) {
29                              std::cout <<"容量已满! "<< std::endl;
30                              return;
31                      }
32                      // 先放新元素再累加size
33                      arr[size++] = item;
34              }
35              // 移除最后的元素并返回
36              bool pop(T &item) {
37                      if ( isEmpty() ) {
38                              return false;
39                      } else {
40                              // 先递减size再返回要弹出的元素
41                              item = arr[--size];
```

```
42                          return true;
43                      }
44                  }
45                  // 重载下标运算符，在越界的时候警告并返回第一个元素
46                  // 如果容量为0的时候
47                  T &operator[](int i) {
48                      if ( i >= size ) {
49                              std::cout <<"下标越界！"<< std::endl;
50                              return arr[0];
51                      } else {
52                              return arr[i];
53                      }
54                  }
55          private:
56                  T *arr;
57                  int size;
58          };
59  } // 命名空间的最后没有分号
60
61
62  int main() {
63          mySTL::vector<int, 5> vec5;
64          std::cout <<"添加元素："<< std::endl;
65          for ( int i = 0; i < 3; i++ ) {
66                  vec5.push(i);
67          }
68          int size = vec5.getSize();
69          for ( int i = 0; i < size; i++ ) {
70                  std::cout <<"容器的第"<< i + 1 <<"个元素为："<< vec5[i]
                    << std::endl;
71          }
72          std::vector<int> vec;
73          std::cout <<"添加元素："<< std::endl;
74          for ( int i = 0; i < 3; i++ ) {
75                  vec.push_back(i);
76          }
```

```
77      size = vec.size();
78      for ( int i = 0; i < size; i++ ) {
79              std::cout <<"容器的第"<< i + 1 <<"个元素为："<< vec[i] <<
                std::endl;
80      }
81      return 0;
82  }
```

动手写13.2.1展示了命名空间的定义，运行结果如图13.2.1所示：

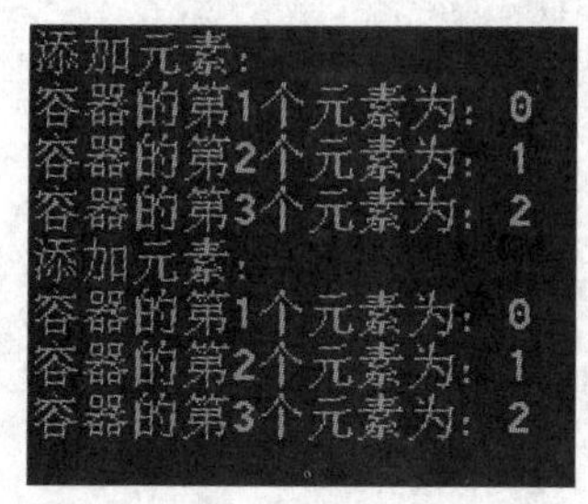

图13.2.1　命名空间的定义

在这个示例中，我们将自定义版本的vector放到了命名空间mySTL中，在定义对象的时候我们在vector前面加上了“mySTL::”的前缀。与此同时，为了使用标准库中定义的vector，我们在vector前面加上了“std::”的前缀。

在之前的很多示例中我们没有使用“std::”，那是因为我们用了using语句，在这里我们也可以使用using语句简化程序。

动手写13.2.2

```
01 #include <iostream>
02 #include <vector>
03
04 // 使用using
05 // Author: 零壹快学
06
07 // 对于单个命名空间成员不再需要前缀
08 using std::cout;
09 using std::endl;
10
11 namespace mySTL {
12     template <typename T, int capacity> class vector {
13     public:
14             vector() {
```

```
15                  // 初始化capacity大小的数组
16                  arr = new T[capacity];
17                  size = 0;
18          }
19          ~vector() {
20                  delete[] arr;
21          }
22          bool isEmpty() {
23                  return size == 0;
24          }
25          int getCapacity() {
26                  return capacity;
27          }
28          int getSize() {
29                  return size;
30          }
31          // 从后添加元素
32          void push(T item) {
33                  if ( size == capacity ) {
34                          cout <<"容量已满! "<< endl;
35                          return;
36                  }
37                  // 先放新元素再累加size
38                  arr[size++] = item;
39          }
40          // 移除最后的元素并返回
41          bool pop(T &item) {
42                  if ( isEmpty() ) {
43                          return false;
44                  } else {
45                          // 先递减size再返回要弹出的元素
46                          item = arr[--size];
47                          return true;
48                  }
49          }
```

```
50                  // 重载下标运算符，在越界的时候警告并返回第一个元素
51                  // 如果容量为0的时候
52                  T &operator[](int i) {
53                  if ( i >= size ) {
54                          cout <<"下标越界！"<< endl;
55                          return arr[0];
56                   } else {
57                          return arr[i];
58                   }
59              }
60          private:
61              T *arr;
62               int size;
63          };
64  } // 命名空间的最后没有分号
65
66  using namespace mySTL;
67  // 不能再用 using namespace std;
68  // 因为会导致vector意义不明确
69
70  int main() {
71          vector<int, 5> vec5;
72          cout <<"添加元素："<< endl;
73          for ( int i = 0; i < 3; i++ ) {
74                  vec5.push(i);
75          }
76          int size = vec5.getSize();
77          for ( int i = 0; i < size; i++ ) {
78                  cout <<"容器的第"<< i + 1 <<"个元素为："<< vec5[i] << endl;
79          }
80          std::vector<int> vec;
81          cout <<"添加元素："<< endl;
82          for ( int i = 0; i < 3; i++ ) {
83                  vec.push_back(i);
84          }
```

```
85          size = vec.size();
86          for ( int i = 0; i < size; i++ ) {
87                  cout <<"容器的第"<< i + 1 <<"个元素为: "<< vec[i] << endl;
88          }
89          return 0;
90  }
```

动手写13.2.2展示了using关键字的两种用法。第一种用法是在using后面接着命名空间的成员，以此免去在单个成员前面加上命名空间前缀的必要。第二种用法是在using后面接着namespace关键字和命名空间名，这样使得整个命名空间中定义的成员都不需要前缀。不过使用第二种形式需要注意多个命名空间中是否有重名元素，如果有重名元素就可能会导致名字冲突。

同一个命名空间的成员不一定要定义在同一个文件或者连续的区域中，我们可以在多个文件中定义同一个命名空间的成员，这令命名空间的使用变得非常灵活。

13.2.2 特殊命名空间

上一小节中我们介绍了命名空间的基本应用，这一小节我们将会介绍两种特殊的命名空间：嵌套命名空间（Nested Namespace）和未命名的命名空间（Unnamed Namespace）。

如同C++中的许多其他的概念一样，命名空间也支持嵌套，这在组织大型程序的组织结构上很有帮助。

动手写13.2.3

```
01 #include <iostream>
02 using namespace std;
03
04 // 嵌套命名空间
05 // Author: 零壹快学
06
07 // 数学库
08 namespace myMath {
09         // 最值子库
10         namespace minmax {
11                 int min(int a, int b) {
12                         return a < b ? a : b;
```

```
13            }
14            int max(int a, int b) {
15                  return a > b ? a : b;
16            }
17       }
18       // 算术子库
19       namespace arithmetic {
20            int add(int a, int b) {
21                 return a + b;
22            }
23            int mul(int a, int b) {
24                 return a * b;
25            }
26       }
27  }
28
29  int main() {
30       int a = 3;
31       int b = 5;
32       cout <<"min(a, b) = "<< myMath::minmax::min(a, b) << endl;
33       cout <<"max(a, b) = "<< myMath::minmax::max(a, b) << endl;
34       cout <<"a + b = "<< myMath::arithmetic::add(a, b) << endl;
35       cout <<"a * b = "<< myMath::arithmetic::mul(a, b) << endl;
36       return 0;
37  }
```

动手写13.2.3展示了嵌套命名空间的应用。我们可以看到，在使用命名空间的成员时，我们需要依次加上每一层命名空间的名字前缀。

除了嵌套命名空间之外，还有一种特殊的命名空间叫作未命名的命名空间，这样的命名空间没有名字，在使用时不需加前缀。未命名的命名空间的作用域限于本文件内，不能在别的文件中访问，所以它也可以用来代替静态全局变量使用。

动手写13.2.4

```
01  #include <iostream>
02  using namespace std;
03
04  // 未命名的命名空间
```

```
05 // Author: 零壹快学
06 int num = 1;
07 namespace {
08      int num = 2;
09      namespace inner {
10           int innerNum = 3;
11      }
12 }
13 int main() {
14      int a = 3;
15      int b = 5;
16      cout <<"num: "<< num << endl;
17      cout <<"innerNum: "<< inner::innerNum << endl;
18      return 0;
19 }
```

动手写13.2.4展示了未命名的命名空间的使用。由于使用num不需要加前缀，因此它会和全局变量num发生冲突，编译时会产生如图13.2.2所示的错误：

图13.2.2　未命名的命名空间

此外，我们也可以在未命名的命名空间中继续嵌套命名的命名空间，使用时只需要加上里层命名空间的名字前缀。

13.3 枚举

设想这样一种情景：我们想给一辆车设置颜色属性，有红、黑、蓝3种颜色，为了表示这3种颜色，可以选择声明3个整型常量，分别赋值为0、1、2；如果要再加上白色，就再声明一个值为3的整数。这种每次都添加一个常量的做法，虽然可以接受，但是缺点也是非常明显的。

首先，如果在有了很多颜色的时候我们想删除黑色，也就是1，那么我们可以直接把这个常量删除。此时我们需要选择是否把后面的颜色的值减1，如果减1就会很麻烦，不减又容易出错。因为1这个值可能会以数字的方式赋值，而现在1是未定义的颜色。

然后，如果我们想要再给飞机设置颜色属性，飞机的颜色不一定与汽车的颜色通用，这个时候我们需要重新定义很多颜色常量，而且为了区分，常量名前要加上前缀，比如carBlue和planeBlue。

动手写13.3.1

```
01 #include <iostream>
02 using namespace std;
03
04 // 使用常量定义颜色
05 // Author: 零壹快学
06 int main() {
07         // 汽车颜色
08         const int carRed = 0;
09         const int carBlack = 1;
10         const int carBlue = 2;
11         const int carGreen = 3;
12
13         //飞机颜色
14         const int planeGrey = 0;
15         const int planeBlack = 1;
16         const int planeWhite = 2;
17         const int planeBlue = 3;
18
19         int curCarColor = carBlue;
20         cout <<"汽车的颜色值是"<< curCarColor << endl;
21         return 0;
22 }
```

动手写13.3.1很好地展示了我们遇到的问题。所有的颜色常量相互独立，非常难以管理。

显然，独立的整型常量并不是表示这一类状态属性的一种很好的解决方案。而C++的枚举（Enumeration）正是为了解决这一类问题而定义的。

13.3.1　枚举简介

C++中枚举的定义非常简单：

动手写13.3.2

```
01 #include <iostream>
02 using namespace std;
```

```
03  // 使用枚举定义颜色
04  // Author: 零壹快学
05
06  // 汽车颜色
07  namespace Car {
08      enum Color {
09          red,
10          black,
11          blue,
12          green
13      };
14  }
15  //飞机颜色
16  namespace Plane {
17      enum Color {
18          grey,
19          black,
20          white,
21          blue
22      };
23  }
24  int main() {
25          Car::Color curCarColor = Car::blue;
26          cout <<"汽车的颜色值是"<< curCarColor << endl;
27          return 0;
28  }
```

动手写13.3.2将前一个例子中的汽车颜色和飞机颜色用枚举重新定义，每个定义都从“enum”关键字开始，然后是枚举的类型名，这个名字可以像基本类型int那样使用。后面的花括号中定义了枚举的成员，它们的数值初始值默认从0开始累加。我们可以像使用布尔值那样使用枚举的数值，但使用枚举成员的名字语义会更清晰。

需要注意的是，这里为了避免名字冲突，我们还使用了命名空间，以此区分汽车颜色枚举和飞机颜色枚举。一般情况下，这种相近的枚举会定义在不同的类中，而由于类自带不同的命名空间，就不需要多加一个namespace。这些都是还未讲解的问题，在此只是稍做解释。

13.3.2　枚举成员初始化

除了使用枚举默认的初始值之外，我们也可以自定义枚举成员的初始值。

动手写13.3.3

```
01 #include <iostream>
02 using namespace std;
03
04 // 枚举成员初始化
05 // Author: 零壹快学
06 int main() {
07
08         // 尺寸号码
09         enum Size {
10             S = 1,
11             M,
12             L,
13             XL
14         };
15
16         //四季
17         enum Season {
18             spring,
19             summer,
20             autumn,
21             fall = 2, //美式英语的“秋天”，这里仅为展示同值成员的定义
22             winter
23     };
24
25     cout <<"尺寸号码的枚举值"<< endl;
26     cout <<"S: "<< S << endl;
27     cout <<"M: "<< M << endl;
28     cout <<"L: "<< L << endl;
29     cout <<"XL: "<< XL << endl;
30
31     cout <<"四季的枚举值"<< endl;
32     cout <<"spring: "<< spring << endl;
33     cout <<"summer: "<< summer << endl;
```

```
34      cout <<"autumn: "<< autumn << endl;
35      cout <<"fall: "<< fall << endl;
36      cout <<"winter: "<< winter << endl;
37
38      return 0;
39  }
```

动手写13.3.3展示了枚举成员初始值几种不同的定义方法。运行结果如图13.3.1所示：

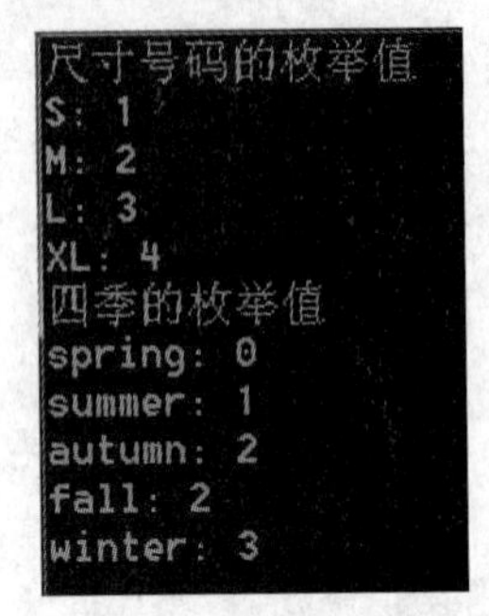

图13.3.1　枚举成员初始化

我们可以看到，自定义初始值的枚举成员后面的其他成员的默认初始值从自定义值开始累加。当我们赋予尺码S值1而不是默认值0的时候，后面的成员也逐个加1。而如果后面又有一个自定义初始值，此后的默认初始值又会重置。我们可以利用这一原理定义相同值却不同名的枚举，比如示例中的autumn和fall。

13.4 小结

在这一章中，我们介绍了异常处理、命名空间和枚举等C++编程语言中的其他语法特性。异常处理可以把错误检测和错误处理的逻辑分离，但是可能会导致内存泄漏。命名空间是在大型程序中管理变量函数名的有效工具，而枚举则可以良好地管理一些相互关联的状态变量。

13.5 知识拓展

typeid操作符

我们在第9章中介绍了dynamic_cast的用法，dynamic_cast可以将一个指向派生类的基类指针转换为派生类的指针，从而可以使用派生类独有的一些变量和操作，并且在转换的过程中我们可以得知转换是否合法。这其中就涉及在运行时判断对象类型的机制，也就是运行时类型信息，即RTTI。除了dynamic_cast之外，另一个与RTTI相关的就是typeid操作符。typeid操作符可以用来判断对象或者表达式的类型。typeid和sizeof一样是操作符而不是函数，在使用typeid的时候最好加上<typeinfo>头文件，这是因为typeid操作符会返回定义在头文件中的typeinfo对象的引用。在这里我们简单介绍typeid的应用，但不会深入讲解RTTI机制的实现。

我们先来看一个关于基本内置类型的示例：

动手写13.5.1

```
01  #include <iostream>
02  #include <typeinfo>
03  using namespace std;
04
05  // 对基本内置类型使用typeid
06  // Author: 零壹快学
07
08  int main() {
09        int a = 3;
10        int b = 4;
11        float c = 1.5f;
12        float d = 2.5f;
13        if ( typeid( a ) == typeid( b ) ) {
14                cout <<"a与b的类型相同"<< endl;
15        }
16        if ( typeid( c ) == typeid( d ) ) {
17                cout <<"c与d的类型相同"<< endl;
18        }
19        if ( typeid( a + b ) == typeid( c ) ) {
20                cout <<"a + b与c的类型相同"<< endl;
21        }
22        if ( typeid( b - c ) == typeid( d ) ) {
23                cout <<"b - c与d的类型相同"<< endl;
24        }
25        return 0;
26  }
```

动手写13.5.1展示了对基本内置类型使用typeid操作符的效果，运行结果如图13.5.1所示：

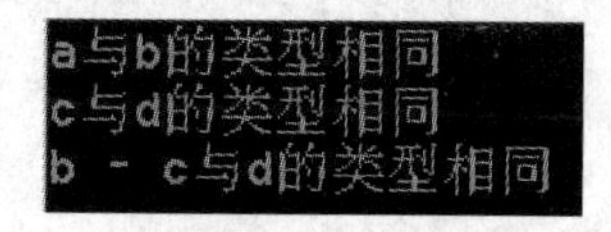

图13.5.1　typeid操作符对基本类型的效果

我们可以看到，整型和浮点型的变量类型都相同，而a+b所得的整型不等于c的浮点类型。b-c由于发生了隐式转换变成了浮点型，导致其结果类型与d相同。

接下来我们再来看看typeid在类继承体系中的作用：

动手写13.5.2

```
01  #include <iostream>
02  #include <typeinfo>
03  using namespace std;
04
05  // typeid在存在虚函数的继承体系中的应用
06  // Author: 零壹快学
07  class Base
08  {
09  public:
10          Base() {}
11          virtual void doSomething() { cout <<"做些什么"<< endl; }
12  };
13  class Derived : public Base
14  {
15  public:
16          Derived() {}
17          virtual void doSomething() { cout <<"做些什么"<< endl; }
18  };
19  int main() {
20          Base *ptr = new Derived();
21          Base *basePtr = new Base();
22          Derived *derivedPtr = new Derived();
23          if ( typeid( ptr ) == typeid( basePtr ) ) {
24                  cout <<"ptr与basePtr的类型相同"<< endl;
25          }
26          if ( typeid( ptr ) == typeid( derivedPtr ) ) {
27                  cout <<"ptr与derivedPtr的类型相同"<< endl;
28          }
29          if ( typeid( *ptr ) == typeid( Base ) ) {
30                  cout <<"*ptr与*basePtr的类型相同"<< endl;
31          }
32          if ( typeid( *ptr ) == typeid( Derived ) ) {
```

```
33                cout <<"*ptr与*derivedPtr的类型相同"<< endl;
34          }
35          return 0;
36  }
```

动手写13.5.2展示了typeid在存在虚函数的继承体系中的应用。运行结果如图13.5.2所示：

```
ptr与basePtr的类型相同
*ptr与*derivedPtr的类型相同
```

图13.5.2　typeid在存在虚函数的继承体系中的应用

我们可以看到，对于指针来说，不管ptr指向什么类型，指针类型都是一开始定义的类型，与basePtr相同。而由于Base和Derived中存在虚函数，使用ptr指向Derived时会有多态的行为，因此typeid可以判断出ptr指向的对象是一个Derived对象。

微信扫码解锁

- 视频讲解
- 拓展学堂

第14章 C++ 11新特性介绍

C++ 11标准是C++历史上的一个重要标准扩展，其中添加了大量新功能，包括auto和decltype、右值引用、列表初始化、long long类型、lambda表达式、区间遍历等，大大简化了一些一直被开发人员诟病的烦琐语法。

14.1 类型推导

C++ 11引入了两个类型推导的关键字：auto和decltype。类型推导的意思就是我们在编写程序的时候先用这些关键字占着位，从而表示变量的类型，然后编译器会在编译的时候根据类型推导的规则自动填入应有的类型名。这样不仅程序员不用费心写对一些带有模板和作用域操作符的冗长类型名，也可以使C++代码更干净、更易读。

14.1.1 auto关键字

auto关键字的作用是推导出一个变量初始化表达式中变量的类型。

动手写14.1.1

```
01 #include <iostream>
02 #include <vector>
03 using namespace std;
04
05 // auto关键字
06 // Author: 零壹快学
07 int main() {
08         vector<int> vec;
09         cout <<"请输入5个vector元素: "<< endl;
10         for ( int i = 0; i < 5; i++ ) {
11                 int num = 0;
12                 cin >> num;
```

```
13                  vec.push_back(num);
14          }
15          cout <<"遍历vector: "<< endl;
16          // 定义特定类型的迭代器并初始化为
17          // 指向容器第一个元素的迭代器begin()
18          auto it = vec.begin();
19          // end()返回指向容器最后一个元素的后一个元素的迭代器
20          for ( ; it != vec.end(); it++ ) {
21                  // 把迭代器看作指针，解引用
22                  cout << *it << endl;
23          }
24          return 0;
25  }
```

动手写14.1.1展示了auto关键字的用法。我们可以看到，auto替代了迭代器的类型名，编译器可以通过赋值运算符右边的返回值类型推定it的类型，这样使得迭代器的定义更简略，程序员也不需要思考要指定什么类型的迭代器。auto类型的推断发生在编译时，所以出现无法推断的情况时编译器会报出编译错误。

动手写14.1.2

```
01  #include <iostream>
02  using namespace std;
03
04  // 不能使用auto的例子
05  // Author: 零壹快学
06  int max(auto a, int b) {
07          return a > b ? a : b;
08  }
09  class myclass {
10  public:
11          auto val;
12  };
13  int main() {
14          auto num;
15          auto arr[5] = { 1, 2, 3, 4, 5 };
16          return 0;
17  }
```

动手写14.1.2展示了几种不能用auto推导出类型的例子，编译器会产生如图14.1.1所示的错误：

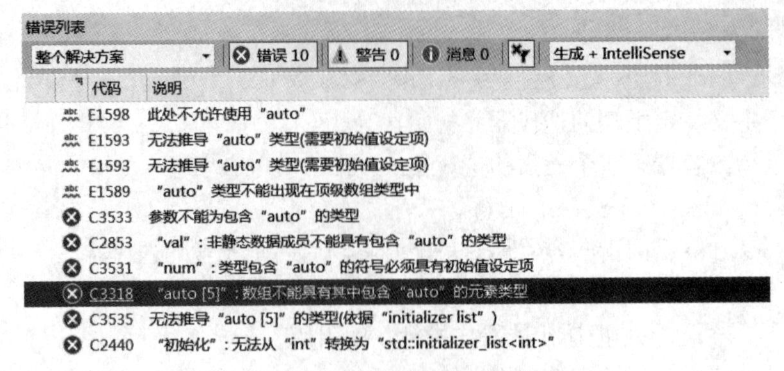

图14.1.1　不能使用auto的情况

我们可以看到，没有初始化的变量（包括成员变量）是不能使用auto的，因为编译器需要赋值操作符右边的表达式来推断auto代表的类型，没有初始化的话就没有足够的信息。函数的参数也不能使用auto，尽管在这里返回值和另一个参数的类型都是确定的。另外，数组也不能声明为auto类型。

14.1.2　decltype关键字

decltype关键字与auto相反，它不需要给变量初始化，而是将别的变量的类型推导出来并拷贝给当前的变量。这类似于Word里面的格式刷和画图软件里的取色器。

动手写14.1.3

```
01  #include <iostream>
02  #include <vector>
03  using namespace std;
04
05  // decltype的用法
06  // Author: 零壹快学
07  int main() {
08          vector<int> vec(3, 0);
09          typedef decltype(vec.begin()) ItType;
10          ItType it;
11          for ( it = vec.begin(); it != vec.end(); it++ ) {
12                  cout << *it <<"";
13          }
14          cout << endl;
15          return 0;
16  }
```

动手写14.1.3展示了decltype的用法。我们使用decltype取得了vector迭代器的类型，再用它来定义一个迭代器，而这个时候我们就不需要初始化迭代器了，因为类型在decltype返回的时候就确定了。

decltype的一个常见用法是获取类成员的类型来定义其他变量，由于类成员的类型可能会在之后修改，这样可以起到将两者的类型绑定的效果，因此我们只需要更改类定义即可。

动手写14.1.4

```
01  #include <iostream>
02  using namespace std;
03
04  // 用decltype绑定成员类型
05  // Author: 零壹快学
06  struct Person {
07          int id;
08          string name;
09          // 电话号码以后可能会因为长度限制改成字符串类型
10          int phoneNum;
11  };
12  int main() {
13          Person p;
14          p.id = 2;
15          p.name = "小张";
16          p.phoneNum = 123456;
17          cout <<"请输入电话号码: "<< endl;
18          decltype( Person::phoneNum ) num;
19          cin >> num;
20          if ( num == p.phoneNum ) {
21                  cout <<"电话号码与记录匹配! "<< endl;
22          }
23          return 0;
24  }
```

动手写14.1.4展示了用decltype绑定成员类型的用法，运行结果如图14.1.2所示：

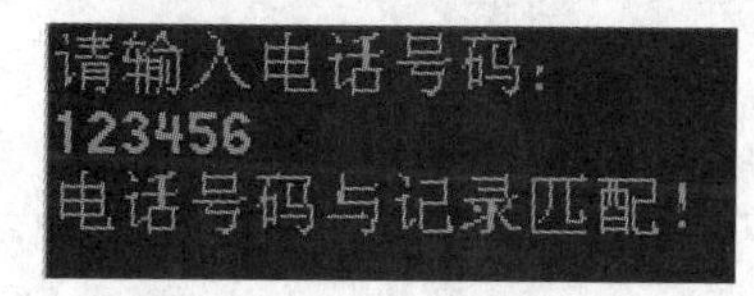

图14.1.2　用decltype绑定成员类型

在示例中，我们用Person类中电话号码的类型定义了num，这样就算电话号码的类型在之后改成了string，我们也不需要修改num的类型。

14.2 区间迭代

我们知道，C++的for循环的头部是相当烦琐的，不仅需要定义计数器并赋初值，还要给定循环终止条件并指定计数器的步进方式。这当然给了程序员相当高的灵活性来写出各种各样的循环，但是在大多数情况下，我们想要的循环往往就只是遍历一个数组或容器而已。为了简化这一种常见的循环情景，C++ 11引入了区间迭代（Range-based for Loop）。

动手写14.2.1

```
01  #include <iostream>
02  #include <vector>
03  #include <set>
04  using namespace std;
05
06  // 区间迭代
07  // Author: 零壹快学
08  int main() {
09          cout <<"打印数组: "<< endl;
10          int arr[5] = { 0, 1, 2, 3, 4 };
11          for ( int num : arr ) {
12                  cout << num <<"";
13          }
14          cout << endl;
15          cout <<"打印vector: "<< endl;
16          vector<int> vec = { 0, 1, 2, 3, 4 };
17          for ( int num : vec ) {
18                  cout << num <<"";
19          }
20          cout << endl;
21          cout <<"打印set: "<< endl;
22          set<int> set1;
23          set1.insert(3);
24          set1.insert(1);
25          set1.insert(2);
```

```
26        for ( int num : set1 ) {
27                cout << num <<"";
28        }
29        cout << endl;
30        return 0;
31 }
```

动手写14.2.1展示了区间迭代的语法。运行结果如图14.2.1所示：

图14.2.1　区间迭代

我们可以看到，区间迭代适用于数组、顺序容器、关联容器等，而且语法十分简略。所谓区间迭代，就是指定一个代表容器元素的变量，然后在编译的时候编译器会自动将这一个循环头部扩展成等价的普通for循环。这样一来，我们在遍历的时候不需要担心容器的边界在哪，只需要关心容器元素的名字和类型，甚至在我们使用auto的时候还可以不需要关心容器元素的类型。

动手写14.2.2

```
01 #include <iostream>
02 #include <vector>
03 using namespace std;
04 
05 // 使用auto简化区间迭代
06 // Author: 零壹快学
07 int main() {
08        cout <<"打印vector: "<< endl;
09        vector<vector<int>> vecVec = { {0, 1}, {1, 2}, {2, 3}, {3,
          4}, {4, 5} };
10        for ( const auto &vec : vecVec ) {
11                for ( const auto &num : vec ) {
12                        cout << num <<"";
13                }
14                cout << endl;
15        }
16        return 0;
17 }
```

动手写14.2.2展示了使用auto进一步简化区间迭代的例子，运行结果如图14.2.2所示：

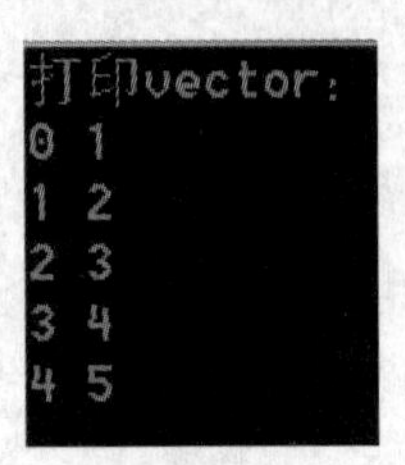

图14.2.2　使用auto简化区间迭代

我们可以看到，在使用auto关键字遍历嵌套vector的时候，我们不需要考虑元素的类型是什么，这样大大节省了编程的时间。

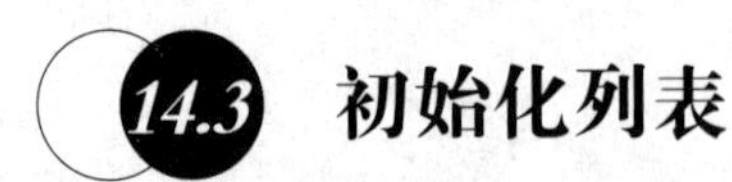

14.3 初始化列表

在C++ 98标准中，只有数组可以使用花括号包含的初始化列表方便地初始化，而对于vector的初始化，我们需要采用如下的形式：

动手写14.3.1

```
01 #include <iostream>
02 #include <vector>
03 using namespace std;
04
05 // 用数组初始化vector
06 // Author: 零壹快学
07 int main() {
08       cout <<"打印vector: "<< endl;
09       int myints[] = { 10, 20, 30, 30, 20 };
10   std::vector<int> vec(myints, myints+5);
11       for ( const auto &num : vec ) {
12              cout << num <<"";
13       }
14       cout << endl;
15       return 0;
16 }
```

动手写14.3.1展示了间接使用初始化列表初始化vector，而在C++ 11中，我们可以直接初始化vector和其他容器。在上一节中我们其实就已经在示例中用到了这种形式：

动手写14.3.2

```
01 #include <iostream>
02 #include <string>
03 #include <vector>
04 #include <map>
05 using namespace std;
06
07 // 初始化列表
08 // Author: 零壹快学
09 int main() {
10         // 省略赋值操作符的形式
11         std::vector<int> vec{ 10, 20, 30, 30, 20 };
12         cout <<"打印vector: "<< endl;
13         for ( const auto &num : vec ) {
14                 cout << num <<"";
15         }
16         cout << endl;
17         // 多重结构容器
18         map<int, string> m = {{1, "零"}, {2, "壹"}, {3, "快"}, {4, "学"}};
19         cout <<"打印map: "<< endl;
20         for ( const auto &p : m ) {
21                 cout << p.first <<""<< p.second << endl;
22         }
23         // 字符串也适用
24         string str{"Hello World"};
25         cout <<"打印字符串: "<< endl;
26         cout << str << endl;
27         return 0;
28 }
```

动手写14.3.2展示了初始化列表的使用。运行结果如图14.3.1所示：

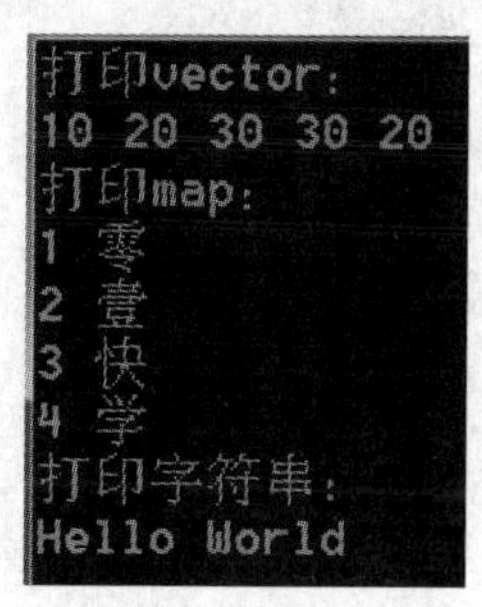

图14.3.1　初始化列表

我们可以看到，初始化列表适用于各种容器，也可以用花括号嵌套的形式初始化map或者vector的vector之类的复合容器，在使用的时候我们可以省略赋值操作符。这些标准库的容器都是类，因此初始化列表也适用于用户自定义的类型，但是在这里的类必须是聚合类型。聚合类型的判定有一套完整的规则，这里我们只需要知道最基本的全数据struct是聚合类型就行了。

动手写14.3.3

```
01  #include <iostream>
02  #include <string>
03  #include <vector>
04  using namespace std;
05
06  // 聚合类型和初始化列表
07  // Author: 零壹快学
08  struct Name {
09          string firstName;
10          string lastName;
11  };
12  struct Person {
13          Name name;
14          int age;
15          string occupation;
16  };
17  int main() {
18          vector<Person> people = { {{"玛丽", "苏"}, 19, "学生"},
19                                    {{"杰克", "华伦天奴"}, 22, "总裁"},
20                                    {{"托尼", "李"}, 25, "造型师"} };
21          cout <<"打印vector: "<< endl;
22          for ( const auto &person : people ) {
23                  cout <<"姓名: "<< person.name.firstName <<"·"<< person.
                    name.lastName << endl;
24                  cout <<"年龄: "<< person.age << endl;
25                  cout <<"职业: "<< person.occupation << endl;
26                  cout << endl;
27          }
28          return 0;
29  }
```

动手写14.3.3展示了用初始化列表创建聚合类型。运行结果如图14.3.2所示：

```
打印vector:
姓名: 玛丽·苏
年龄: 19
职业: 学生

姓名: 杰克·华伦天奴
年龄: 22
职业: 总裁

姓名: 托尼·李
年龄: 25
职业: 造型师
```

图14.3.2　聚合类型

14.4 Lambda表达式

在之前的章节中，我们介绍过STL中的排序函数sort()可以将一个容器之中的元素排序，排序时需要比较两个元素之间的相对大小，我们可以使用比较函数，也可以使用函数对象。

在很多情况下，我们在STL算法中所需要的只是一个小函数，并且可能只用一次，其实我们可以用一种匿名函数来实现这样的需求，这种匿名函数也叫作Lambda表达式。

动手写14.4.1

```
01 #include <iostream>
02 #include <vector>
03 #include <algorithm>
04 using namespace std;
05
06 // Lambda表达式
07 // Author: 零壹快学
08 int main() {
09       vector<int> vec = { 3,5,7,4,8,9,0,2,1,6 };
10       cout <<"打印vector: "<< endl;
11       for ( int i = 0; i < vec.size(); i++ ) {
12             cout << vec[i] <<"";
13       }
14       cout << endl;
15       sort(vec.begin(), vec.end(), [](int a, int b) { return a > b; });
16       cout <<"打印排序后的vector: "<< endl;
17       for ( int i = 0; i < vec.size(); i++ ) {
18             cout << vec[i] <<"";
19       }
```

```
20         cout << endl;
21         return 0;
22  }
```

动手写14.4.1展示了Lambda表达式的使用，运行结果如图14.4.1所示：

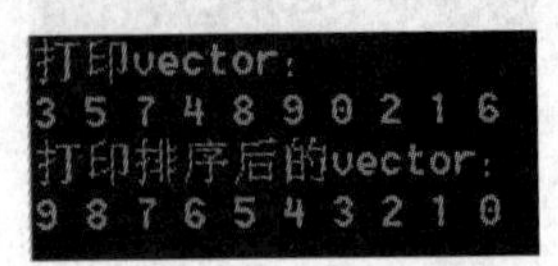

图14.4.1　Lambda表达式

我们可以看到，通过使用Lambda表达式，我们可以在需要函数的地方直接定义一个简单的匿名函数，函数名用方括号代替，而返回值则是通过编译器的推导来决定的。

Lambda表达式还有很多种变化形式，在这里我们就只讲解最基本的应用，其余的内容不多阐述，感兴趣的读者可以查阅相关的资料。

14.5 小结

在这一章中，我们介绍了C++ 11标准引入的几个新语法功能。类型推导让我们省去了书写烦琐模板类型名和查看函数返回值类型的功夫，区间迭代使得基本功能的for循环更加简洁，初始化列表让我们不需要再一个个地初始化对象中的元素，而Lambda表达式则提供了一种快速编写简易的一次性函数的工具。

14.6 知识拓展

override和final

C++ 11添加了两个有助于编写高质量类定义的关键字：override和final。我们知道，在写派生类版本虚函数的时候，必须保证函数签名与基类中的虚函数一致，不然由于函数重载的存在，我们将会声明出新的普通成员函数或虚函数。

动手写14.6.1

```
01  #include <iostream>
02  using namespace std;
03
04  // 派生类写错虚函数签名
05  // Author: 零壹快学
```

```
06 // 交通工具
07 class Vehicle
08 {
09 public:
10       Vehicle() {}
11       virtual void move(int dist) { cout <<"交通工具行驶"<< dist <<
         "公里"<< endl; }
12 };
13 // 飞机
14 class Airplane : public Vehicle
15 {
16 public:
17       Airplane() {}
18       virtual void move(float dist) { cout <<"飞机飞行"<< dist <<"公
         里"<< endl; }
19 };
20 // 喷气式飞机
21 class Jet : public Airplane
22 {
23 public:
24       Jet() {}
25       virtual void move(float dist) { cout <<"喷气式飞机飞行"<< dist
         <<"公里"<< endl; }
26 };
27 // 汽车
28 class Car : public Vehicle
29 {
30 public:
31       Car() {}
32       virtual void move(int dist) { cout <<"汽车行驶"<< dist <<"公里"
         << endl; }
33 };
34 int main() {
35       Vehicle *vehicle = new Airplane();
36       vehicle->move(2);
37       delete vehicle;
38       vehicle = new Car();
39       vehicle->move(3);
```

```
40          delete vehicle;
41          Airplane *planePtr = new Jet();
42          planePtr->move(1.5);
43          delete planePtr;
44          return 0;
45  }
```

动手写14.6.1展示了在函数签名不一致的情况下，我们并没有实现派生类版本的虚函数，而是重新定义了一个从这个派生类开始存在的虚函数，并可以被它的派生类调用。运行结果如图14.6.1所示：

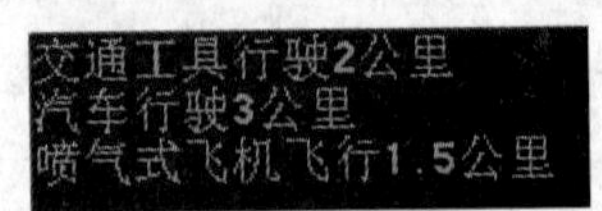

图14.6.1 函数签名不一致的虚函数

为了防止这种情况发生，我们可以使用C++ 11的新关键字override。override明确表示了一个派生类函数是对基类中一个虚函数的继承实现，而且它会检查基类虚函数和派生类虚函数签名不匹配的问题。如果签名不匹配，编译器会产生错误信息。

动手写14.6.2

```
01  #include <iostream>
02  using namespace std;
03
04  // override关键字的应用
05  // Author: 零壹快学
06  // 交通工具
07  class Vehicle
08  {
09  public:
10      Vehicle() {}
11      virtual void move(int dist) { cout <<"交通工具行驶"<< dist
         <<"公里"<< endl; }
12  };
13  // 飞机
14  class Airplane : public Vehicle
15  {
16  public:
17      Airplane() {}
18      // 函数签名与基类中的虚函数不一致
19      virtual void move(float dist) override { cout <<"飞机飞行"<< dist
         <<"公里"<< endl; }
```

```
20 };
21 // 喷气式飞机
22 class Jet : public Airplane
23 {
24 public:
25     Jet() {}
26     virtual void move(float dist) { cout <<"喷气式飞机飞行"<< dist
       <<"公里"<< endl; }
27 };
28 // 汽车
29 class Car : public Vehicle
30 {
31 public:
32     Car() {}
33     // 函数签名与基类中的虚函数一致
34     virtual void move(int dist) override { cout <<"汽车行驶"<< dist
       <<"公里"<< endl; }
35 };
36 int main() {
37     Vehicle *vehicle = new Airplane();
38     vehicle->move(2);
39     delete vehicle;
40     vehicle = new Car();
41     vehicle->move(3);
42     delete vehicle;
43     Airplane *planePtr = new Jet();
44     planePtr->move(1.5);
45     delete planePtr;
46     return 0;
47 }
```

动手写14.6.2展示了使用了override后的情况，由于函数签名不匹配，编译器会产生如图14.6.2所示的编译错误：

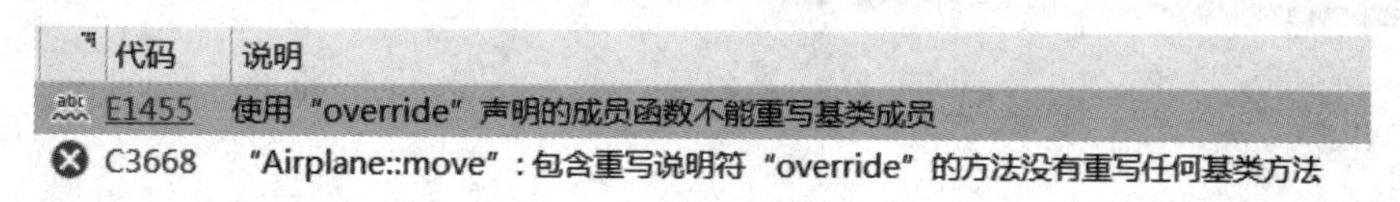

代码	说明
E1455	使用 "override" 声明的成员函数不能重写基类成员
C3668	"Airplane::move"：包含重写说明符 "override" 的方法没有重写任何基类方法

图14.6.2　强制检查函数签名

C++ 11添加的另一个关键字是final，它有两个用途：一是可以阻止从类继承出派生类，二是可以阻止一个虚函数在派生类中被重新实现。

动手写14.6.3

```
01  #include <iostream>
02  using namespace std;
03
04  // final关键字的应用
05  // Author: 零壹快学
06  class Base final
07  {
08  public:
09          Base() {}
10          void doSomething() { cout <<"做些什么"<< endl; }
11  };
12  class Derived : Base
13  {
14  public:
15          Derived() {}
16  };
17  // 交通工具
18  class Vehicle
19  {
20  public:
21          Vehicle() {}
22          virtual void move() final { cout <<"交通工具行驶"<< endl; }
23  };
24  // 飞机
25  class Airplane : public Vehicle
26  {
27  public:
28          Airplane() {}
29          virtual void move() { cout <<"飞机飞行"<< endl; }
30  };
31  int main() {
32          Vehicle *vehicle = new Airplane();
33          vehicle->move();
34          delete vehicle;
35          return 0;
36  }
```

动手写14.6.3展示了关键字final的应用，运行时会产生如图14.6.3所示的编译错误：

代码	说明
E1904	不能将 “final” 类类型用作基类
E1850	无法重写 “final” 函数 "Vehicle::move" (已声明 所在行数:22)
C3246	“Derived”：无法从 “Base” 继承，因为它已被声明为 “final”
C3248	“Vehicle::move”：声明为 “final” 的函数无法被 “Airplane::move” 重写

图14.6.3　final关键字的应用

我们可以看到，Base后面的final关键字阻止了Derived从Base中继承，而Vehicle中move()函数签名后的final则防止了虚函数被派生类Airplane重新实现。

微信扫码解锁

· 视频讲解

· 拓展学堂

第 15 章 实用开发技巧

15.1 Visual Studio调试技巧

Visual Studio作为一款主流的IDE，有许多可以帮助开发人员提高开发效率的工具。调试在开发中一直都是一项耗时耗精力的工作，下面就让我们来看看Visual Studio为我们提供了哪些有用的调试工具吧。

15.1.1 调试指令

在第2章中我们就提到了如何使用Visual Studio调试，现在让我们回顾一下之前提到的调试指令并进行一些补充。

编译程序后点击如图15.1.1中的“开始调试”，或者按F5进入调试界面。在调试之前需要在代码左侧的断点区域单击设置断点。

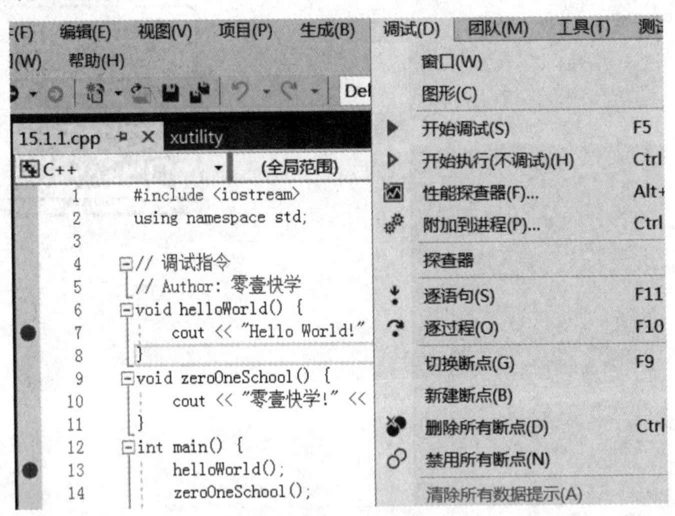

图15.1.1　开始调试

进入调试界面后会自动跳转到main()函数中设置的断点处，如图15.1.2所示。如果没有设置断点，程序会执行结束。

```
10        cout << "零壹快学!" << endl;
11    }
12    int main() {
13        helloWorld();
14        zeroOneSchool();
15        return 0;
```

图15.1.2 触发断点

点击“继续”或按F5将会跳转到下一个断点（如图15.1.3所示）或者结束程序。在我们清楚地知道程序中的哪些地方可能出错的情况下，只需继续调试就可以让我们快速地定位到异常的地方。

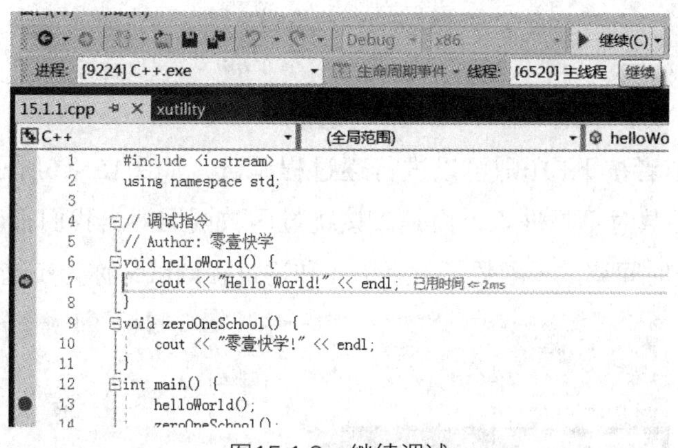

图15.1.3 继续调试

当断点在函数内部的时候，点击“跳出”或者按下Shift+F11就可以跳出函数，如图15.1.4所示。如果没有发现当前函数有问题，我们就可以跳出函数，查看函数的返回值或者继续步进调试。

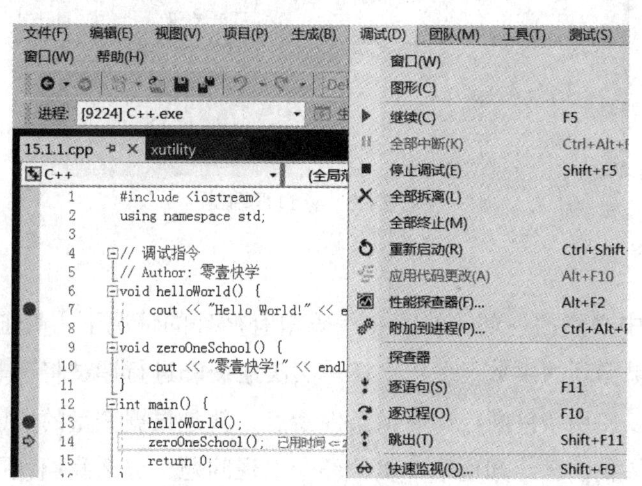

图15.1.4 跳出函数

点击“逐语句”或者按下F11可以进行逐语句调试，如图15.1.5所示。逐语句调试可以让我们一行一行地调试或者跳入函数之中。之前程序执行到了“zeroOneSchool()”一行，由于函数之中可能会有多个语句，因此逐语句命令就会跳转到函数体中，继续遍历函数中的每个语句。

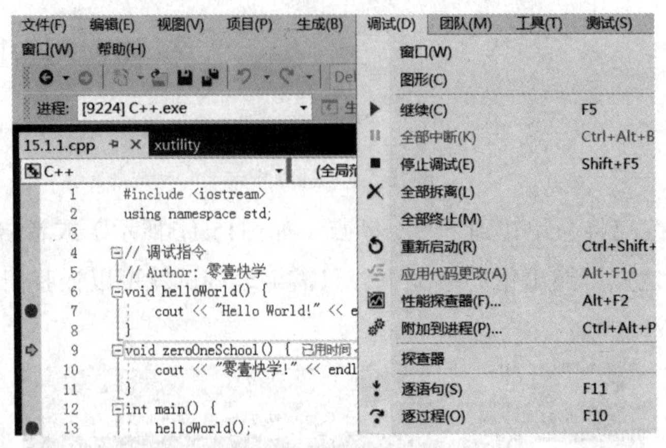

图15.1.5 逐语句调试

点击“逐过程”或者按下F10则可以进行逐过程调试，如图15.1.6所示。逐过程调试与逐语句调试不同，它遇到函数时不是进入，而是直接跳过函数调用。当我们很确定问题就在当前函数时，就不需要再额外花时间调试子函数了。逐语句和逐过程调试又称为步进调试。

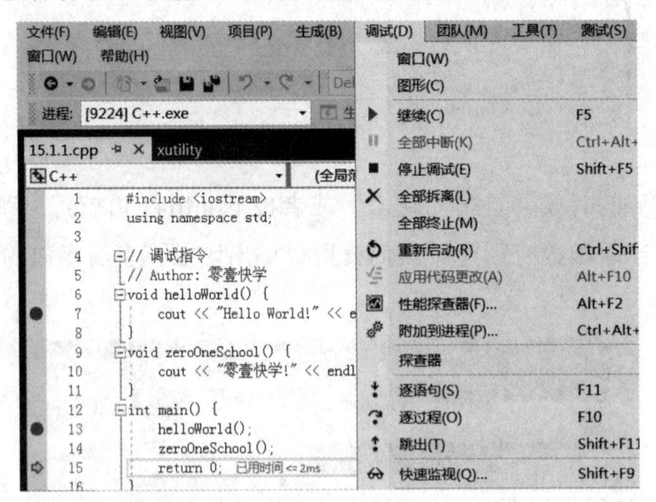

图15.1.6 逐过程调试

15.1.2 条件断点

设置断点是调试中必然的一环，然而在代码中有循环的情况下，普通的断点会在每次循环中都让程序停下，如果循环的次数很多，这样一次次地按F5进行调试将会非常没有效率。想要解决这个问题，我们可以使用条件断点。所谓条件断点，就是根据变量的值或者循环的次数来决定是否触发的断点。如果我们已经知道第十次循环会出现问题，那么我们就可以设置相应的条件断点，让程序在前9次循环中都忽略断点。

要设置条件断点，我们可以在设置完普通断点之后右键点击断点并选择“条件”，如图15.1.7所示。

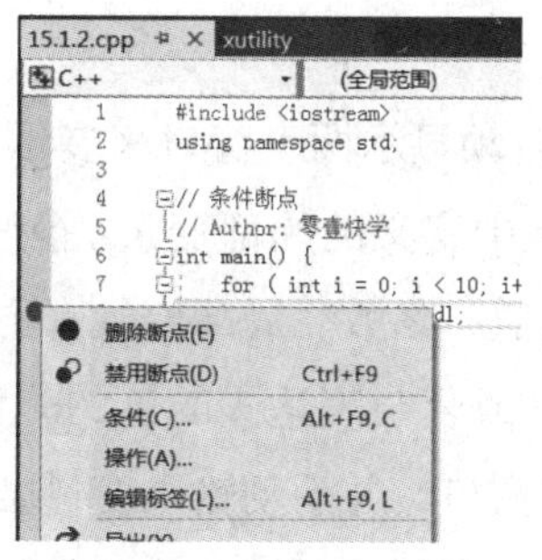

图15.1.7　设置条件断点

如图15.1.8所示，我们给断点设置了“i == 5”的条件。在开始调试之后，程序不会在每次循环的时候都停在断点处，而是会等到“i == 5”成立的时候，才会触发断点，使程序停下，这样我们就省去了频繁按F5的操作，并节省了许多时间。

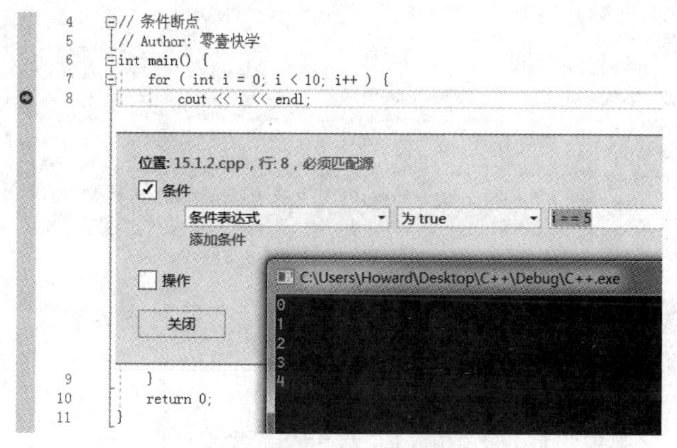

图15.1.8　触发条件断点

对于条件断点，我们也可以用命中次数来触发。这里说的命中次数是程序到达当前断点的次数。如图15.1.9所示，我们将“条件”设置下的第一个选项栏选择为“命中次数”，然后指定次数为5，这样程序就会在第五次命中断点的时候停下，也就是i等于4的时候。这种方式与设置条件表达式类似，只是我们就不需要关注要用哪个变量或怎么设置表达式了。

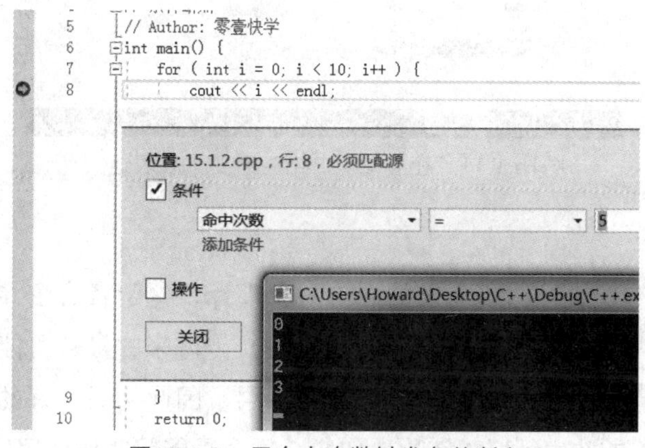

图15.1.9　用命中次数触发条件断点

15.1.3 手动查看变量

在调试的时候，Visual Studio会自动显示两个窗口来展示当前程序状态下各变量的值。其中的“局部变量”窗口会展示当前作用域中定义的局部变量，而“自动窗口”则会显示一些大多数情况下够用的变量值，比如函数的返回值、参数、局部变量、全局变量等。

但如果我们想要查看其他的变量或复杂表达式的值的时候，这两个窗口就不够用了。在这个时候我们可以打开调试窗口中的监视窗口，并手动输入变量名或表达式来查看它们的值。

如图15.1.10所示，我们在“调试→窗口→监视”找到并打开监视窗口。

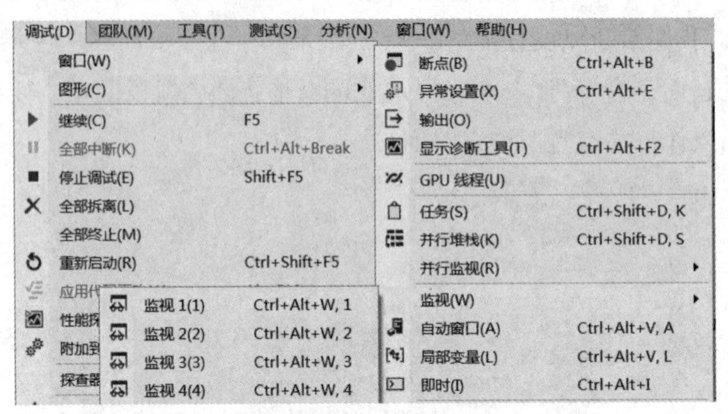

图15.1.10 打开监视窗口

在监视窗口中双击空白行的名称就可以输入要观察的变量名或表达式，如图15.1.11所示。

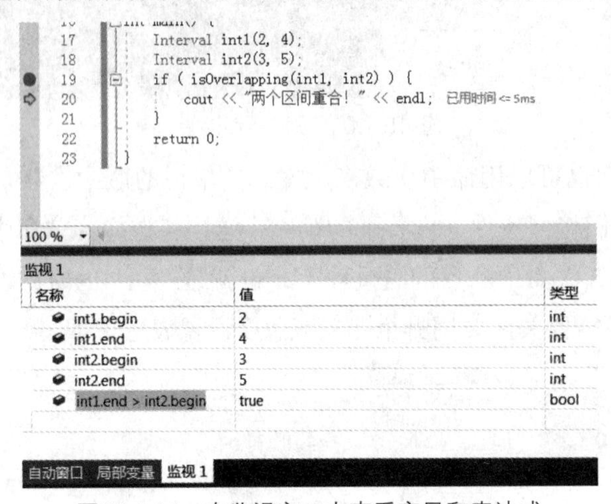

图15.1.11 在监视窗口中查看变量和表达式

15.1.4 调用栈

大型程序往往都具有层级结构或复杂的面向对象设计，这两者有个共通点，那就是函数调用的层数可能会很多，在某个函数中的断点触发的时候，传进来的参数可能就已经出错了。这个时候我们就需要跳回到之前一层的函数，甚至更前的一层。因此，一个好的调试器也需要追踪函数的调用层数，使程序员能够在内外层之间快速切换，这个功能就叫作调用栈（Call Stack）。

Visual Studio提供的调用栈非常方便，通过鼠标点击函数名就可以来回切换。

开始调试之后，在Visual Studio的右下角可以点选“调用堆栈”窗口，以查看当前断点所在函数的调用层级，然后就可以得知从main()函数开始是如何调用到当前函数的，如图15.1.12所示。

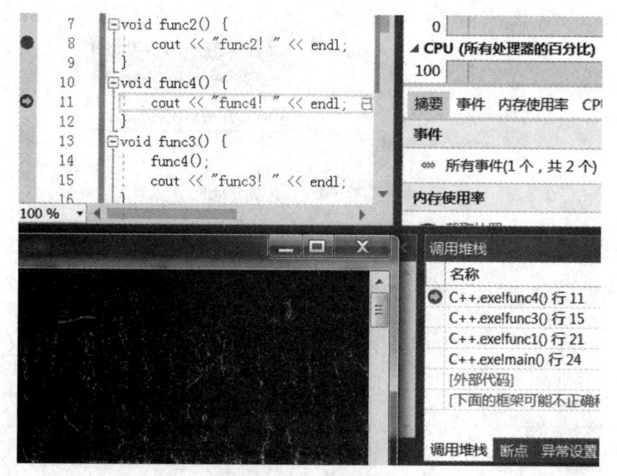

图15.1.12　调用栈

通过点选“调用堆栈”窗口的函数名称，我们可以切换到外层函数中去，如图15.1.13所示。有时一些外层函数的变量对于调试也很有帮助，我们可以这样很方便地切换出去。

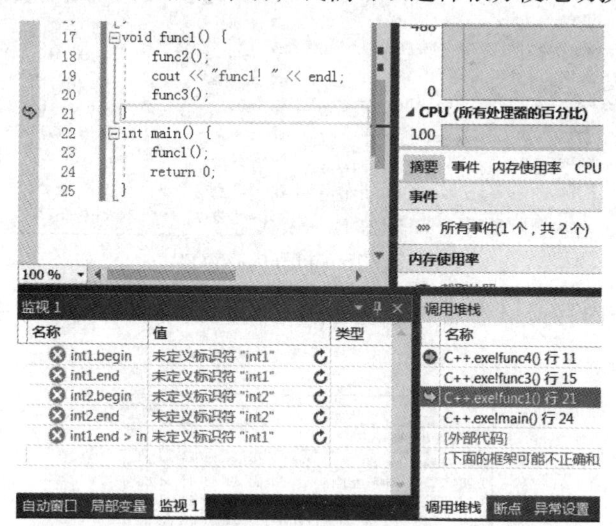

图15.1.13　函数切换

15.1.5　内存查看

C++是一种侧重底层实现的编程语言。在编写有关位运算、数组、指针等底层功能的程序时，变量查看窗口只能显示数字和字符串，并不能给予我们很好的工具支持。对于这些偏底层的操作，看二进制或十六进制也许会更直观，而Visual Studio中的内存查看窗口就提供了可以让我们直接以十六进制查看某地址附近的内存的功能。

如图15.1.14所示，我们通过将鼠标悬停在对象名list之上，获取头节点的地址0x00485eb8和下一个节点的地址0x00485e80。

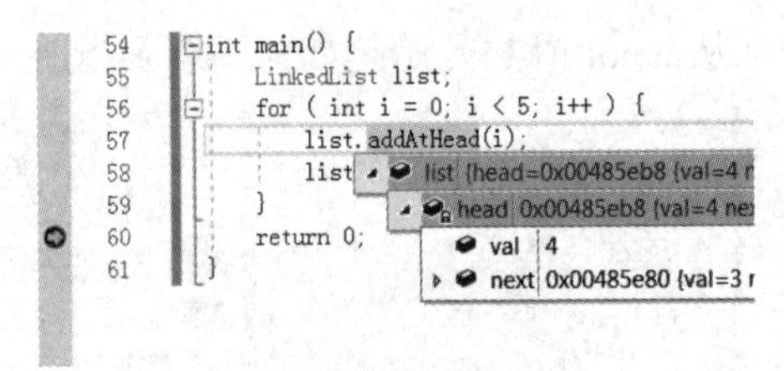

图15.1.14　获取地址

如图15.1.15所示，我们在“调试→窗口→内存”中找到并打开内存窗口。

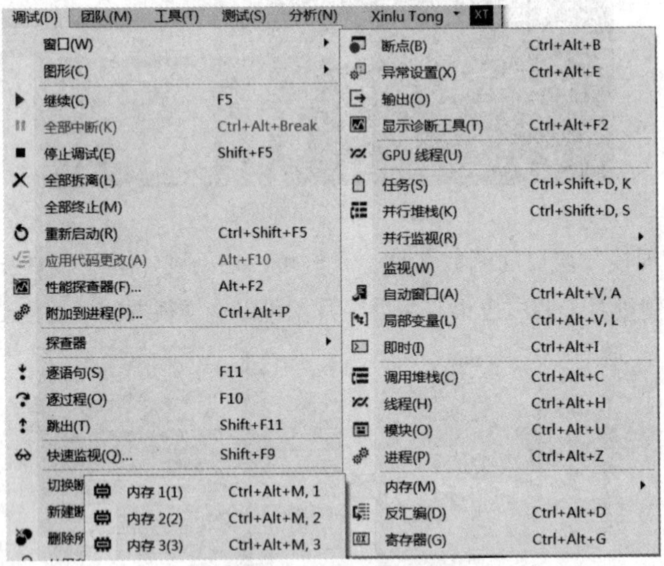

图15.1.15　打开内存窗口

打开内存窗口并在内存窗口中输入地址之后，我们就可以看到节点中的值了，如图15.1.16所示。

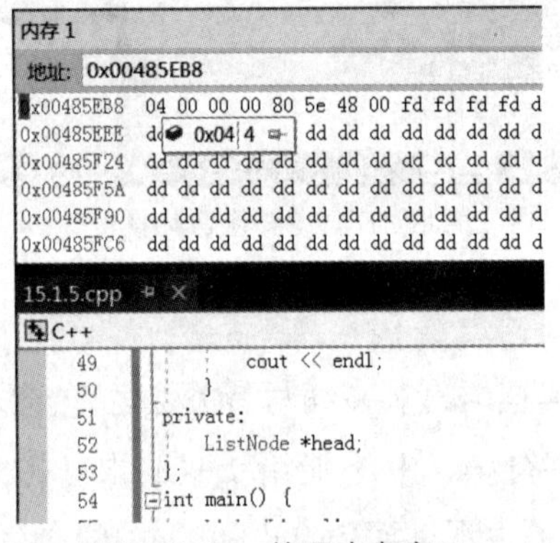

图15.1.16　使用内存窗口

如图15.1.17所示，我们也可以通过复制粘贴的方式从变量查看窗口获取地址。我们可以看到值为4的节点的后一个节点的值是3。

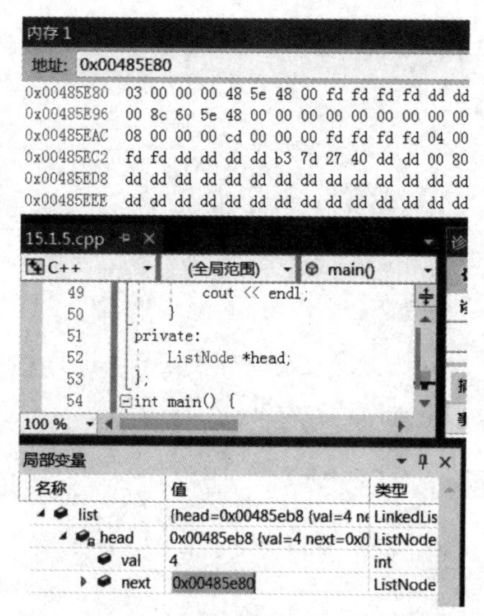

图15.1.17　从变量查看窗口获取地址

15.2 调试方法论

在调试的时候，除了工具的辅助之外，我们在头脑中也需要具备一定的指导思想或者“套路”。很多时候我们在调试上花了过多时间，都是因为我们没有掌握正确的调试方法。

15.2.1　静态检查

防患于未然，在一开始就把bug的火苗扑灭永远是最容易的做法。因此，与其花时间调试，不如避免错误，进行静态检查。所谓静态检查，就是过一遍代码，检查有哪些可能会导致错误但不一定现在就导致的问题。静态检查可以是人工的，也可以借助静态分析工具，比如Klocwork。我们可以一边写代码一边注意这些问题，也可以在编译前整体地查验一遍。下面我们来看一下C++中常见的容易导致错误的陷阱。

首先是初始化的问题。我们知道，使用未初始化的指针或者变量是很危险的，因为我们根本不知道它们的初值会是什么，在被使用的时候会有什么效果。本书中使用的VS2017的默认配置将会对未初始化变量的使用报错。

其次，还有一个最容易犯的错误就是在动态分配内存之后忘记释放内存，进而导致内存泄漏。虽然也有一些检测调试内存泄漏的工具，但还是一开始就做好防范的效率更高。在一些情况下，我们也可以采用全局内存池（Memory Pool）的设计，感兴趣的读者可以参考相关的资料。

另外一个容易犯的关于逻辑表达式的错误就是将相等操作符“==”误写成赋值操作符“=”。

动手写15.2.1

```
01 #include <iostream>
02 using namespace std;
03
04 // ==和=
05 // Author: 零壹快学
06 int main() {
07         int num = 3;
08         if ( num = 4 ) {
09                 cout <<"num等于4! "<< endl;
10         }
11         if ( 4 = num ) {
12                 cout <<"num等于4! "<< endl;
13         }
14         return 0;
15 }
```

动手写15.2.1展示了将相等操作符误写成赋值操作符的情况。本来是判断num是否为4的代码，结果变成了把4赋值给num再判断num是否不为0。为了避免这种情况，我们可以将4写在左边，这样就算我们误写了，编译器也会报错，因为左值不能为常量。

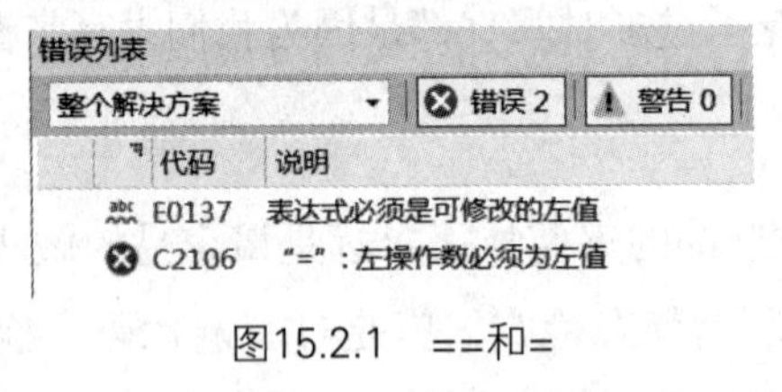

图15.2.1 ==和=

在使用数组或者vector的时候，越界也是一个常见的错误。

动手写15.2.2

```
01 #include <iostream>
02 using namespace std;
03
04 // 数组越界
05 // Author: 零壹快学
06 int main() {
07         int arr[10] = { 1, 2, 3, 4, 5, 6, 7, 8, 9, 10 };
08         for ( int i = 0; i <= 10; i++ ) {
09                 cout << arr[i] <<"";
10         }
```

```
11          cout << endl;
12          return 0;
13  }
```

动手写15.2.2展示了数组越界的问题，运行结果如图15.2.2所示：

```
1 2 3 4 5 6 7 8 9 10 -858993460
```

图15.2.2　数组越界

我们可以看到，本程序中循环的上限弄错了，数组有10个元素，但是程序打印了11个元素，超出数组范围以后就会获取内存中原有的垃圾数据，这可能会导致程序出现严重的异常。

动手写15.2.3

```
01  #include <iostream>
02  using namespace std;
03
04  // 返回局部对象的引用
05  // Author: 零壹快学
06  struct Interval {
07          Interval(int b, int e): begin(b), end(e) {}
08          int begin;
09          int end;
10  };
11  Interval &buildInterval(int b, int e) {
12          Interval intv(b, e);
13          return intv;
14  }
15  int main() {
16          Interval intv = buildInterval(1, 2);
17          cout << intv.begin <<""<< intv.end << endl;
18          return 0;
19  }
```

动手写15.2.3展示了返回局部对象引用的情况。运行结果如图15.2.3所示：

图15.2.3　返回局部对象引用

在这个示例中，虽然程序还是打印出了正确的值，但是返回局部对象的引用还是很危险的，因为返回值对象存放的内存已经释放，之后随时都有可能被新分配的对象占用，改成别的值。这里能够打印出正确的值只是凑巧而已。

15.2.2 科学的调试方法

静态检查只能捕获一部分可能导致bug的代码模式，而在实际开发中我们还是必须花费大量的时间和精力依靠断点和其他的工具来调试程序。

许多初学者可能犯的一个错误就是胡乱地用蛮力调试，或者随意地修改参数，凭着侥幸心理希望异常能够立刻消失。这在某些情况下可能是有用的，但并不能解决根本问题，很可能在之后修改代码时又出现同样的问题，而且因为没有理解问题的根本所在，所以我们也没有学到任何正确的调试知识。

坚持采用科学的调试方法是非常有必要的。虽然这增加了调试时的思考负担，但实际上能节省不少的时间和精力。

bug一般都出现在程序的结果中，表现为屏幕、文件输出的数据或图像不正确，又或者是运行时发生了崩溃。发生崩溃还是比较容易解决的，因为IDE往往可以直接通过调试器定位到发生崩溃的地方，从而直接找到bug的根本原因（Root Cause）。

如果是程序的输出出现了问题，那么第一步我们要能够稳定地重现（Reproduce）bug，然后去寻找bug的根本原因。因为如果第一次添加断点调试就能够找到根本原因，而第二次却不能重现bug的话，我们也不会知道在修正了根本原因以后，bug到底是不是因为我们的修改而消失的。

动手写15.2.4

```
01 #include <iostream>
02 using namespace std;
03
04 // 重现bug
05 // Author: 零壹快学
06 int main() {
07         char ch = 0;
08         cout <<"请指定循环次数: "<< endl;
09         int cnt = 0;
10         cin >> cnt;
11         for ( int i = 0; i < cnt; i++ ) {
12                 ch += i;
13         }
14         cout <<"累加的结果为: "<< (int)ch << endl;
15         return 0;
16 }
```

我们通过动手写15.2.4阐明了bug重现的重要性。当我们输入100的时候，运行结果如图15.2.4所示：

请指定循环次数：
100
累加的结果为：86

图15.2.4　重现bug

我们可以看到0到99累加的结果只有86，这显然不对。由于我们不知道这个bug只在一定条件下触发，在修改代码后，我们又输入了10。

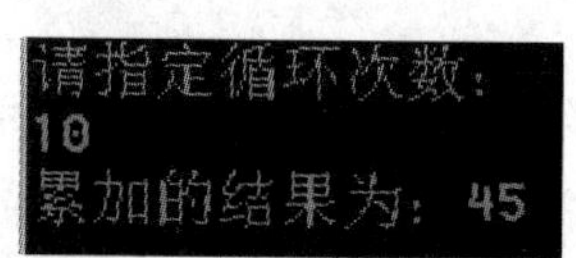

图15.2.5　没有重现bug

结果如图15.2.5所示，看起来是正确的，所以我们以为这样bug就算解决了，但其实输入10的时候原本就是没有bug的。现实中比这更复杂的情况比比皆是，有的时候程序可能需要10个选项，而只要有一个选项不一样就不一定能重现bug。所以说，如果不能重现bug，就算做了修复，我们也无法得知修复是不是有效的。

在能够重现bug以后，我们就可以开始定位bug的根本原因了。定位的第一种方法是使用二分法。我们当然可以一行一行地步进，寻找出错的语句，但是这样做效率很低。使用二分法的话，我们可以只添加几个断点就定位到问题。

动手写15.2.5

```
01 #include <iostream>
02 using namespace std;
03
04 // 二分查找bug的原因
05 // Author: 零壹快学
06 int main() {
07       int a = 3;
08       int b = 4;
09       int c = a * a + b * a;
10       int d = 3 * c;
11       int e = d / 5;
12       int f = e % 4;
13       cout <<"计算结果应该为："<< 3 << endl;
14       cout <<"实际计算结果为："<< f << endl;
15       return 0;
16 }
```

我们通过动手写15.2.5讲解了二分查找的方法。这个示例的运行结果如图15.2.6所示：

```
计算结果应该为：3
实际计算结果为：0
```

图15.2.6　二分查找bug

我们看到，实际计算结果与预想的不一样，我们利用二分查找的方法直接查看中间结果c的值。

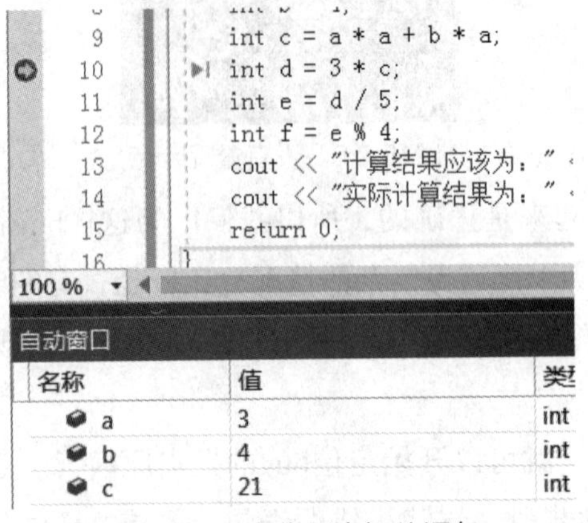

图15.2.7　定位到中间的语句

如图15.2.7所示，c的结果是21，而我们预想中的结果是25，因此c的计算已经出问题了。接着我们看到a和b的值都是正确的，所以一定是c的计算过程出现了问题。经过仔细查看，我们发现了最后的“a”应该要写成“b”。就这样，我们利用二分查找很快地定位到问题的根本原因。

定位bug的根本原因的第二种方法是假设并验证的方法，这与科学家做科研的方法很类似。在代码中难免会有一些我们特别不自信的或者怀疑的代码，我们发现bug后，可以对这些代码进行一些假设，并修改代码，然后再次运行看看是否还存在bug。

动手写15.2.6

```
01 #include <iostream>
02 using namespace std;
03
04 // 假设验证法
05 // Author: 零壹快学
06 int main() {
07         for ( unsigned int i = 9; i >= 0; i-- ) {
08                 cout << i << endl;
09         }
10         return 0;
11 }
```

我们通过动手写15.2.6讲解了假设验证法。运行结果如图15.2.8所示：

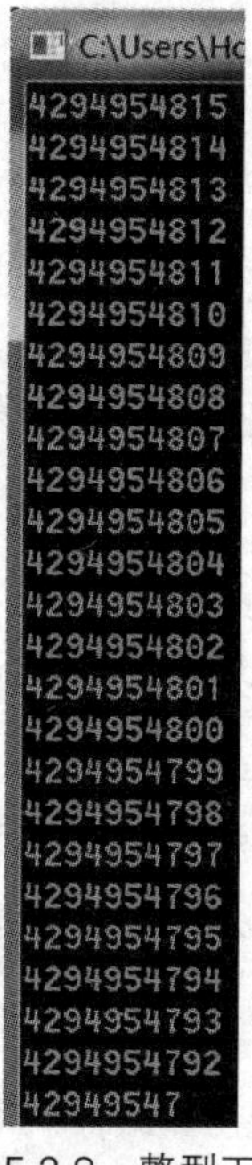

图15.2.8　整型下溢

我们可以看到输出屏幕中不断地出现递减的巨大数字，这个数值有些接近unsigned int的最大值，于是我们怀疑可能是程序中发生了整型下溢。由于unsigned int到了0以后再减小就会下溢，我们尝试把循环条件改成i>0，并假设结果不会发生下溢。修改之后的运行结果如图15.2.9所示：

图15.2.9　验证假设

我们发现修改之后的结果与预想的一样，于是我们证实了程序发生了整型的向下溢出，接下来我们只要想办法避免这个问题就行了。

需要注意的是，假设验证法中的假设是在对代码有一定理解的基础上做出的，如果随便假设就又会沦为我们一开始说的随意修改参数，企图光靠侥幸解决bug的情况了。

15.3 重构

在进行编程实践的时候，我们往往会因为进度紧张，没有统一编码风格或是因为其他各种原因写出了一些不太好的代码。比如在用户提出新需求的时候，因为时间紧迫而匆忙地复制粘贴了代码，或者在修复bug的时候，由于不想过多地改动代码结构而引入了一些hack（通过一些技巧绕过错误，但是没有实质解决问题）的代码。不管怎样，随着时间的推移，一开始非常有序的代码最终总会变得有些混乱、难懂。这时，我们可能就需要进行重构（Refactoring）了。

15.3.1 重构的定义

重构是对软件内部结构的调整，其目的是在不改变软件行为的前提下提高代码的可读性和可维护性。因此对一组软件能通过的测试来说，重构之后也不应该有不通过的测试用例。此外，重构是为了提高代码的可读性和可维护性，因此原本就比较容易理解的代码就没有必要过度重构了。

一般来说，在项目进度紧张的时候是没有时间进行重构的，也没有必要为了提高可读性而耽误软件的提交时间。然而，一旦开发人员有了一些空闲时间，那就可以考虑进行重构了。一开始这可能显得有些麻烦，但是长远来看，重构是肯定能节省总体开发时间的。重构中有个原则叫作三次法则，指的就是在第三次写出重复或者类似的代码时就要重构，将重复的代码提取成函数，不然如果下次要在这段代码中修改某些东西，就需要在其他类似的代码段中都改一次。此外，在修复bug或添加功能的过程中，我们看到一些不良代码时也可以顺手重构。而每次复审团队中其他成员的代码时，我们也应该提出一些重构方面的建议。

那么重构到底是要改些什么呢？常见的重构有以下几种：

1. 去除逻辑重复的程序，提取函数，让相同的逻辑只在一个地方出现，使得代码修改更加容易。

2. 化简复杂的嵌套条件逻辑，使得程序更容易阅读和修改。

3. 对名字不恰当的变量和函数进行重命名，或拆分合并函数和类定义，使得程序更容易理解，抽象更合理。

当然，避免后期大量重构的最好方法还是在一开始就有良好而适度的设计，因为重构只是用于弥补设计上的不足。

15.3.2 重构实例

在了解了重构的大概定义和适用场景后，我们来看几个示例，具体地了解一下重构是怎么进行的。

动手写15.3.1

```
01  #include <iostream>
02  #include <vector>
03  using namespace std;
04  // 重复代码提炼，重构动手写12.11.1
05  // Author: 零壹快学
```

```
06 void printSizeAndCap(const vector<int>&nums) {
07       cout <<"vector的大小："<< nums.size() << endl;
08       cout <<"vector的容量："<< nums.capacity() << endl;
09 }
10 void insertToVec(vector<int>&nums, int num) {
11       cout <<"插入元素"<< endl;
12       nums.push_back(num);
13 }
14 int main() {
15       vector<int> nums;
16       printSizeAndCap(nums);
17       for ( int i = 0; i < 19; i++ ) {
18               insertToVec(nums, i);
19               printSizeAndCap(nums);
20       }
21       return 0;
22 }
```

动手写15.3.1展示了重复代码提炼的重构方法，运行结果如图15.3.1所示：

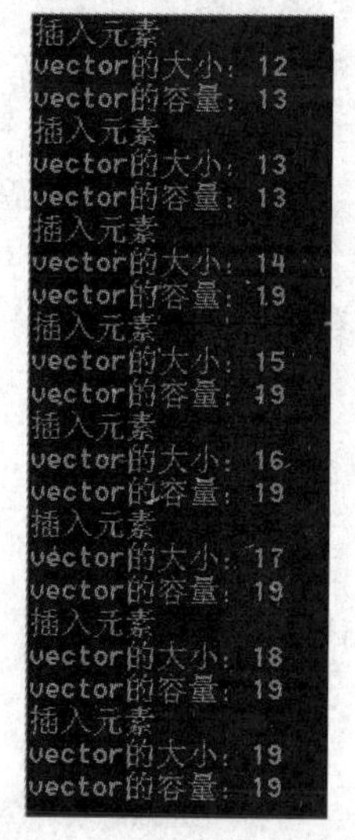

图15.3.1　重复代码提炼

本示例需要和动手写12.11.1来比较学习。我们可以看到，在动手写12.11.1中存在着大量重复的代码，如果继续添加插入元素的代码，我们就要继续进行复制粘贴，而如果再要每次都打印vector的所有元素，则又要添加十几次这样打印元素的代码。于是我们可以将打印大小和容量的代码提取成一个函数，并将插入元素的代码提取成函数，并且指定要插入的数字为参数，这样我们直接用循环来插入自然数到vector也只需要调用这两个函数。而如果再要每次都打印vector元素，就再写一个打印函数放到printSizeAndCap()中调用即可。

动手写15.3.2

```
01 #include <iostream>
02 #include <utility>
03 #include <set>
04 #include <vector>
05 using namespace std;
06
07 // 冗长函数分离，重构动手写12.8.3
08 // Author: 零壹快学
09 // 仅为了举例，其实这里的代码并没长到需要提取出来
10 template<typename T>
11 void insertVecIntoSet(const vector<T>&vec, set<T>&s) {
12       for ( unsigned int i = 0; i < vec.size(); i++ ) {
13           s.insert(vec[i]);
14    }
15 }
16 void findTwoSum(vector<pair<int, int>>&result,
17              const vector<int>        &vec,
18              const set<int>           &s,
19              int                    target) {
20       for ( unsigned int i = 0; i < vec.size(); i++ ) {
21            if ( s.find(target- vec[i]) != s.end() ) {
22                    result.push_back(make_pair(vec[i], target -
                      vec[i]));
23            }
24    }
25 }
26 vector<pair<int, int>> twoSum(vector<int>&numbers, int target) {
27       vector<pair<int, int>> result;
28    set<int> hasNum;
29       // 提取出来后原有的注释也不需要了，函数名说明了功能
30       insertVecIntoSet(numbers, hasNum);
31       findTwoSum(result, numbers, hasNum, target);
32    return result;
33 }
```

```
34 // 不仅适用于标准输入，还可用于文件输入
35 void inputVec(istream &in, vector<int>&nums, int size) {
36         cout <<"请输入一组数字，用空格隔开："<< endl;
37         int num = 0;
38         while ( size > 0 && in >> num ) {
39                 nums.push_back(num);
40                 --size;
41         }
42 }
43 // 加入模板参数使函数适用于各种pair
44 template<typename T1, typename T2>
45 void printPairVec(const vector<pair<T1, T2>>&vec) {
46         for ( int i = 0; i < vec.size(); i++ ) {
47                 cout << vec[i].first <<""<< vec[i].second << endl;
48         }
49 }
50 int main() {
51         vector<int> nums;
52         int size = 0;
53         cout <<"请输入数组大小："<< endl;
54         cin >> size;
55         inputVec(cin, nums, size);
56         cout <<"请输入目标数字："<< endl;
57         int target = 0;
58         cin >> target;
59         vector<pair<int, int>> result = twoSum(nums, target);
60         cout <<"two sum问题可行解："<< endl;
61         printPairVec<int, int>(result);
62         return 0;
63 }
```

动手写15.3.2展示了冗长函数分割的重构方法，这个示例将动手写12.8.3的two sum问题的解重构了。我们可以看到，冗长函数分割有时并没有减少代码量，而主要是为了让代码更易读。原本在一个函数中每几行代码可能就有一行注释，用来说明接下来的代码是做什么的。而将这样的子过程提取到函数中后，函数名就有充当注释的作用了，程序的结构也更加清晰。不过在一般情况下，这种长度的函数不需要提取，在这里只是为了说明其作用。

动手写15.3.3

```
01 #include <iostream>
02 using namespace std;
03
04 // 嵌套条件语句简化
05 // Author: 零壹快学
06 void badCondition() {
07       int a = 7;
08       if ( a > 5 ) {
09                if ( a < 10 ) {
10                       cout <<"a在5和10之间! "<< endl;
11                }
12       }
13 }
14 void goodCondition() {
15       int a = 7;
16       if ( a > 5 && a < 10 ) {
17                cout <<"a在5和10之间! "<< endl;
18       }
19 }
20 int main() {
21       badCondition();
22       goodCondition();
23       return 0;
24 }
```

动手写15.3.3展示了嵌套条件语句的优化。我们看到badCondition()中用了嵌套的条件语句来做判断，但是两个if语句却没有对应的else子句，这种情况下其实我们直接用逻辑与来连接关系表达式就能把嵌套if语句简化。除此之外，关系和逻辑表达式还有其他许多优化的方法，其中有一些也与逻辑代数有关。

动手写15.3.4

```
01 #include <iostream>
02 using namespace std;
03
04 // 过长参数
```

```
05 // Author: 零壹快学
06 float badDotProduct(float x1, float y1, float z1, float x2, float y2, float z2) {
07         return x1 * x2 + y1 * y2 + z1 * z2;
08 }
09 struct Vec3D {
10         Vec3D(float X, float Y, float Z): x(X), y(Y), z(Z) {}
11         float x;
12         float y;
13         float z;
14 };
15 float goodDotProduct(const Vec3D &v1, const Vec3D &v2) {
16         return v1.x * v2.x + v1.y * v2.y + v1.z * v2.z;
17 }
18 int main() {
19         cout << badDotProduct(1.5f, 2.5f, 3.5f, 1.2f, 2.2f, 3.2f) << endl;
20         cout << goodDotProduct(Vec3D(1.5f, 2.5f, 3.5f), Vec3D(1.2f,
           2.2f, 3.2f)) << endl;
21         return 0;
22 }
```

动手写15.3.4展示了消除过长参数的重构方法。我们可以看到badDotProduct()要传入6个坐标参数进行向量的点积计算，这不仅看起来令人头疼，在修改或代入参数的时候也容易出错。遇到这种情况时，我们可以直接传入类对象，或借此机会创建一个新的类，这可能也是一个很好的面向对象设计的机会。

此外，减少幻数和字符串字面量等也是一种提高可读性的方法。总而言之，我们应该用名字来替代各种字面量，程序中所有的名字都应该是直观易懂的。

15.4 小结

本章介绍了C++程序开发中的一些实践技巧。我们先介绍了Visual Studio中调试指令的效果，接着介绍了如何设置条件断点来提高调试效率，再介绍了变量监视、调用栈以及内存查看窗口的使用。然后我们讲解了一些通用的调试方法论，举例介绍了避免引入错误的静态检查方法，还讲解了科学的调试方法。最后我们介绍了一种通过改变代码内部结构来提高可读性和可维护性的方法——重构，并举例展示了几种常见的重构情景。

15.5 知识拓展

代码优化

在编译器将高级语言编译成机器语言或者中间代码的过程中，编译器会进行多次的优化。这是因为高级语言需要具备较强的可读性，比如使用各种临时变量、定义类和各种成员等，但与此同时，较强的可读性也带来了较高的冗余。另一方面，计算机的工作只是机械地执行指令，各种名字对它而言并没有意义，因此可能有100个变量的程序到最后会被优化成只用4、5个寄存器的机器代码。

虽然我们知道编译器会做各种各样的优化，但我们也不能保证写出来的效率较低的代码一定会被优化成最优的样子，因为会有各种各样的因素让编译器在优化之间做权衡选择。因此，开发人员也需要了解一些关于C++代码优化的知识。

在编写程序的时候，编译器可能会自己实现一些搜索、排序之类的算法。关于算法的优化不在本书的讨论范围之中，在这里我们只介绍一些局部优化的技巧。此外，与可读性会带来冗余相反，优化会降低冗余，进而降低可读性，因此优化和可读性之间的权衡是很重要的。闲话少说，接下来我们就来看一些优化技巧吧！

我们先来看几个示例，了解几个优化算数操作的方法：

动手写15.5.1

```
01  #include <iostream>
02  using namespace std;
03
04  // 算术操作优化
05  // Author: 零壹快学
06  void slowMath() {
07          int a = 5;
08          int b = a * 4;
09          int c = 2;
10          int d = b / 2;
11          int e = d % 4;
12          cout <<"e的值为: "<< e << endl;
13  }
14  void fastMath() {
15          int a = 5;
```

```
16         int b = a << 2; // 移位两次相当于乘4
17         int c = 2;
18         int d = b * 0.5; // 乘法比除法快
19         int e = d & 3; // 用位运算代替普通运算
20         cout <<"e的值为："<< e << endl;
21 }
22 int main() {
23         slowMath();
24         fastMath();
25         return 0;
26 }
```

动手写15.5.1展示了算术操作的优化，运行结果如图15.5.1所示：

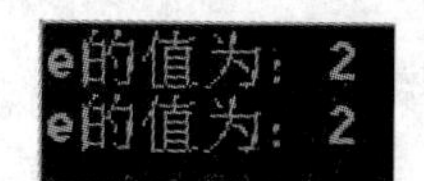

图15.5.1　优化算术操作

我们可以看到示例中展示了几种常见的算术操作的优化。在fastMath()函数中，我们用移位代替了2的n次幂的乘法，直接计算出除数的倒数做乘法，然后又用位与代替2的n次幂的求余。这些替换都会使CPU花更少的时间计算，当然可能编译器也会做这些优化。此外，还有一个关于算术操作的优化是尽量用“a+=b”这样的复合赋值代替“a=a+b”，这是因为复合赋值是直接计算的，而a+b会先计算出中间结果，再将中间结果赋值给a，这样就多了一个步骤。

在使用条件和循环这些复合语句的时候，代码里也有许多可以优化的点：

动手写15.5.2

```
01 #include <iostream>
02 #include <vector>
03 using namespace std;
04
05 // 循环优化
06 // Author: 零壹快学
07 void slowLoop(const vector<int>&vec) {
08         for ( int i = 0; i < vec.size(); i++ ) {
09                 cout << vec[i] <<"";
10         }
11         cout << endl;
12 }
```

```
13 void fastLoop(const vector<int>&vec) {
14         // 将计算移到循环外
15         unsigned int size = vec.size();
16         // vec.size()返回unsigned int避免unsigned int到int的隐式转换
17         // 尽量用前缀自增代替后缀自增
18         for ( unsigned int i = 0; i < size; ++i ) {
19                 cout << vec[i] <<"";
20         }
21         cout << endl;
22 }
23 int main() {
24         vector<int> vec = { 1, 2, 3, 4, 5, 6, 7, 8, 9, 10 };
25         slowLoop(vec);
26         fastLoop(vec);
27         return 0;
28 }
```

动手写15.5.2展示了一些关于循环的优化，运行结果如图15.5.2所示：

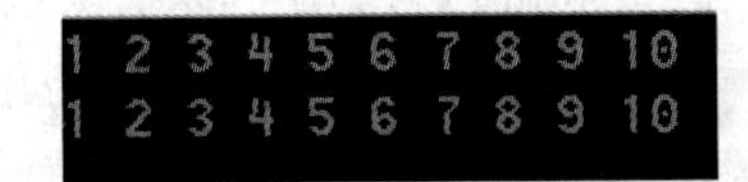

图15.5.2　优化循环

在这个示例中的快速版本函数里我们做了3个优化。首先，我们将size的计算提取到循环外，在循环头部直接使用固定的变量，这样的优化有着非常大的收效，因为当循环次数很大的时候，一点小小的计算重复千百次都会严重地拖慢运行时间。接着，我们将size和i声明成unsigned int，因为size返回的是unsigned int类型，所以使用同样的类型可以减少一次隐式转换的开销。最后，我们将后缀自增改成了前缀自增，这一点我们在重载操作符的时候讲过，前缀自增会多一个保留旧值的操作。

接下来我们再来看一看条件语句的情况：

动手写15.5.3

```
01 #include <iostream>
02 using namespace std;
03
04 // 条件语句优化
05 // Author: 零壹快学
06 void slowCondition(int num) {
```

```
07          if ( num == 0 ) {
08                  cout <<"零"<< endl;
09          } else if ( num == 1 ) {
10                  cout <<"一"<< endl;
11          } else if ( num == 2 ) {
12                  cout <<"二"<< endl;
13          } else if ( num == 3 ) {
14                  cout <<"三"<< endl;
15          } else if ( num == 4 ) {
16                  cout <<"四"<< endl;
17          } else if ( num == 5 ) {
18                  cout <<"五"<< endl;
19          } else if ( num == 6 ) {
20                  cout <<"六"<< endl;
21          } else if ( num == 7 ) {
22                  cout <<"七"<< endl;
23          } else if ( num == 8 ) {
24                  cout <<"八"<< endl;
25          } else if ( num == 9 ) {
26                  cout <<"九"<< endl;
27          } else {
28                  cout <<"数字不在0-9范围内! "<< endl;
29          }
30  }
31  void fastCondition(int num) {
32          switch ( num ) {
33          case 0:
34                  cout <<"零"<< endl;
35                  break;
36          case 1:
37                  cout <<"一"<< endl;
38                  break;
39          case 2:
40                  cout <<"二"<< endl;
41                  break;
```

```
42          case 3:
43                  cout <<"三"<< endl;
44                  break;
45          case 4:
46                  cout <<"四"<< endl;
47                  break;
48          case 5:
49                  cout <<"五"<< endl;
50                  break;
51          case 6:
52                  cout <<"六"<< endl;
53                  break;
54          case 7:
55                  cout <<"七"<< endl;
56                  break;
57          case 8:
58                  cout <<"八"<< endl;
59                  break;
60          case 9:
61                  cout <<"九"<< endl;
62                  break;
63          default:
64                  cout <<"数字不在0-9范围内！"<< endl;
65                  break;
66          }
67  }
68  int main() {
69          int num = 5;
70          slowCondition(5);
71          fastCondition(5);
72          return 0;
73  }
```

动手写15.5.3将嵌套if语句转换成了switch语句，实现了优化。if语句之所以效率低，是因为在执行的时候每个else if都要运行，if语句本来就是只有两种结果的条件语句，而switch语句根据常量表达式可以直接跳转到目标的case分句中。对于分支越多的情况，如果编译器没有优化，那么效率的差距将会是十分显著的。

话说回来，不管是循环语句、条件语句，还是函数调用，它们都存在着跳转指令，也就是说程序要直接跳到另一个语句执行，而不是一句一句地执行。由于这种跳转是不确定的，给定一个输入会发生跳转，而另一个输入不会，许多处理器的并行优化都无法进行。因此，为了优化我们也需要用各种方法来减少程序中的跳转。

动手写15.5.4

```
01 #include <iostream>
02 using namespace std;
03
04 // 减少跳转
05 // Author: 零壹快学
06 // 求二次方
07 int square(int num) {
08       return num * num;
09 }
10 // 求三次方
11 int cube(int num) {
12       return num * num * num;
13 }
14 int moreJumpMath(int num) {
15       if ( num % 2 ) {
16             return cube(num);
17       } else {
18             return square(num);
19       }
20 }
21 inline int squareInl(int num) {
22       return num * num;
23 }
24 inline int cubeInl(int num) {
25       return num * num * num;
26 }
27 int lessJumpMath(int num) {
28       return ( num % 2 ) ? cubeInl(num) : squareInl(num);
29 }
30 int main() {
31       moreJumpMath(5);
```

```
32        lessJumpMath(5);
33        return 0;
34 }
```

动手写15.5.4展示了减少跳转的方法。我们可以看到，在lessJumpMath()中，我们将if语句改成了问号表达式，从而使用选择语句代替了跳转。接着我们又用内联函数代替普通函数，提示编译器可以把函数内的代码直接拿出来，省去了跳转和传参等函数调用和返回的开销。

最后我们再介绍一下关于复制的优化。我们知道，类的复制构造函数会在各种地方被隐式调用，而大型类的复制是很费时间的，因此在相关的代码中我们应该避免复制。

动手写15.5.5

```
01 #include <iostream>
02 #include <string>
03 using namespace std;
04
05 // 避免复制
06 // Author: 零壹快学
07 // 求二次方
08 void printString(string str) {
09        cout <<"打印字符串: "<< str << endl;
10 }
11 void printStringRef(const string &str) {
12        cout <<"打印字符串: "<< str << endl;
13 }
14 void createAndPrintSlow() {
15        string str = "零壹快学";
16        printString(str);
17 }
18 void createAndPrintFast() {
19        string str("零壹快学");
20        printStringRef(str);
21 }
22 int main() {
23        createAndPrintSlow();
24        createAndPrintFast();
25        return 0;
26 }
```

动手写15.5.5展示了减少对象复制的方法。我们可以看到，在优化版本的函数中，我们直接调用构造函数而不是用赋值来初始化字符串对象，这是因为在赋值之前左值的str需要是一个有效的对象，这里会调用默认构造函数，然后调用赋值操作符函数。而之后我们又用传引用的函数代替传值的函数，这样也是为了避免对象的复制。